U0252536

面向新工科专业建设计算机系列教材

C++

程序设计题解与拓展（第2版）

翁惠玉　俞勇◎编著

清华大学出版社
北京

内 容 简 介

本书是与《C++程序设计：思想与方法(慕课版 第3版)》(翁惠玉、俞勇编著)配套的辅助教材。

本书与主教材的章安排完全相同。每一章首先回顾了主教材中对应章的主要内容以及重点、难点，解答了主教材中的所有习题。作为对主教材的补充，本书在有些章后还增加了进一步拓展部分。通过对本书的学习，可以帮助读者进一步巩固程序设计的知识，提高编程能力。

本书概念清楚，习题丰富，可作为高等院校计算机专业或其他相关专业的"程序设计"课程的配套教辅，也可作为计算机专业研究生入学考试的辅导书，还可作为其他专业人员的参考书。

图书在版编目(CIP)数据

C++程序设计题解与拓展/翁惠玉,俞勇编著. —2版. —北京：清华大学出版社，2019(2023.9重印)
(面向新工科专业建设计算机系列教材)
ISBN 978-7-302-53282-8

Ⅰ. ①C… Ⅱ. ①翁… ②俞… Ⅲ. ①C++语言—程序设计—高等学校—教学参考资料 Ⅳ. ①TP312.8

中国版本图书馆 CIP 数据核字(2019)第 138217 号

责任编辑：白立军
封面设计：杨玉兰
责任校对：时翠兰
责任印制：丛怀宇

出版发行：清华大学出版社
　　　　网　　　址：http://www.tup.com.cn, http://www.wqbook.com
　　　　地　　　址：北京清华大学学研大厦 A 座　　　　　邮　　编：100084
　　　　社 总 机：010-83470000　　　　　　　　　　　邮　　购：010-62786544
　　　　投稿与读者服务：010-62776969, c-service@tup.tsinghua.edu.cn
　　　　质量反馈：010-62772015, zhiliang@tup.tsinghua.edu.cn
　　　　课件下载：http://www.tup.com.cn, 010-83470236
印 装 者：三河市龙大印装有限公司
经　　销：全国新华书店
开　　本：185mm×260mm　　　印　张：24　　　字　数：548 千字
版　　次：2013 年 11 月第 1 版　　2019 年 9 月第 2 版　　　印　次：2023 年 9 月第 5 次印刷
定　　价：59.00 元

产品编号：080916-01

出版说明

一、系列教材背景

　　人类已经进入智能时代,云计算、大数据、物联网、人工智能、机器人、量子计算等是这个时代最重要的技术热点,为了适应和满足时代发展对人才培养的需要,2017 年 2 月以来,教育部积极推进新工科建设,先后形成了"复旦共识""天大行动"和"北京指南",并发布了《关于开展新工科研究与实践的通知》《关于推荐新工科研究与实践项目的通知》,全力探索形成领跑全球工程教育的中国模式、中国经验,助力高等教育强国建设。新工科有两个内涵:一是新的工科专业;二是传统工科专业的新需求。新工科建设将促进一批新专业的发展,这批新专业有的是依托于现有计算机类专业派生、扩展而成的,有的是多个专业有机整合而成的。由计算机类专业派生、扩展形成的新工科专业有计算机科学与技术、软件工程、网络工程、物联网工程、信息管理与信息系统、数据科学与大数据技术等。由"计算机类"学科交叉融合形成的新工科专业有网络空间安全、人工智能、机器人工程、数字媒体技术、智能科学与技术等。

　　在新工科建设的"九个一批"中,明确提出"建设一批体现产业和技术最新发展的新课程""建设一批产业急需的新兴工科专业",新课程和新专业的持续建设,都需要以适应新工科教育的教材作为支撑。由于各个专业之间的课程相互交叉,但又不能相互包含,所以在选题方向上,既考虑由计算机类专业派生、扩展形成的新工科专业的选题,又考虑由计算机类专业交叉融合形成的新工科专业的选题,特别是网络空间安全专业、智能科学与技术专业的选题。基于此,清华大学出版社计划出版"面向新工科专业建设计算机系列教材"。

二、教材定位

　　教材使用对象为"211 工程"高校或同等水平及以上高校计算机类专业及相关专业学生。

三、教材编写原则

（1）借鉴 *Computer Science Curricula* 2013（以下简称 CS2013）。CS2013 的核心知识领域包括算法与复杂度、体系结构与组织、计算科学、离散结构、图形学与可视化、人机交互、信息保障与安全、信息管理、智能系统、网络与通信、操作系统、基于平台的开发、并行与分布式计算、程序设计语言、软件开发基础、软件工程、系统基础、社会问题与专业实践等内容。

（2）处理好理论与技能培养的关系，注重理论与实践相结合，加强对学生思维方式的训练和计算思维的培养。计算机专业学生能力的培养特别强调理论学习、计算思维培养和实践训练。本系列教材以"重视理论，加强计算思维培养，突出案例和实践应用"为主要目标。

（3）为便于教学，在纸质教材的基础上，融合多种形式的教学辅助材料。每本教材可以有主教材、教师用书、习题解答、实验指导等。特别是在数字资源建设方面，可以结合当前出版融合的趋势，做好立体化教材建设，可考虑加上微课、微视频、二维码、MOOC 等扩展资源。

四、教材特点

1. 满足新工科专业建设的需要

系列教材涵盖计算机科学与技术、软件工程、物联网工程、数据科学与大数据技术、网络空间安全、人工智能等专业的课程。

2. 案例体现传统工科专业的新需求

编写时，以案例驱动，任务引导，特别是有一些新应用场景的案例。

3. 循序渐进，内容全面

讲解基础知识和实用案例时，由简单到复杂，循序渐进，系统讲解。

4. 资源丰富，立体化建设

除了教学课件外，还可以提供教学大纲、教学计划、微视频等扩展资源，以方便教学。

五、优先出版

1. 精品课程配套教材

主要包括国家级或省级的精品课程和精品资源共享课的配套教材。

2. 传统优秀改版教材

对于已经出版过的优秀教材，经过市场认可，由于新技术的发展，给图书配上新的教学形式、教学资源，计划改版的教材。

3. 前沿技术与热点教材

反映计算机前沿和当前热点的相关教材，例如云计算、大数据、人工智能、物联网、网络空间安全等方面的教材。

六、联系方式

联系人：白立军

联系电话：010-83470179

联系和投稿邮箱：bailj@tup.tsinghua.edu.cn

"面向新工科专业建设计算机系列教材"编委会

2019 年 6 月

系列教材编委会

主　任：

张尧学　清华大学　中国工程院院士/教育部软件工程教学指导委员会主任

副主任：

陈　刚　浙江大学计算机科学与技术学院　　　　　　院长/教授

卢先和　清华大学出版社　　　　　　　　　　　　　常务副总编辑

　　　　　　　　　　　　　　　　　　　　　　　　副社长/编审

委　员：

毕　胜	大连海事大学信息科学技术学院	院长/教授
蔡伯根	北京交通大学计算机与信息技术学院	院长/教授
陈　兵	南京航空航天大学计算机科学与技术学院	院长/教授
成秀珍	山东大学计算机科学与技术学院	院长/教授
丁志军	同济大学计算机科学与技术系	系主任/教授
董军宇	中国海洋大学信息科学与工程学院	副院长/教授
冯　丹	华中科技大学计算机学院	院长/教授
冯立功	中国人民解放军战略支援部队信息工程 大学网络空间安全学院	院长/教授
高　英	华南理工大学计算机科学与工程学院	副院长/教授
桂小林	西安交通大学电子与信息工程学院	副院长/教授
郭卫斌	华东理工大学计算机科学与工程系	系主任/副教授
郭文忠	福州大学数学与计算机科学学院	院长/教授
郭毅可	上海大学计算机工程与科学学院	院长/教授
过敏意	上海交通大学计算机科学与工程系	系主任/教授
胡瑞敏	西安电子科技大学网络与信息安全学院	院长/教授
黄河燕	北京理工大学计算机学院	院长/教授
雷蕴奇	厦门大学计算机科学系	教授
李凡长	苏州大学计算机科学与技术学院	院长/教授
李克秋	天津大学计算机科学与技术学院	院长/教授
李肯立	湖南大学信息科学与工程学院	院长/教授
李向阳	中国科学技术大学计算机科学与技术学院	执行院长/教授
梁荣华	浙江工业大学计算机科学与技术学院	执行院长/教授
刘延飞	火箭军工程大学基础部	副主任/教授
陆建峰	南京理工大学计算机科学与工程学院	副院长/教授
罗军舟	东南大学计算机科学与工程学院	院长/教授
吕建成	四川大学计算机学院	院长/教授
吕卫锋	北京航空航天大学计算机学院	院长/教授
马志新	兰州大学信息科学与工程学院	副院长/教授

计算机科学与技术专业核心教材体系建设——建议使用时间

课程系列	基础系列	电类系列	程序系列	系统系列	应用系列	选修系列
一年级上	大学计算机基础					
一年级下		电子技术基础	计算机程序设计	计算机原理		
二年级上	离散数学（上） 信息安全导论	数字逻辑设计 数字逻辑设计实验	面向对象程序设计 程序设计实践	操作系统		
二年级下	离散数学（下）		数据结构	计算机系统综合实践		
三年级上			算法设计与分析	计算机网络		
三年级下			软件工程 编译原理	计算机体系结构	人工智能导论 数据库原理与技术 嵌入式系统	
四年级上				计算机图形学		
四年级下			软件工程综合实践		机器学习 物联网导论 大数据分析技术 数字图像技术	

FOREWORD

前言

　　"程序设计"是计算机专业十分重要的一门课程,是实践性非常强的一门课程,也是一门非常有趣、让学生很有成就感的课程。学好程序设计,不仅需要理解教材中的每个知识点,还需要做一定数量的习题,编写一定量的代码。

　　本书是编者编写的《C++程序设计:思想与方法(慕课版　第3版)》的配套教辅。在教学过程中,很多学生反映:课程听懂了,但不会做题,希望有人指导他们如何完成书后的习题。为此,笔者编写了这本配套教辅。希望通过本书的学习,可以进一步帮助读者解决学习中的疑点和难点,更好地掌握程序设计的知识和技能。

　　本书在章安排上与《C++程序设计:思想与方法(慕课版　第3版)》完全相同。每一章基本上都包括3个方面:知识点回顾、习题解答和进一步拓展。知识点回顾是对主教材对应章的内容概括。习题解答给出了主教材中习题的答案。本书的习题有两类:一类是简答题,帮助读者理解相关的基本概念;另一类是编程题,帮助读者进一步熟悉程序设计的过程。进一步拓展是对主教材的补充,介绍了一些主教材没有提到但也会被经常用到的知识。

　　尽管本书几乎给出了所有习题的答案,但切莫盲目依赖答案。希望读者先通过知识点回顾检查自己对本章知识的掌握程度,再完成每一道习题。对其中的每道习题,先尝试自己解决,无法解决时再看解题思路,学习书中解题的思维过程。

　　本书可作为高等院校计算机专业或其他相关专业的"程序设计"课程的配套教辅,也非常适合读者自学。

　　由于编者水平有限,本书可能存在很多不足,敬请读者批评指正。

编　者

2019 年 4 月 14 日

CONTENTS

目录

第 1 章

绪 论

1.1 知识点回顾

1.1.1 计算机组成

计算机由硬件和软件两部分组成。硬件是计算机的躯体,软件是计算机的灵魂。

1. 计算机硬件

经典的计算机硬件结构由冯·诺依曼提出。冯·诺依曼建议计算机硬件系统由 5 大部分组成,如图 1-1 所示。

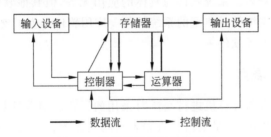

图 1-1　计算机硬件系统的组成

运算器是真正执行计算的组件。它在控制器的控制下执行程序中的指令,完成算术运算、逻辑运算和移位运算等。不同厂商生产的计算机,由于运算器的设计不同,能够完成的任务也不同,所能执行的指令也不完全一样。每台计算机能完成的指令集合称为这台计算机的**指令系统或机器语言**。运算器由算术逻辑单元(ALU)和寄存器组成。ALU 完成相应的运算,寄存器用来暂存参加运算的数据和中间结果。

控制器用于协调计算机其余部分的工作,它依次读入程序的每条指令,分析指令,指挥其他各部分共同完成指令要求的任务。控制器由程序计数器(PC)、指令寄存器(IR)、指令译码器(ID)、时序控制电路及微操作控制电路等组成。程序计数器用来对程序中的指令进行计数,使控制器能依次读取指令;指令寄存器暂存正在执行的指令;指令译码器用来识别指令的功能,分析指令的操作要求;时序控制电路用来生成时序信号,以协调在指令执行周期中各部件的工作;控制电路用来实现各种操作命令。

存储器用来存储数据和程序。存储器可分为主存储器和外存储器。主存储器又称为内存,用来存放正在运行的程序和数据,具有存取速度快,可直接与运算器、控制器交换信息等特点。一旦断电,内存数据将全部丢失。外存储器(包括硬盘、光盘、U 盘等)用来存放长期保存的数据,其特点是存储容量大,成本低,但它不能直接与运算器、控制器交换数据,需要时可成批地与内存交换数据。

输入输出设备又称为外围设备,它是用户与计算机交换信息的渠道。输入设备用于输入程序、数据、操作命令、图形、图像和声音等信息。常用的输入设备有键盘、鼠标、扫描仪、光笔及语音输入装置等。输出设备用于显示或打印程序、运算结果、文字、图形、图像等,也可以播放声音和视频等信息。常用的输出设备有显示器、打印机、绘图仪及声音播放装置等。

2. 计算机软件

软件是计算机的“思想”和处理问题的能力,是计算机与其他电器设备的本质区别。计算机可以安装不同的软件。一旦安装了某个软件,计算机就具有了某一方面的能力。软件安装使计算机具有了学习能力。

软件分为系统软件和应用软件。系统软件居于计算机系统中最靠硬件的部分,它将计算机的用户与硬件隔离。系统软件与具体的应用无关,但其他软件需要通过系统软件才能发挥作用。操作系统就是典型的系统软件。应用软件是为了支持某一应用而开发的软件,如字处理软件、财务软件等。

1.1.2　程序设计语言

程序设计语言是人与计算机进行交流时采用的语言。随着计算机的发展,人类与计算机交互的语言也在进步,从早期由二进制表示的机器语言发展到如今类似英语的高级语言。

1. 机器语言

机器语言是由计算机硬件识别并直接执行的语言。机器语言提供的功能由计算机硬件实现,因而都非常简单,否则会导致计算机的硬件设计和制造过于复杂。**不同的计算机由于硬件设计的不同,它们的机器语言也是不一样的。**机器语言中的每个语句都是一个二进制的位串。

机器语言编程有 3 个难点。

(1) 机器语言提供的功能非常简单,编写一个完成某个复杂功能的程序非常困难。

(2) 机器语言使用二进制位串表示,用机器语言书写的程序很难阅读和理解。

(3) 用机器语言编程序必须了解计算机的很多硬件细节。例如,有几类寄存器,每类寄存器有多少个,每个寄存器长度是多少,内存大小是多少等。

由于不同的计算机有不同的机器语言,一台计算机上的机器语言程序无法在另外一台不同类型的计算机上运行,这会引起大量的重复劳动。机器语言通常也被称为**第一代语言**。

2. 汇编语言

汇编语言是符号化的机器语言,即将机器语言的每条指令符号化,采用一些带有启发性的文字串,如 ADD(加)、SUB(减)、MOV(传送)、LOAD(取)。常数和地址也可以直接写在程序中。汇编语言使程序更易阅读和理解,但并没有改变编程困难的问题。

但计算机硬件只认识 0、1 组成的机器语言,并不认识由字符组成的汇编语言,不能直接理解和执行汇编语言写的程序。必须将每一条汇编语言的指令翻译成机器语言的指令后计算机才能执行。为此,人们创造了一种称为**汇编程序**的程序,让它充当汇编语言程序到机器语言程序的翻译,将汇编语言写的程序翻译成机器语言写的程序。

汇编语言通常被称为**第二代语言**。机器语言和汇编语言统称为**低级语言**。

3. 高级语言

高级语言也被称为第三代语言。高级语言的出现是计算机程序设计语言发展中的一大飞跃,Python、Pascal、BASIC、C++ 等都是高级语言。

高级语言是一种与计算机无关、表达形式更接近于科学计算的程序设计语言,从而更容易被科技工作者掌握。程序员只要熟悉简单的几个英文单词、熟悉代数表达式及规定的几个语句格式就可以方便地编写程序,而且不需要知道计算机的硬件环境。

高级语言编程有如下几个特点。

(1) 高级语言编程不需要了解所用计算机的硬件环境,只需要学习编程语言,可以让程序员更加专注于研究解决问题的方法。

(2) 高级语言与机器无关,编写的程序具有较好的可移植性,从而减少了程序员的重复劳动。

(3) 高级语言提供的功能比机器语言强得多,编写程序更加容易。

4. C++ 语言

C++ 语言是本书选用的教学语言。C++ 语言是从 C 语言发展演变而来。C 语言简洁、灵活,使用方便,可直接访问内存地址,支持位操作,因而能很好地胜任系统软件及各类应用软件开发。它是一款应用非常广泛的结构化程序设计语言。

C++ 语言包含了完整的 C 语言的特征和优点,同时增加了对面向对象程序设计的支持。

1.1.3 程序设计过程

程序设计由 3 个步骤组成:算法设计、编码和调试。

1. 算法设计

算法设计是设想计算机如何一步一步地完成这个任务,是程序设计中最关键的一个步骤。常用的算法表示方法有自然语言、流程图、N-S 图、伪代码和 PAD 图等方法。

流程图是早期提出的一种算法表示方法，由美国国家标准化协会（ANSI）规定。流程图用不同的图形表示程序中的各种不同的标准操作，用流程线表示操作的先后顺序。流程图符号如图 1-2 所示。

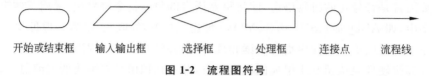

图 1-2　流程图符号

随着结构化程序设计的出现，流程图被 N-S 图代替。结构化程序设计规定程序只能由以下 3 种结构组成：顺序结构、分支结构和循环结构。N-S 图用 3 种基本的框表示 3 种结构，如图 1-3 所示。

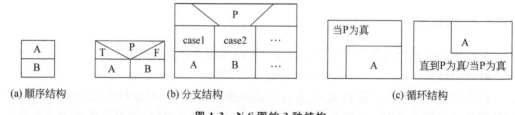

图 1-3　N-S 图的 3 种结构

伪代码是介于自然语言与程序设计语言之间的一种表示方法。通常用程序设计语言中的控制结构表示算法的流程，用自然语言表示其中的一些操作。

2. 编码

编码是用某种程序设计语言描述完成任务过程，这个过程称为**源程序**。源程序通常被存储在外存储器中。存储源程序的文件称为**源文件**。计算机硬件只认识机器语言，并不认识程序设计语言，因此需要一个翻译将程序设计语言表示的过程翻译成机器语言表示的过程，完成这个任务的软件称为编译器。用机器语言表示的程序称为**目标程序**，存储目标程序的文件称为**目标文件**。将这个目标文件和它用到的工具的目标文件组合在一起，形成可在系统上运行的**可执行程序**，存储可执行程序的文件称为**可执行文件**，这个过程称为**链接**。完整的过程如图 1-4 所示。

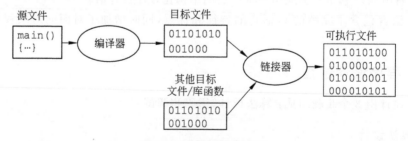

图 1-4　编译与链接过程

3. 调试

程序员设计的解决问题过程不一定完全正确,或有些特殊的情况没有考虑,因此编好的程序还需要调试(debug)。调试是找出并纠正程序中的逻辑错误。调试一般需要运行程序,通过分段观察程序的阶段性结果来找出错误的位置和原因。

1.2 习题解答

1.2.1 简答题

1. 简述冯·诺依曼计算机的组成及工作过程。

【解】冯·诺依曼计算机由 5 大部分组成:运算器、控制器、存储器、输入设备和输出设备。

运算器是真正执行计算的组件。它在控制器的控制下执行程序中的指令,完成算术运算、逻辑运算和移位运算等。

控制器用于协调计算机其余部分的工作。控制器依次读入程序的每条指令,分析指令,指挥其他各部分共同完成指令要求的任务。

存储器用来存储数据和程序。存储器可分为主存储器和外存储器。主存储器又称为内存,用来存放正在运行的程序和程序处理的数据。外存储器用来存放长期保存的数据。常用的外存储器有磁盘、光盘和 U 盘等。

输入输出设备又称为外围设备,它是外部与计算机交换信息的渠道。输入设备用于输入程序、数据、操作命令、图形、图像和声音等信息。常用的输入设备有键盘、鼠标等。输出设备用于显示或打印程序、运算结果、文字、图形、图像等,也可以播放声音和视频等信息。常用的输出设备有显示器、打印机等。

2. 简述寄存器、主存储器和外存储器的异同点。

【解】寄存器、主存储器和外存储器都用于存储数据,但级别不同。从功能来讲,寄存器相当于草稿纸,存储的是运算器当前正在运算的数据或当前正在执行的那条指令。运算结束或指令处理结束后,寄存器就不再保存这些信息。主存储器保存的是正在运行的程序代码和数据。当程序执行结束时,这些信息就退出内存。外存储器保存的是需要长期保存的数据。从容量角度来讲,寄存器容量最小,主存储器次之,外存储器最大。从访问速度来讲,寄存器最快,主存储器次之,外存储器最慢。

3. 所有的计算机能够执行的指令都是相同的吗?

【解】计算机能够执行的指令是直接由硬件完成的,与硬件设计有关。不同的硬件设计产生不同的指令系统。因此,不同类型的计算机所能执行的指令是不同的。

4. 投入正式运行的程序就是完全正确的程序吗?

【解】程序的调试及测试不可能将程序所有的路径、所有的数据都执行一遍,因此只能发现并改正程序中的某些错误,而不能证明程序是正确的。所以,投入运行的程序不一定完全正确。在程序的使用过程中可能会不断发现程序中的错误。在使用时发现错误并改正错误的过程称为程序的维护。

5. 为什么需要编译器？为什么需要链接器？

【解】计算机硬件能认识的只有机器指令,它并不认识程序设计语言,如 C++ 。要使计算机能够执行 C++ 写的程序,必须把 C++ 的程序翻译成计算机认识的机器语言,机器语言版的程序称为目标程序。源程序到目标程序的翻译由编译器完成。

程序员编写的程序通常会用到其他程序员或 C++ 系统已经编好的一些工具,程序运行时需要用到这些工具的代码。于是需要将目标文件和这些工具的目标文件捆绑在一起,这个过程称为链接。链接器就是完成这个链接工作。链接以后的代码称为一个**可执行文件**,这是能直接在某台计算机上运行的程序。

6. 调试的作用是什么？如何进行程序调试？

【解】程序员编写的程序不一定完全正确,可能是处理的流程有问题,也可能是某些特殊情况没有考虑到。这些问题造成了程序运行没有得到正确的结果。调试的作用是尽可能多地找出程序中的逻辑错误,使程序能给出正确的答案。

调试一般需要运行程序,通过观察程序的阶段性结果来找出错误的位置和原因,并改正错误。

7. 试列出一些常用的系统软件和应用软件。

【解】常用的系统软件有操作系统、编译系统、数据库系统等。应用软件又分成通用的应用软件和专用的应用软件。通用的应用软件提供一些常规的应用,如文字处理软件 Word、媒体播放软件 Media Play 等。专用的应用软件是某个领域专用的一些软件,如银行系统、证券交易系统等。

8. 为什么在不同生产厂商生产的计算机上运行 C++ 程序需要使用不同的编译器？

【解】因为不同的生产厂商生产的计算机有不同的机器语言,所以需要不同的编译器将同样的 C++ 程序翻译成不同的机器语言,就如中文翻译成英文和中文翻译成法文需要不同的翻译人员。

9. 什么是源程序？什么是目标程序？为什么目标程序不能直接运行？

【解】用某种高级语言写的程序称为源程序,源程序经过编译产生的机器语言的程序称为目标程序。因为程序可能用到了一些其他程序员写好的程序,没有这些工具程序的代码整个程序就无法运行,因此需要将目标程序和这些工具的目标程序链接在一起后才能运行。

10. 什么是程序的语法错误？什么是程序的逻辑错误？

【解】程序的语法错误是程序中不符合程序设计语言规范而造成的错误。如果程序有语法错误,编译器无法将程序翻译成目标代码。在编译时,编译器首先会检查出这些错误并告知程序员某个地方有某个语法错误。程序员可以根据编译器给出的信息一一改正语法错误。

程序的逻辑错误是指程序能运行,但运行结果不符合程序预定的结果或程序异常终止。这通常是由于解决问题的算法考虑不周引起的。这些问题只能由程序员通过调试发现并纠正错误。

11. 为什么不直接用自然语言与计算机进行交互,而要设计专门的程序设计语言？

【解】虽然人们很习惯使用自然语言,如果能用自然语言与计算机交互,程序员就不必学习专门的语言了。但自然语言太复杂,而计算机本身(机器语言)能做的事又非常简单,如果要将自然语言作为人机交互的工具,编译器的设计与实现必将非常复杂。另外,自然语言太灵活,理解自然语言需要一些背景知识,否则会产生二义性,这也给计算机实现带来很大的麻烦。

12. 试列举出高级语言的若干优点(相比于机器语言)。

【解】相比于机器语言,高级语言有很多优点。首先,高级语言更接近于自然语言和人们熟悉的数学表示,学起来比较方便。其次,高级语言功能比机器语言强。一般的机器语言只能支持整数加法、移位、比较等操作,而高级语言能执行复杂的算术表达式,支持各种类型的数据运算。高级语言可以使程序员在较高的抽象层次上考虑问题,编程序比较容易。第三,高级语言具有相对的机器独立性,在一台计算机上用高级语言编写的程序可以在另外一台不同厂商生产的计算机上运行,这使得程序有较好的可移植性,有利于代码重用。机器语言的程序则只能在同一类型的计算机上运行。

13. 为什么不同类型的计算机可以运行同一个 C++ 程序,而不同类型的计算机不能运行同一个汇编程序?

【解】因为不同类型的计算机上有不同的 C++ 编译器,可以将同一个 C++ 程序编译成不同计算机上的机器语言表示的目标程序,所以不同类型的计算机可以执行同一个 C++ 程序。而汇编程序仅是机器语言的另一种表现形式。不同类型的计算机有不同的机器语言,也就有不同的汇编语言。所以一台计算机上的汇编语言的程序不能在另一台不同类型的计算机上运行。

14. 机器语言为什么要用难以理解、难以记忆的二进制位串来表示指令,而不用人们容易理解的符号来表示?

【解】因为计算机由逻辑电路组成,而 0、1 正好对应逻辑电路中的两种电平信号,可以直接翻译成控制信号,使计算机硬件实现比较容易。如果采用人们比较容易理解的符号,如英文、中文或者数学符号,则计算机需要用硬件将这些符号翻译成控制信号,使硬件设计非常复杂,甚至无法实现。

15. 为什么电视机只能播放电视台发布的电视,DVD 播放机只能播放 DVD 碟片,而计算机却既能当电视机用,又能当 DVD 播放机用,甚至还可以当游戏机用?

【解】电视机只能播放电视台发布的电视,DVD 播放机只能播放 DVD 碟片,这是因为设计时已经规定好它们的功能。而计算机有一个开放的平台,具有学习的功能,可以允许程序员"教会"它们新的知识和技能。只要编写了能完成相应功能的程序,计算机就具备了相应的功能。

16. 说明下面概念的异同点:硬件和软件、算法与程序、机器语言和高级语言。

【解】

(1) 硬件和软件。计算机的硬件是计算机的"肉体",是看得见、摸得着的实体,它只能做一些非常简单的工作。计算机的软件是计算机的"灵魂"。"灵魂"指导"肉体"完成一项项的工作。当购买了一台计算机后,它的硬件是不变的,但可以让它安装不同的软件,使其具备不同的能力。

(2) 算法与程序。算法是按照计算机能够完成的基本功能,设计出的解决某一问题的基本步骤。算法可以用各种方法描述,如自然语言、流程图或伪代码。用某一种程序设计语言描述的算法称为程序。

(3) 机器语言和高级语言。机器语言是计算机硬件具备的功能的描述,但由于机器语言的功能必须由硬件直接完成,复杂的功能将会使硬件非常复杂。因此,机器语言的功能都比较简单并采用二进制表示。由于机器语言功能简单,用机器语言很难表示复杂的算法。高级语言是面向程序员的语言,比较接近数学表示,使程序容易编写。但计算机并不能直接执行高级语言编写的程序,必须将高级语言的程序翻译成机器语言的程序。

17. 设计一个计算 $\sum\limits_{i=1}^{100} \dfrac{1}{i}$ 的算法,用 N-S 图和流程图两种方式表示。

【解】计算 $\sum\limits_{i=1}^{100} \dfrac{1}{i}$ 可以用一个循环,让 i 从 1 变到 100,每次将 $\dfrac{1}{i}$ 加入到总和 s。此过程的 N-S 图表示如图 1-5 所示,流程图表示如图 1-6 所示。

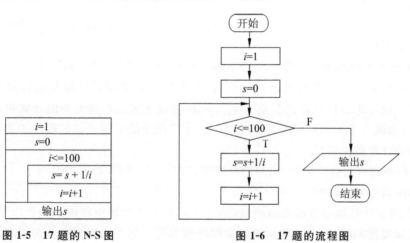

图 1-5　17 题的 N-S 图　　　　　图 1-6　17 题的流程图

18. 设计一个算法,输入一个矩形的两条边长,判断该矩形是不是正方形。用 N-S 图和流程图两种方式表示。

【解】正方形是长和宽相等的矩形。判断一个矩形是否是正方形只要判断长和宽是否相等。此过程的 N-S 图表示如图 1-7 所示,流程图表示如图 1-8 所示。

图 1-7　18 题的 N-S 图

19. 设计一个算法,输入圆的半径,输出它的面积与周长。用 N-S 图和流程图两种方式表示。

【解】圆面积的计算公式是 $s = \pi r^2$,周长的计算公式是 $c = 2\pi r$。此过程的 N-S 图表示如图 1-9 所示,流程图表示如图 1-10 所示。

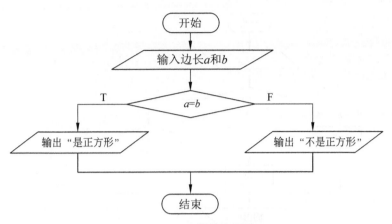

图 1-8 18 题的流程图

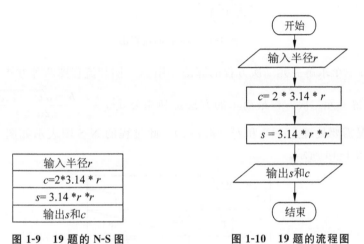

图 1-9 19 题的 N-S 图   图 1-10 19 题的流程图

20. 设计一个算法,计算下面函数的值。用 N-S 图和流程图两种方式表示。

$$y = \begin{cases} x & (x<1) \\ 2x-1 & (1 \leqslant x < 10) \\ 3x-11 & (x \geqslant 10) \end{cases}$$

【解】解决此问题只需要按 x 的值分成 3 种情况,按不同的公式计算 y 的值。此过程的 N-S 图表示如图 1-11 所示,流程图表示如图 1-12 所示。

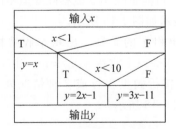

图 1-11 20 题的 N-S 图

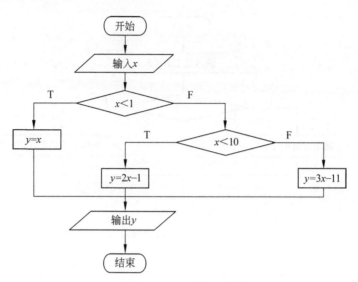

图 1-12　20 题的流程图

21. 设计一个求解一元二次方程的算法。用 N-S 图和流程图两种方式表示。

【解】求解一元二次方程最简单的方法是利用公式 $x = \dfrac{-b \pm \sqrt{b^2 - 4ac}}{2a}$，但要注意有

两种特殊情况需要处理：$a = 0$ 和 $b^2 - 4ac < 0$。此过程的 N-S 图表示如图 1-13 所示，流程图表示如图 1-14 所示。

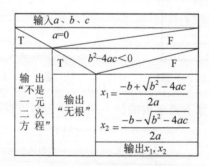

图 1-13　21 题的 N-S 图

22. 设计一个算法，判断输入的年份是否为闰年。用 N-S 图和流程图两种方式表示。

【解】判断闰年的条件：年份能整除 400 或整除 4 但不能整除 100。此过程的 N-S 图表示如图 1-15 所示，流程图表示如图 1-16 所示。

23. 设计一个算法计算出租车的车费。出租车收费标准：(0,3]km 收费 14 元；(3,10]km 收费 2.4 元/km；10km 以上收费 3 元/km。用 N-S 图和流程图两种方式表示。

【解】解决此问题只需要按行驶里程分成 3 种情况处理。此过程的 N-S 图表示如图 1-17 所示，流程图表示如图 1-18 所示。

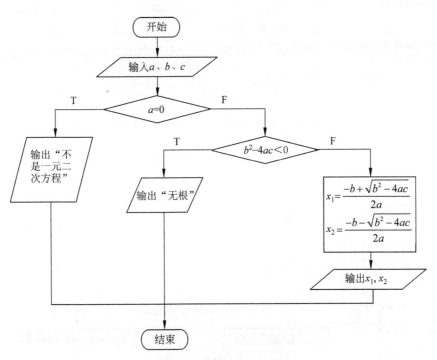

图 1-14 21 题的流程图

图 1-15 22 题的 N-S 图

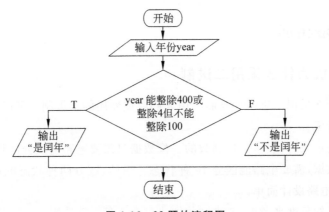

图 1-16 22 题的流程图

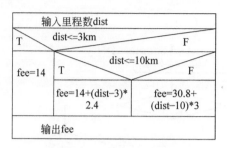

图 1-17　23 题的 N-S 图

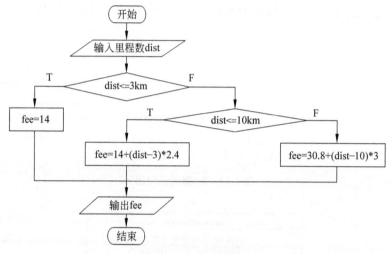

图 1-18　23 题的流程图

1.2.2　编程题

无

1.3　进一步拓展

1.3.1　计算机为什么采用二进制

计算机为什么采用二进制计算而不用人们习惯使用的十进制？可以从信息的表示和运算两方面来考虑。

从信息的表示来看,表示二进制数的一位数据只需要电路能区分两种状态,而表示十进制数的一位数据,需要电路能区分 10 种状态。当然,区分两种状态的电路设计要比区分 10 种状态的电路设计简单。

从数值运算的角度来考虑,二进制的加法只有 4 条运算法则:

$0+0=0$

$0+1=1$

$$1+0=1$$
$$1+1=10$$

而对应于十进制的加法,相关的法则有 100 条。这些运算法则要用电路来实现。因此,采用二进制计算将会大大简化硬件的设计。

1.3.2 算法的评价

一个问题可以有很多种解决方法,也就是说可以设计出很多不同的算法。那么到底哪个算法好? 哪个算法差? 应该采用哪个算法? 通常衡量一个算法的好坏有以下几个方面的指标。

1. 正确性

正确性无疑是一个最重要的指标。算法当然要能够正确地解决问题。

2. 可读性

算法的可读性指的是算法是否容易理解。在计算机刚出现时,程序的可读性并不重要。因为当时的程序一般很短,而且是量身定做的,运行了一次后可能就不再使用了。而现在的软件都是产品化,可能会运行很多年。在产品工作期间,可能会发现程序的某些错误或者程序的某些功能需要修改。如果程序写得晦涩难懂,将会给修改程序带来很大的麻烦,所以算法的逻辑尽量简明易懂。

3. 健壮性

健壮性是指当输入的数据非法时,算法必须有相应的处理。因为软件的用户不一定是专业人员,也不一定会认真阅读软件使用指南,在运行时可能会输入一些非法值。不管用户输入的是什么数据,都要保证程序不会瘫痪。

4. 时间复杂度和空间复杂度

时间复杂度是算法的计算量与处理的问题规模之间的关系。空间复杂度是算法运行时占用的存储空间与处理的问题规模之间的关系。在不牺牲可读性的前提下,尽量保证好的时间复杂度和空间复杂度。

程序的基本组成

2.1 知识点回顾

2.1.1 C++ 程序的基本结构

C++ 源程序由 3 部分组成：注释部分、编译预处理部分和主程序部分。最常见的 C++ 源程序的结构如下：

```
//注释部分
#include <文件名>
int main()
{
    变量定义部分;
    语句部分;

    return 0;
}
```

由"//"开始的行是注释行。注释不是可执行的语句,注释部分是写给其他程序员或将来自己看的。注释部分给出源文件的总体描述,一般包括源程序文件的名称、程序的功能和一些与程序操作有关的信息。程序注释还可以描述程序中复杂部分的实现思想、可能的使用者、如何改变程序行为的一些建议等。

由 # 开始的命令是编译预处理命令,也称为预编译命令。最常用的编译预处理命令是库包含,库包含表示程序使用了某个库。include 就是库包含的意思,后面的文件名是库的接口文件名字。库是工具的集合,这些工具由其他程序员编写,能够完成特定的功能。

主程序是算法的描述。主程序是一个名字为 main 的函数,函数由函数头部和函数体组成。int main()是函数头部,目前可以认为这就是一个固定格式。大括号括起来的部分称为函数体。函数体由两部分组成:变量定义部分为运算过程中的可变数据准备存储的空间;语句部分是算法的 C++ 表示。

2.1.2 常量与变量

编写程序时已经确定且在程序运行过程中不会改变的值称为常量。编写程序时尚未确定的值称为变量。

1. 变量定义

变量在程序中必须有一个代号。变量定义是给变量一个代号并为它准备好存储空间。C++规定变量必须先定义再使用。变量定义格式:

类型名 变量名 1,变量名 2,……,变量名 n;

变量名以及后面提到的常量名和函数名统称为标识符。标识符的命名必须符合以下规则。

(1)标识符必须以字母或下画线开头。

(2)标识符中的其他字符必须是字母、数字或下画线,不得使用空格和其他特殊符号。

(3)标识符不可以是系统的保留字,如 int、double、for、return 等,保留字在 C++语言中有特殊用途。

(4)C++语言中,标识符是区分大小写的,即变量名中出现的大写和小写字母被看作是不同的字符,因此,ABC、Abc 和 abc 是 3 个不同的标识符。

(5)C++没有规定标识符的长度,但各个编译器都有自己的规定。

(6)标识符应使读者易于明白其作用,做到见名知意,一目了然。

类型名表示变量中存储的数据的类型。C++支持的几种基本变量类型如图 2-1 所示。

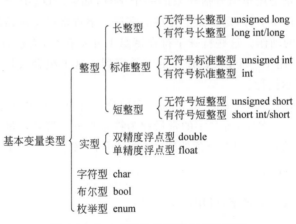

图 2-1 C++支持的几种基本变量类型

定义三个整型变量 a、b、c,可以用下列语句:

```
int a, b, c;
```

也可以在变量定义时为变量赋初值。赋初值的方法是在变量名后加"＝初值"。如在定义上述 3 个变量时,要为 b 赋初值 3,则可以用下列语句:

```
int a, b =3, c;
```

2. 常量与符号常量

常量是编程时已经确定,且在程序运行过程中不会被修改的值。常量必须是 C++ 认可的类型。

整型常量有 3 种表示方法:十进制、十六进制和八进制。

十进制与平时采用的十进制表示一样,如 123、756、−18 等。在 int 表示范围中的整型常量被认为是 int 类型。超出 int 类型范围的整型常量被认为是 long int 类型。如果需要把一个 int 范围内的整型数看成是长整型,可以在这个整型数后面加一个 l 或 L,如 100L 表示把 100 看成是长整型。

八进制常量以 0 开头。例如,0123 表示八进制数 123,它对应的十进制值为

$$1×8^2+2×8^1+3×8^0=83$$

十六进制数以 0x 开头。例如,0x123 表示十六进制的 123,它对应的十进制值为

$$1×16^2+2×16^1+3×16^0=291$$

实型常量有两种表示方法:十进制小数形式和科学记数法。十进制小数由数字和小数点组成,如 123.4、0.123。科学记数法把实型常量用"尾数×10指数"的方式表示。但程序设计语言中不能表示上标,因此用了一种替代的方法:尾数 e 指数或尾数 E 指数。例如,$123×10^3$ 可写成 123e3 或 123E3。C++ 中,实型常量都作为 double 类型处理。如需要将一个实型常量作为 float 类型处理,可以在数字后面加上字母 f 或 F,如 123.456F 表示把这个实型数当作 float 类型处理。

C++ 的字符常量是用单引号括起来的一个字符,如'a'、'D'、'1'、'? '等都是字符常量。这些字符被称为可打印字符,是键盘上存在的字符。字符常量也包括许多特殊字符,它们用来表示某一特定的动作。这些特殊字符在键盘上并不存在,无法直接输入。为表示这些特殊字符,C++ 采用了一个以"\"开头的字符序列。这个组合被称为转义序列(escape sequence),如'\n'表示换行。

布尔类型的值只有两个:true 和 false。它们分别对应逻辑值真和假。

可以给常量取一个名字,有名字的常量称为符号常量。符号常量的定义方法有两种。一种是 C 语言风格的定义,用编译预处理命令 #define 来定义。定义的格式:

```
#define  符号常量名  值
```

如在程序中要为 π 取一个名字,可用以下定义:

```
#define  PI  3.14159
```

另一种是用 C++ 风格的定义,定义的格式:

```
const  类型名  符号常量名 =值;
```

如要定义 π 为符号常量,可用以下定义:

```
const double PI =3.14159;
```

3. C++ 11 对数据类型的扩展

1) long long int 类型

C++ 11 对整型数增加了一个 long long int 类型，处理那些比 long int 还大的整型数。C++ 11 规定 long long int 类型的数据至少要占用 8 字节的内存空间，即处理的数据范围为 $-2^{63} \sim +2^{63}-1$。

2) 类型推断

C++ 11 允许在定义变量时让编译器根据变量的初值（auto 类型说明符）或某个表达式的计算结果（decltype 类型指示符）自动推断变量类型。例如：

```
auto  ch ='A';
```

编译器根据给出的初值可以确定 ch 是字符类型，于是定义了一个字符类型的变量，并赋初值为'A'。

有时程序员仅希望从表达式中推断出所要定义的变量类型，但并不想用表达式的值作为初值，这时可使用 decltype 类型指示符。例如：

```
int a, b;
decltype(a+b) c;
```

编译器并不计算 $a+b$ 的值，而只是从 a 和 b 的类型推导出 $a+b$ 的类型，把它作为变量 c 的类型。本例中，变量 c 的类型为 int，但初值是随机值。

3) 常量表达式和 constexpr 变量

用 const 定义符号常量，表示该符号常量对应的值必须在定义时指定。一旦定义，它的值就无法改变。符号常量的初值可以是一个常量，也可以是一个变量，甚至是一个表达式的计算结果或程序中的某个中间结果。有时需要符号常量的值在编译时就能确定，C++ 11 提出了一个新的概念：常量表达式。常量表达式是指值在编译时确定且不会被改变的表达式。C++ 11 标准允许将常量声明为 constexpr，以通知编译器验证它的值是否为编译时的常量。例如：

```
constexpr int N =10;
constexpr int M =10 +N;
```

中的 M 和 N 都是合法的定义。因为 N 的值在编译时已经确定为 10，10 + N 的值也可在编译时确定，因此 M 也是编译时的常量。而

```
int n;
cin >>n;
constexpr  int N =n+1;
```

中 N 的值在编译时无法确定，因此上述语句会出现一个编译错误。但是

```
int n;
cin >>n;
const  int N =n+1;
```

是正确的。因为在定义 N 时,n 的值已经被输入,$n+1$ 的值也已确定。

4) 类型别名

除了用关键字 typedef 声明类型别名外,C++ 11 提出了一种新方法,即用关键字 using 声明类型别名。例如:

```
using REAL =double;
```

该方法用关键字 using 作为别名声明的开始,然后紧跟别名和等号,表示等号左侧的名字是等号右侧名字的别名。

2.1.3 数据的输入输出

C++ 提供多种从键盘输入数据的方式。最常用的方法是利用 C++ 标准库中定义的输入流对象 cin 和流提取运算符"＞＞"来实现。例如:

```
cin >>a;
cin >>d >>x >>y;
```

"＞＞"操作以空白字符(空格符、回车符和制表符)作为分隔符。用"＞＞"操作无法将一个空格输入给某个字符类型的变量。

如果输入的变量是字符类型,C++ 还提供了另一种常用的方法,即通过 cin 的成员函数 get()输入。get 函数的用法为

```
cin.get(字符变量);
```

或

```
字符变量 =cin.get();
```

这两种语句都可以将键盘输入的数据保存在字符变量中。get()函数可以接受任何字符,包括空白字符。而用"＞＞"输入时,空白字符则作为分隔符。

将变量的内容显示在显示器上,可以用标准库中的输出对象 cout 和流插入运算符"＜＜"。如

```
cout <<a;
```

可以将变量 a 的内容显示在显示器上。也可以一次输出多个变量的值,如

```
cout <<a <<b <<c;
```

同时输出了变量 a、b、c 的值。

2.1.4 算术运算

C++ 主要通过算术表达式完成算术运算。C++ 算术表达式与数学中的表达式基本相似。C++ 的算术运算符:

＋　　加法

－　　减法(若左边无值则为负号)

*   乘法

/   除法

％   取模

＋、－、＊、/的含义与数学中一样。运算符"％"只适用于整型数，$a\%b$ 的值为 a 除以 b 所得的余数。

与数学中的表达式一样，运算符"－"有两种形式。当"－"在两个运算数之间时，如 $x-y$，表示两个数相减；当其左边没有运算数时，表示负号。因此，$-x$ 表示 x 值的相反数。

在 C++ 中，整型、实型、字符型和布尔型的数据都可参加算术运算。字符型数据用它的内码参加运算。布尔型数据用 0(false) 和 1(true) 参加运算。在进行运算之前，系统会自动将不同类型的数据先转换成同一类型，然后再进行运算，运算结果与运算数类型相同。普通的整型常量作为 int 类型，普通的实型常量作为 double 类型。转换的总原则是占用空间少的向占用空间多的靠拢，数值范围小的向数值范围大的靠拢。具体规则如下。

(1) bool、char 和 short 这些非标准的整型数在运算前都必须转换为 int。

(2) int 和 float 运算时，将 int 转换成 float。

(3) int 和 long 运算时，将 int 转换成 long。

(4) int 和 double 运算时，将 int 转换成 double。

(5) float 和 double 运算时，将 float 转换成 double。

特别需要注意的是除法运算，如果两个运算数都是整型，运算结果是整型，即 5/2 的结果是 2 而不是 2.5。如果要使计算结果是 2.5，必须把表达式写成 5.0/2 或 5/2.0。如果运算数是两个整型变量，则可以采用强制类型转换。强制类型转换可将某一表达式的结果强制转换成指定的类型。C++ 的强制类型转换有两种形式：

(类型名) 表达式
类型名(表达式)

因此，使整型变量 x 和 y 相除的结果为实型数，可用表达式"double(x)/y"或"x/(double)y"。

当对两个正整型数执行除法运算时会舍弃余数。例如，5/2 的结果是 2。但 $-5/2$ 的结果是多少？是 -2 还是 -3？C++ 早期版本允许编译器自己决定是向上取整还是向下取整。因此在不同的编译环境下，$-5/2$ 可能有不同的结果。C++11 新标准则规定一律向 0 取整(即直接去掉小数部分)。

对取模运算，早期的版本也有二义性。例如，9％4 的值为 1，那么 $-9\%4$、$9\%(-4)$ 或 $(-9)\%(-4)$ 的结果是多少？C++ 早期版本没有明确规定。C++11 规定，$m\%(-n)=m\%n$，$(-m)\%n=-(m\%n)$。即 $-9\%4$ 的值为 -1，$9\%(-4)$ 的值为 1，$(-9)\%(-4)$ 的值为 -1。

2.1.5 赋值运算

程序中最常见的操作是将一个数值或一个表达式的计算结果保存在一个变量中，这个操作称为赋值。C++ 中，赋值是作为一种运算，用运算符"＝"表示。赋值号是一个二元运算符，有两个运算数，左右各一个。在现阶段可以认为左运算数是一个变量，右运算数是一个表达式。整个由赋值号连起来的表达式称为赋值表达式。赋值运算中的左运算数也称为左值。赋值表达式执行时，首先计算右边表达式的值，将结果存储在赋值号左边的变量中。整个赋值表达式的运算结果是左边的变量。因此，在 C++ 中

```
total = 3 * 5 - 4
```

是一个表达式，该表达式的结果值是变量 total，即 11。

一个表达式后面加上一个分号形成了 C++ 中最简单的语句，称为表达式语句。赋值表达式后面加上一个分号形成了赋值语句。如

```
total = 3 * 5 - 4;
```

就是一个赋值语句。

赋值是一个运算，因此可以将一个赋值表达式嵌入到一些更复杂的表达式中。将一个赋值表达式嵌入另一个赋值表达式称为赋值嵌套。例如，在 C++ 中可以有如下形式的表达式

```
x = (a = 5) + (b = 7)
```

该表达式做了三件事：将 5 赋给 a，将 7 赋给 b，将 5＋7 赋给 x。由于赋值运算比加法运算的优先级低，所以必须在 $a=5$ 和 $b=7$ 外面加括号。

赋值嵌套最重要的应用是将同一个值赋给多个变量。C++ 语言对赋值的定义允许用以下一个语句代替单独的几个赋值语句：

```
n1 = n2 = n3 = 0;
```

它将 3 个变量的值均赋为 0。之所以能达到这个效果是因为 C++ 语言的赋值运算是一个表达式，而且赋值运算符是右结合。整条语句等价于

```
n1 = (n2 = (n3 = 0));
```

对任意的二元运算符 op，以下形式的语句：

变量 ＝变量 op 表达式;

都可以写成:

变量 op ＝表达式;

在赋值中，二元运算符与"＝"结合的运算符称为复合赋值运算符。

C++ 语言还为另外两个常见的操作，即将一个变量加 1 或减 1，提供了两个运算符：自增运算符"＋＋"和自减运算符"－－"。＋＋x 将变量 x 的值加 1，－－x 将变量 x 的值减 1。

自增和自减运算符可以作为前缀，也可以作为后缀。即＋＋x 和 x＋＋都是 C++ 的正确的表达式，它们的作用都是将变量 x 中的值增加 1。但两个表达式结果值不同，

++x 的结果是加 1 以后的 x，x++ 的结果是加 1 以前的 x 的值。

2.2 习题解答

2.2.1 简答题

1. 程序开头的注释有什么作用？

【解】程序开头的注释是对程序整体的介绍。一般包括源文件的名称、程序的功能、作者、创建日期、修改者、修改日期、修改内容等。程序注释还可以描述程序中特别复杂部分的实现方法和过程，给出如何改变程序行为的一些建议等。当程序在将来的某一天需要修改时，程序员可以通过这些注释而不是程序本身来了解程序是如何工作的。这给程序的维护提供了很大便利。

2. 库的作用是什么？

【解】库是一些常用工具的集合，这些工具由其他程序员编写，能够完成特定的功能。当程序员在编程时需要用到这些功能时，不再需要自己编程解决这些问题，只需要调用库中的工具，这样可以减少重复编程。例如，输入输出是每个程序都要用到的功能，C++ 设计了一个库 iostream，包含常用的输入输出功能。程序员编程时需要输入输出信息时，可以调用其中的"＞＞"和"＜＜"操作，而不再需要自己编程实现输入输出。

3. 采用符号常量有什么好处？

【解】采用符号常量主要有两个好处：提高程序可读性和可维护性。符号常量是为常量取一个符合其含义的名字，使其他程序员或若干年以后的自己读到此符号常量时，能知道该常量的作用，提高程序的可读性。采用符号常量的另一个好处是利于将来的维护。通常一个常量会在程序中出现多次，如果维护时需要修改此常量，则需要修改程序的多个地方。少修改了一个地方可能导致程序出错。如果将此常量定义成符号常量，程序中都用符号常量名，则将来修改程序时，只需要修改符号常量定义，然后重新编译这个程序，预编译器会修改程序中所有该符号常量对应的值，提高了程序的可维护性。

4. C++ 有哪两种定义符号常量的方法？C++ 建议的是哪一种？

【解】C++ 有以下两种定义符号常量的方法：

```
#define  符号常量  值
const 类型 符号常量=值;
```

前者是 C 语言的风格，后者是 C++ 的风格。C++ 建议用第二种。用 #define 定义符号常量有两个问题：一是所定义的符号常量无法进行类型检查；二是 #define 的处理只是简单的字符串替换，可能会引起一些意想不到的错误。而 C++ 的风格指明了常量的类型，同时是将右边表达式的值计算出来后再与符号常量关联起来。例如，有定义

```
#define ABC 3+5
```

程序中有语句

```
x = 3 * ABC;
```

则 x 的结果是 14,即 $3\times3+5$,而不是 24,即 3×8。但如果用

```
const int ABC = 3+5;
```

则结果是 24。

5. C++ 定义了一个称为 cmath 的库,其中有一些三角函数和代数函数。如果程序需要访问这些函数,必须要写什么语句?

【解】需要有一个编译预处理命令:♯include ＜cmath＞,表示程序用到这个库。

6. 每个 C++ 语言程序中都必须定义的函数的名称是什么?

【解】每个 C++ 语言程序中都必须定义的函数的名称是 main。main 函数是 C++ 程序的主程序,是程序执行的入口。

7. 如何定义两个名为 num1 和 num2 的整型变量? 如何定义 3 个名为 x、y、z 的实型双精度变量?

【解】定义两个名为 num1 和 num2 的整型变量可用语句:

```
int num1, num2;
```

定义 3 个名为 x、y、z 的实型双精度变量可用语句:

```
double  x, y, z;
```

8. 简单程序通常由哪 3 个阶段组成?

【解】简单程序通常由输入阶段、计算阶段和输出阶段组成。输入阶段接收用户输入的需要加工的数据,计算阶段将输入的数据加工成输出数据,输出阶段将加工后的数据输出给用户。

在编写程序时,最好在各阶段之间插入一个空行,使程序逻辑更加清晰。

9. 数据类型有哪两个重要属性?

【解】数据类型的第一个属性是该类型的数据在内存中是如何表示的,第二个属性是对于这类数据允许执行哪些操作。例如,当提到一个 VS 2010 中的整型变量时,意味着该变量在内存中占 4B,这 4B 中保存的是某个整型数的补码,对该变量可以执行所有的算术运算、关系运算和逻辑运算,可以直接输入输出。

10. 两个短整型数相加后,结果是什么类型?

【解】短整型数在执行算术运算时,先被转换成标准的整型数,然后执行整型数运算,所以两个短整型数相加后的结果是整型数。

11. 算术表达式 true＋false 的结果是多少? 结果值是什么类型的?

【解】在计算 true＋false 时,由于 bool 类型是非标准整型,运算时会被自动转换成 int 类型。true 转换成 1,false 转换成 0,所以计算结果为整型数 1。

12. 说明下列语句的效果,假设 i、j 和 k 声明为整型变量:

```
i = (j =4)  *  (k =16);
```

【解】执行此表达式时,先执行括号内的子表达式,将 4 赋给 j,16 赋给 k。这两个表达式的执行结果分别是变量 j 和 k,然后执行"i＝j＊k",将 64 赋给 i。执行了这个语句

后，j 的值为 4，k 的值为 16，i 的值为 64。

13. 怎样用一个简单语句将 x 和 y 的值设置为 1.0（假设它们都被声明为 double 型）？

【解】可以用嵌套赋值：

x = y = 1.0;

14. 假如整型数用两字节表示，写出下列各数在内存中的表示，并写出它们的八进制和十六进制表示。

(1) 10　(2) 32　(3) 240　(4) −1　(5) 32700

【解】整型数在计算机内部被表示为补码形式，所以这些整型数在内存中的表示以及八进制、十六进制表示如表 2-1 所示。

表 2-1　14 题答案

十进制	内存中的表示	八进制	十六进制
10	0000000000001010	12	a
32	0000000000100000	40	20
240	0000000011110000	360	f0
−1	1111111111111111	177777	ffff
32700	0111111110111100	77674	7fbc

15. 辨别下列哪些常量为 C++ 语言中的合法常量。对于合法常量，分辨其为整型常量还是浮点型常量：

(1) 42　(2) 1,000,000　(3) −17　(4) 3.1415926　(5) 2+3　(6) 123456789
(7) −2.3　(8) 0.000001　(9) 20　(10) 1.1E+11　(11) 2.0　(12) 1.1X+11
(13) 23L　(14) 2.2E2.2

【解】这些值的情况如表 2-2 所示。

表 2-2　15 题答案

常　　量	是否合法	说　　明
42	int	整型常量的十进制表示
1,000,000	不合法	十进制整型常量中不能有逗号，只能由数字构成
−17	int	整型常量的十进制表示
3.1415926	double	浮点型常量的十进制表示
2+3	int	整型常量表达式
123456789	int	整型常量的十进制表示
−2.3	double	浮点型常量的十进制表示
0.000001	double	浮点型常量的十进制表示
20	int	整型常量的十进制表示
1.1E+11	double	浮点型常量的科学记数法表示

续表

常 量	是否合法	说 明
2.0	double	浮点型常量的十进制表示
1.1X+11	不合法	浮点型常量中不能有 X
23L	long	长整型常量的十进制表示
2.2E2.2	不合法	浮点型常量的科学记数法表示中,指数不能为小数

16. 指出下列哪些是 C++ 语言中合法的变量名?

(1) x   (2) formulal

(3) average_rainfall   (4) %correct

(5) short   (6) tiny

(7) total output   (8) aReasonablyLongVariableName

(9) 12MonthTotal   (10) marginal-cost

(11) b4hand   (12) _stk_depth

【解】这些符号的情况如表 2-3 所示。

表 2-3 16 题是否合法答案

变 量	是否合法	说 明
x	合法	
formulal	合法	
average_rainfall	合法	
%correct	不合法	变量名中不能包含%
short	不合法	系统保留词
tiny	合法	
total output	不合法	变量名中不能包含空格
aReasonablyLongVariableName	合法	
12MonthTotal	不合法	变量名不能以数字开头
marginal-cost	不合法	变量名中不能包含减号
b4hand	合法	
_stk_depth	合法	

17. 在一个变量赋值之前,可以对它的值做出什么假设?

【解】在 C++ 中,定义变量仅仅是为变量分配空间,不做其他任何工作。分配给变量的这块空间可能以前被其他程序用过。在定义一个变量并尚未对它赋值之前,这块空间中的值可能是任何可能出现的值。因此可以假设它的值是一个随机值。

18. 如果 ch 是字符类型的变量,执行表达式 ch=ch+1 时发生了几次自动类型转换?

【解】发生了两次自动类型转换。ch 是字符型的变量,运算时必须转换为 int 类型,与整型数 1 相加。计算结果存入变量 ch。将整型数存入字符类型的变量时,必须将整型数转换成字符型。

19. 若 k 已被定义为 int 型变量,当程序执行赋值语句

```
k =3.14159;
```

后,k 的值是什么? 若再执行下面的语句,k 的值是什么?

```
k =2.71828;
```

【解】在将实型值赋给整型变量时,会自动转换成整型。C++ 中实型转整型是删除小数部分。因此,在执行了“k＝3.14159;”后,k 的值为 3。同理,在执行了“k＝2.71828;”后,k 的值为 2。

20. 如有

```
char ch1 ='a';
auto ch2 =ch1 +1;
```

ch2 是什么类型? 如计算机采用 ASCII 编码,则 ch2 的值是多少?

【解】ch2 是整型,因为 ch1 是字符型,与 1 相加时会自动转换成整型,相加后的结果也是整型。如采用 ASCII 编码,小写字母 a 的编码是 97,所以 ch2 的值是 98。

21. 有定义

```
char ch ='a';
bool flag =true;
decltype (ch+flag) c;
```

c 是什么类型? c 的值是多少?

【解】c 是 int 类型。因为 c 的类型取决于 ch ＋ flag 的类型,ch 是字符型,flag 是布尔型,在执行加法运算时都会被自动转换成 int 型,相加后的结果也是 int 型。

在定义变量 c 时没有指定初值,所以它的值是随机值。

22. 以下哪些是合法的字符常量?

```
'a'    "ab"    'ab'   '\n'    '0123'    '\0123'    "m"
```

【解】合法的字符常量必须是用单引号括起来的一个字符,所以"ab"和"m"是错的,因为它们是用双引号括起来的。合法的字符常量只能是一个字符,所以'ab'和'0123'是错的。'\n'和'\0123'虽然也有多个字符,但它们是一个转义序列,'\n'表示的是换行符,'\0123'表示的是编码的八进制值为 123 的字符,所以它们是正确的。正确的字符常量有'a'、'\n'和'\0123'。

23. 写出完成下列任务的表达式。

(1) 取出整型变量 n 的个位数。

(2) 取出整型变量 n 的十位以上的数字。

(3) 将整型变量 a 除以 b 后的商存于变量 c,余数存于变量 d。

(4) 将字符变量 ch 中保存的小写字母转换成大写字母。

（5）将 double 型的变量 d 中保存的数字按四舍五入的规则转换成整型数。

【解】

```
(1) n % 10
(2) n / 10
(3) c = a / b, d = a % b
(4) ch -'a' +'A'
(5) int(d +0.5)
```

24. 如果 x 的值为 5，y 的值为 10，则执行表达式"$z=（++x)+(y--)$"后，x、y、z 的值是多少？

【解】 x 的值是 6，y 的值是 9，z 的值是 6+10 ＝ 16。

25. 若变量 k 为 int 类型，x 为 double 类型，执行了"k＝3.1415;"和"x=k;"语句后，x 和 k 的值分别是多少？

【解】 因为 k 为整型变量，在执行"k＝3.1415;"时发生了自动类型转换，将 3.1415 转换成整型数 3 赋给了变量 k，所以 k 的值是 3。在执行"x＝k;"时，由于 x 是 double 类型的变量，于是又发生了一次自动类型转换，将整型数 3 转换成 double 类型的 3.0 赋给变量 x，所以 x 的值为 3.0。

26. 已知华氏温度到摄氏温度的转换公式为

$$C = \frac{5}{9}(F-32)$$

某同学编写了一个将华氏温度转换成摄氏温度的程序：

```
int main()
{
    int c, f;

    cout <<"请输入华氏温度:";
    cin >>f;
    c =5 / 9 * ( f -32) ;
    cout <<"对应的摄氏温度:" <<c;
    return 0;
}
```

但无论输入什么值，程序的输出都是 0，请找一找哪里出了问题。

【解】 计算表达式"5/9 * (f-32)"时，首先计算 $f-32$，f 和 32 都是整型，结果是一个整型数。然后计算 5/9，由于 5 和 9 都是 int 类型，计算结果为整型数 0。0 乘任何数都为 0，所以 c 的值永远为 0。只要将 5 改成 5.0 或 9 改成 9.0，程序就能得到正确的结果。

27. 为什么下列两组代码中，第一组能通过编译，第二组会出编译错误？

```
(1) int n;
    cin >>n;
    const N =n;
```

```
(2) int n;
    cin >>n;
    constexpr N =n;
```

【解】第一组代码先定义了整型变量 n，然后从键盘输入 n 的值，最后将输入的 n 值作为常量 N 的初值。这组语句完全符合 C++ 规范。而第二组语句中 const 改成了 constexpr，constexpr 表示所定义的常量的值必须是编译时的常量，而 n 的值是运行时输入的，在编译时无法确定 n 的值，所以编译会出错。

2.2.2 程序设计题

1. 将主教材中的代码清单 2-1 原样输入计算机并运行。

【解】略。

2. 设计一个程序完成下述功能：输入两个整型数，输出这两个整型数相除后的商和余数。

【解】根据程序的要求可知，程序中必须保存 4 个值：两个整型数、它们的商和余数，因此程序须要定义 4 个变量，分别保存这 4 个值。该程序由标准的 3 个阶段组成：输入阶段、计算阶段和输出阶段。输入阶段输入两个整型数。计算阶段计算两个整型数的商和余数，可以通过算术运算"/"和"%"实现：对两个整型数执行"/"运算，结果还是整型数，这个整型数就是商；对两个整型数执行"%"运算，结果就是余数。输出阶段输出两个计算结果。根据这个思想产生的程序如代码清单 2-1。

代码清单 2-1 完成两个整型数计算的程序

```cpp
#include <iostream>
using namespace std;

int main()
{
    int num1, num2,quotient, remainder;

    cout <<"请输入两个整型数:";
    cin >>num1 >>num2;

    quotient =num1/num2;                        //计算商
    remainder =num1%num2;                       //计算余数

    cout <<num1 <<" / " <<num2 <<"的商为" <<quotient <<endl;
    cout <<num1 <<" %" <<num2 <<"的余数为" <<remainder <<endl;

    return 0;
}
```

3. 输入 9 个小于 8 位的整型数，然后按 3 行打印，每一列都要对齐。例如输入 1、2、3、11、22、33、111、222、333，输出为

1	2	3
11	22	33
111	222	333

【解】 程序由两个阶段组成：输入阶段和输出阶段。输入阶段输入 9 个整型数，输出阶段输出 9 个整型数，因此，需要 9 个变量保存这 9 个数字。输出的关键在于如何让输出数据排齐，这可以用转义字符'\t'，使每个输出的数字占一个打印区域。解决了这个问题，程序的实现就水到渠成了。具体实现如代码清单 2-2。

代码清单 2-2　按格式输出 9 个整型数

```cpp
#include <iostream>
using namespace std;

int main()
{
    int num1, num2, num3, num4, num5, num6, num7, num8, num9;

    cout <<"请输入 9 个整型数:";
    cin >>num1 >>num2 >>num3 >>num4 >>num5 >>num6 >>num7 >>num8 >>num9;

    cout <<num1 <<'\t' <<num2 <<'\t' <<num3 <<endl;
    cout <<num4 <<'\t' <<num5 <<'\t' <<num6 <<endl;
    cout <<num7 <<'\t' <<num8 <<'\t' <<num9 <<endl;

    return 0;
}
```

4. 某工种按小时计算工资。每月劳动时间（小时）乘以每小时工资等于总工资。总工资扣除 10% 的公积金，剩余为应发工资。编写一个程序从键盘输入劳动时间和每小时工资，输出应发工资。

【解】 该程序由标准的 3 个阶段组成：输入阶段、计算阶段和输出阶段。输入阶段输入劳动时间和每小时工资。计算阶段计算应发工资。首先计算总工资，再计算公积金，将总工资减公积金就得到应发工资。输出阶段输出应发工资。根据这个思想产生的程序如代码清单 2-3。

代码清单 2-3　工资计算程序

```cpp
#include <iostream>
using namespace std;

int main()
{
    int time, yuanPerHour, totalSalary, salary;

    cout <<"请输入每小时工资:";
```

```
    cin >>yuanPerHour;
    cout <<"请输入本月劳动时间:";
    cin >>time;

    totalSalary =time * yuanPerHour;              //计算总工资
    salary =totalSalary -0.1 * totalSalary ;      //计算应发工资

    cout <<"本月应得工资:" <<salary <<endl;

    return 0;
}
```

5. 编写一个水果店售货员的结账程序。已知苹果每斤(1斤＝0.5千克)2.50元,梨每斤1.80元,香蕉每斤2元,橘子每斤1.60元。要求输入各种水果的重量,打印应付金额。再输入顾客付款数,打印应找零的金额。

【解】 在这个题目中,水果的价钱在整个程序运行的过程中是不会变的。按照良好的程序设计风格,可以把这些常量定义成符号常量。程序先输入各种水果的重量,用算术表达式计算应付金额。然后输入顾客付款金额,计算应找的零钱金额后输出。这样就完成了整个结账过程。根据这个思想产生的程序如代码清单2-4。

代码清单 2-4　水果店结账程序

```
#include <iostream>
using namespace std;

int main()
{
    const double priceOfApple =2.50;
    const double priceOfPear =1.80;
    const double priceOfBanana =2.00;
    const double priceOfOrange =1.60;

    double apple, pear, banana, orange;
    double money, income, change;

    cout <<"请输入苹果、梨、香蕉、橘子的重量:";
    cin >>apple >>pear >>banana >>orange;

    money =apple * priceOfApple +pear * priceOfPear+
            banana * priceOfBanana +orange * priceOfOrange;

    cout <<"你应该付" <<money <<"元" <<endl;

    cin >>income;
    change =income -money;
```

```
        cout <<"\n 找零" <<change <<"元";

        return 0;
    }
```

6. 编写一个程序完成下述功能：输入一个字符，输出它的 ASCII 值。

【解】字符类型的变量在内存中占一字节，该字节中保存的是字符的 ASCII 码。由于
"<<"操作会自动识别输出的变量类型，如果直接输出一个字符常量或字符变量，输出的
是字符本身。需要输出字符对应的 ASCII 码，必须将它强制转换成整型值输出。具体实
现如代码清单 2-5。

代码清单 2-5　输出字符的 ASCII 值

```cpp
#include <iostream>
using namespace std;

int main()
{
    char ch;

    cout <<"请输入一个字符:";
    cin >>ch;

    cout <<static_cast<int>(ch) <<endl;

    return 0;
}
```

7. 假设校园电费是 0.6 元/(kW·h)，输入这个月使用了多少千瓦·时的电，算出需
要缴纳的电费。假如只有 1 元、5 角和 1 角的硬币，各需要多少 1 元、5 角和 1 角的硬币？
例如，这个月使用的电量是 11kW·h，那么输出为

你本月的电费是 6 元 6 角

共需 6 张 1 元、1 张 5 角的和 1 枚 1 角的硬币

【解】完成这个任务的算法相当简单。先输入本月用电量，用电量乘电费单价得到应
付电费。分别取出电费中的元和角部分就可以得到需要多少 1 元、5 角和 1 角的硬币。
实现该算法的程序如代码清单 2-6。

代码清单 2-6　电费计算程序

```cpp
#include <iostream>
using namespace std;

int main()
{
    const int FEE =6;                          //费用以角为单位
    int amount, money;
```

```
cout <<"请输入本月的用电量:";
cin >>amount;

money =amount * FEE;                              //计算本月应付多少角

cout <<"你本月的电费是 " <<money / 10 <<"元" <<money %10 <<"角" <<endl;
cout <<"共需支付" <<money / 10 <<"张 1元、";
cout <<  money %10 / 5 <<"张 5角和";
cout <<  money %5 <<"枚 1角的硬币" <<endl;

return 0;
}
```

想一想程序中的电费为什么表示成 int 型而不是 double 型?试一试修改程序,用 double 型表示应收的电费。多运行几次,观察一下,会出现什么问题?

8. 设计并实现一个银行计算利息的程序。输入存款金额和存款年限,输出存款的本利之和。假设年利率为 1.2%,计算存款本利之和公式为本金+本金 * 年利率 * 存款年限。

【解】 在这个程序中,存款利率相对不变,可以将它设计成一个符号常量。程序其他部分很简单,只需要将题中的公式转换成 C++ 的算术表达式。具体程序如代码清单 2-7。

代码清单 2-7 银行计算利息程序

```
#include <iostream>
using namespace std;

int main()
{
    const double RATE =1.2;
    double principal;
    int years ;

    cout <<"请输入本金(元)和存期(年):";
    cin >>principal >>years;

    principal =principal +principal * RATE * years / 100;

    cout <<"你的本利和是" <<principal <<endl;

    return 0;
}
```

9. 编写一个程序,读入用户输入的 4 个整型数,输出它们的平均值。程序的执行结果的示例如下。

请输入 4 个整型数：5 7 9 6↙
5 7 9 6 的平均值是 6.75

【解】想必读者都知道计算平均数的公式，即将所有的数加起来，再除以数的个数。本程序中要注意的是平均数是个实型数，而输入的是整型数。在 C++ 中，整型数运算的结果还是整型数。为了得到实型数的结果，必须在计算过程中将某个运算数转换成实型数。代码清单 2-8 将整型数的个数 4 表示成了实型数 4.0。

代码清单 2-8　求 4 个数平均值的程序

```cpp
#include <iostream>
using namespace std;

int main()
{
    double avg;
    int num1, num2, num3, num4 ;

    cout <<"请输入 4 个整型数:";
    cin >>num1 >>num2 >>num3 >>num4;

    avg = ( num1 +num2 +num3 +num4) / 4.0;

    cout <<num1 <<"  " <<num2  <<"  " <<num3 <<" " <<num4 <<"的平均值:"
        <<avg <<endl;

    return 0;
}
```

10. 编写一个程序，输出在你使用的 C++ 编译器中 int 类型的数据占几字节，double 类型的数据占几字节，short int 类型的数据占几字节，float 类型的数据占几字节。

【解】了解程序中某个表达式或某种类型的值占多少内存空间可以用 C++ 的运算符 sizeof。sizeof 的用法：

```cpp
sizeof(类型名或表达式)
```

具体实现如代码清单 2-9。

代码清单 2-9　了解各种类型的数据占用的内存空间

```cpp
#include <iostream>
using namespace std;

int main()
{
    cout <<"int 类型的数据占" <<sizeof(int) <<"字节" <<endl;
    cout <<"double 类型的数据占" <<sizeof(double) <<"字节" <<endl;
```

```
cout <<"short int 类型的数据占" <<sizeof(short) <<"字节" <<endl;
cout <<"float 类型的数据占" <<sizeof(float) <<"字节" <<endl;

return 0;
}
```

11. 对于一个二维平面上的两个点(x_1, y_1)和(x_2, y_2),编写一个程序计算两点之间的距离。

【解】两点之间的距离可用公式$\sqrt{(x_2-x_1)^2+(y_2-y_1)^2}$计算。但 C++ 的算术表达式只提供加、减、乘、除和取模运算,无法进行开方运算。执行开方运算需要使用到 cmath 库中的 sqrt 函数。具体实现如代码清单 2-10。

代码清单 2-10　计算平面上两点之间的距离

```
#include <iostream>
#include <cmath>
using namespace std;

int main()
{
    double x1, y1, x2, y2, distance;

    cout <<"请输入点 1 的坐标:";
    cin >>x1 >>y1;
    cout <<"请输入点 2 的坐标:";
    cin >>x2 >>y2;

    distance =sqrt((x1 -x2) * (x1 -x2) +(y1 -y2) * (y1 -y2));

    cout <<"(" <<x1 <<", " <<y1 <<") -> (" <<x2 <<", " <<y2 <<")的距离:"
        <<distance <<endl;

    return 0;
}
```

12. 编写一个程序,输入圆的半径,输出它的面积。如输入为 1,输出为

半径为 1 的圆的面积是 3.14

【解】计算圆面积的公式是$s=\pi r^2$。具体实现如代码清单 2-11。

代码清单 2-11　计算圆的面积

```
#include <iostream>
using namespace std;

int main()
```

```
{
    double r, s;

    cout <<"请输入圆的半径:";
    cin >>r;

    s =3.14 * r * r;

    cout <<"半径为" <<r <<"的圆的面积是" <<s <<endl;

    return 0;
}
```

13. 设计一个程序,计算两个输入的复数之和。

【解】 复数可以表示为"实部＋虚部 i"的形式,实部和虚部都是一个实型数。在程序中表示一个复数需要两个 double 类型的变量,分别表示复数的实部和虚部。复数 $x=a+bi$ 和复数 $y=c+di$ 相加的结果是 $(a+c)+(b+d)i$。具体实现如代码清单 2-12。

代码清单 2-12　计算两个复数之和

```
#include <iostream>
using namespace std;

int main()
{
    double a,b,c,d;

    cout <<"请输入第一个复数的实部和虚部:";
    cin >>a >>b;
    cout <<"请输入第二个复数的实部和虚部:";
    cin >>c >>d;

    cout <<"(" <<a <<'+' <<b <<"i) + ("<<c <<'+' <<d <<"i) = ("
        <<a+c <<'+' <<b+d <<"i)\n";

    return 0;
}
```

上述程序中,当虚部是负数时会输出一个奇怪的结果。如实部是 5,虚部是－3,程序的输出是(5＋－3i)。如需要输出为(5－3i),该如何修改程序?

2.3　进一步拓展

C++ 是业界应用很广的一种语言,它不仅具备高级语言的功能,也具有低级语言的特点。在高级语言中,数据处理的最小单位一般都是字节,而低级语言可以对每一个二进制位都进行运算。C++ 提供了对二进制位进行运算的功能。对二进制位进行运算称为位运算。巧妙使用位运算可以加快程序的运算速度。

参加位运算的数据类型只能是整型或字符型。位运算对两个整型数或两个字符型数的对应位进行操作,即运算数 1 的第一位与运算数 2 的第一位进行运算,运算数 1 的第二位与运算数 2 的第二位进行运算,……

C++ 提供了 6 个位运算符,如表 2-4 所示。其中,~是一元运算符,其他都是二元运算符。

表 2-4　位运算符及含义

位运算符	&	|	^	~	<<	>>
含义	按位与	按位或	按位异或	取反	左移	右移

2.3.1　"按位与"运算

如果参加运算的两个二进制位都为 1,结果为 1,否则结果为 0,即

$0\&0=0$

$0\&1=0$

$1\&0=0$

$1\&1=1$

例如,4&6 的结果是 4。假如整型数在内存占 4 字节,计算过程如下

```
    00000000000000000000000000000100
&   00000000000000000000000000000110
-------------------------------------------------
    00000000000000000000000000000100
```

"按位与"运算的特点:$1\&x$ 等于 x,$0\&x$ 等于 0。所以"按位与"运算有两个主要用途。

(1) 利用 $0\&x$ 等于 0,将一个数值中的某些位清 0。

(2) 利用 $1\&x$ 等于 x,检验一个数值中某些位的值。

当需要将一个数值 x 中的某些位清 0 时,可以设计一个数值 y,对应 x 中需要清 0 的位置的值为 0,其他位置的值为 1。因为 1 与任何数进行与运算的结果都是另外一个数的值,所以其他位置的值得以保留;而 0 与任意数进行与运算的结果都是 0,所以指定位被清 0。

例 2.1　如果短整型数在内存占两字节,将短整型数 32767 的高字节中的位数全部清 0,保留低字节部分的值。

完成这个任务可以将 32767 与短整型数 0xff 进行"按位与"运算,结果是 255。运算过程如下

```
    0111111111111111
&   0000000011111111
-------------------------------------------------
    0000000011111111
```

完成该任务的程序如代码清单 2-13。

代码清单 2-13　将短整型数的高位清 0,只保留低 8 位

```
#include <iostream>
using namespace std;

int main()
{
    unsigned short x =32767, y =0xff;
    unsigned short z =x & y;

    cout <<z <<endl;

    return 0;
}
```

程序的输出是 255。如果想保留短整型数的奇数位,则可以将这个数与 0x5555 进行"按位与"运算。读者可自己修改代码清单 2-13,完成这个计算。

例 2.2　设计一个程序,检验短整型数 32767 的最高位的值是 0。

检验一个数值中某个位的值可以设计一个数。对应于所要检验的位的值是 1,其他位的值是 0。将这个数与所要检验的数执行"按位与"运算。如果结果为 0,则检验位的值为 0,否则为 1。

因为需要检验的是短整型数的最高位。在 VS 2010 中,短整型数占两字节。于是这个数可设计为 0x8000。实现这个功能的程序如代码清单 2-14。

代码清单 2-14　检验短整型数 32767 的最高位的值

```
#include <iostream>
using namespace std;

int main()
{
    unsigned short x =32767, y =0x8000;

    if (x & y) cout <<"最高位是 1\n";
    else cout <<"最高位是 0\n";

    return 0;
}
```

"按位与"运算的应用很多,一个重要的应用是人们每天用到的 Internet。在 Internet 中,每台主机上的网络接口都有一个 IP 地址。IP 地址为 32 位,分为两部分:网络号和主机号。网络号在前,主机号在后。但网络号占多少位、主机号占多少位是不确定的,可根据网络的实际规模决定。为了获取某个网络中的网络号,网络指定了一个同样 32 位的子网掩码。对应网络号部分的每一位值为 1,对应主机号部分的每一位值为 0。例如,一个标准的 C 类网络中的 IP 地址,网络号占 3 字节,主机号占 1 字节,它的子网掩码为 255. 255.255.0,表示前 3 字节对应的十进制值为 255,后 1 字节对应的十进制值为 0。十进制的 255 正好是二进制的 8 个 1。当需要获取某个 C 类地址,如 202.120.2.34 的网络号,可以将这个地址与 255.255.255.0 执行"按位与"运算,得到的结果是 202.120.2.0。该结果就是这个地址所在的网络的网络号。

2.3.2 "按位或"运算

如果参加运算的两个二进制位都为 0,结果为 0,否则结果为 1,即

$0|0=0$

$0|1=1$

$1|0=1$

$1|1=1$

例如,4 | 6 的结果是 6。如果整型数在内存占 4 字节,计算过程如下

```
      00000000000000000000000000000100
|     00000000000000000000000000000110
------------------------------------------------------------
      00000000000000000000000000000110
```

"按位或"运算的特点:$1|x$ 等于 1,$0|x$ 等于 x。所以"按位或"运算的主要用途是将某一位的值设置成 1 和保留某一位的值。

当需要将某一位设置成 1 时,可以将这一位与 1 做或运算;当需要保留某一位的值时,可以让它与 0 做或运算。

例 2.3 设计一程序,将一个字符型数据的最后 4 位设为 1,其他位保持原状。

将某一位的值设置成 1 只需要将这一位与 1 做或运算,所以完成这个任务的方法是将这个数与 0x0f 进行"按位或"运算即可。如果该字符是'a'. 'a'的 ASCII 码是 97,即二进制的 01100001。01100001|00001111 的结果是 01101111,即十进制的 111。而 111 正好是'o'的 ASCII 码。完成该任务的程序如代码清单 2-15。

代码清单 2-15 将字符型变量 x 的最后 4 位设置成 1,其他位保持原状

```cpp
#include <iostream>
using namespace std;

int main()
{
    unsigned char x ='a', y =0x0f;
    unsigned char z =x | y;

    cout <<z <<endl;

    return 0;
}
```

　　将某些位设置成 1 的操作在一些系统软件中经常会用到。例如,系统的一些状态字或控制位通常用 1 表示 on,用 0 表示 off,如果需要将其中的某些位设置成 on,可用"按位或"运算实现。

2.3.3 "按位异或"运算

　　如果参加运算的两个二进制位的值相同,结果为 0,否则结果为 1,即

$0\wedge0=0$

$0\wedge1=1$

$1\wedge0=1$

$1\wedge1=0$

例如,$4\wedge6$ 的结果是 2。如果整型数在内存占 4 字节,计算过程如下

```
     00000000000000000000000000000100
^    00000000000000000000000000000110
-----------------------------------------------
     00000000000000000000000000000010
```

"按位异或"运算的最大用途是将某一位取反。由于 $1\wedge x$ 是 x 取反,而 $0\wedge x$ 是 x 的值。如果需要让一个二进制位串 01010101 变成 10100101,即前 4 位取反,可以将这个位串与 11110000 进行"按位异或"运算,则前 4 四位就取反了,后 4 位保持原状。如果需要让每一位都取反,可以让它与 11111111 进行"按位异或"运算。

　　例 2.4　在程序中经常用到的操作是交换两个变量 a、b 的值,此时需要用到一个临时变量 c,执行语句"$c=a;a=b;b=c;$"完成这个任务。利用"按位异或"运算,可以不需要临时变量 c,仅通过对 a、b 本身的操作即可。

　　交换 a、b 的值只要执行下列语句:

```
a = a ^ b;
b = b ^ a;
a = a ^ b;
```

为什么这样就交换了 a 和 b 的值? 因为 $x\wedge x=0$,上面第二个语句等效于

```
b = b ^ (a ^ b) = b ^ b ^ a = 0 ^ a = a
```

即把 a 的值赋给了 b。第三个语句等效于

```
a = (a ^ b) ^ (b ^ (a ^ b)) = (a ^ b) ^ a = a ^ a ^ b = 0 ^ b = b
```

即把 b 的值赋给了 a。

　　该程序的实现如代码清单 2-16。

　　代码清单 2-16　交换两个整型变量的值

```
#include <iostream>
using namespace std;
```

```
int main()
{
    int a =10, b =22;

    a =a ^ b;
    b =b ^ a;
    a =a ^ b;

    cout <<a <<"  "<<b <<endl;

    return 0;
}
```

程序的输出为

22 10

2.3.4　"取反"运算

"按位异或"运算可以将指定的某几位取反，也可以让一个数的每一位都取反。如果需要将一个整型数的每一位都取反，可以将它与 0xffffffff 进行"按位异或"运算。将每一位都取反还有一个更简单的方法，可以直接用"取反"运算。

"取反"运算是一个一元运算，它的作用是把某个数的每一位都取反，即

$\sim 0 = 1$

$\sim 1 = 0$

例如，一个 unsigned char 类型的值 0377 取反后的值为 0，因为 0377 的二进制为 11111111，每一位都取反就变成了 00000000。再如一个无符号的短整型数 65535 取反后结果也是 0。因为 65535 的二进制表示是 1111111111111111，取反后变成 0000000000000000。

注意取反和一元算术运算符"－"的区别。"取反"运算是把每一位都取反，即 0 变 1，1 变 0。而"－"运算是把正数变成负数，负数变成正数。例如，短整型变量 x 的值为 32767，则 $-x$ 的值为 －32767，而 $\sim x$ 的值为 －32768。因为 32767 的二进制表示是 0111111111111111，取反后的值是 1000000000000000。由于高位为 1，C++ 语言把它解释成负数的补码，这个内码对应的整型数是 －32768。代码清单 2-17 演示了这个过程。

代码清单 2-17　－运算与～运算的区别

```
#include <iostream>
using namespace std;

int main()
{
    short x =32767;

    cout <<"-32767 的值是" <<-x <<endl;
```

```
cout <<"~32767 的值是" <<~x <<endl;

    return 0;
}
```

2.3.5　"左移"运算

"左移"运算是将一个数的二进制表示中的每个位向左移动若干位。例如,"a＝a＜＜2"表示将 a 的二进制表示中的每一位向左移动两位,右边补 0,左移后溢出的高位被舍弃。如果 a 的值为 15,即二进制的 00001111,执行了这个操作后,a 的值为 60,即二进制的 00111100。如果 a 的值是－1,执行"a＝a＜＜2"后 a 的值是－4。那是因为在 VS 2010 中,－1 的值为 11111111111111111111111111111111,左移 2 为后变成 1111111111111111 11111111111111100,即－4。如果 a 的值是 107 374 182 3,执行了"a＝a＜＜2"后 a 的值也是－4。那是因为 1073741823 的二进制表示是 00111111111111111111111111111111,左移 2 位后的结果是 11111111111111111111111111111100,即－4。

在十进制表示中,一个数字向左移动 1 位表示该数字乘 10。在二进制表示中,一个数字向左移动 1 位表示该数字乘 2。所以,15 向左移动 2 位表示 $15 \times 2 \times 2 = 60$,－1 左移 2 位表示 $-1 \times 2 \times 2 = -4$。由于移位操作比乘法操作执行速度快,有经验的 C++ 程序员经常会用"左移"运算代替乘 2 的运算,以提高程序的运行速度。

例 2.5　设计一程序,计算 2^n。

完成这个任务的一般做法是执行 $n-1$ 次乘法,一种更快的实现方式是用"左移"运算。左移 1 位相当于乘 2,所以计算 2^n 只需要将 1 向左移 n 位。按照这个思想实现的程序如代码清单 2-18。

代码清单 2-18　用位运算计算 2^n

```cpp
#include <iostream>
using namespace std;

int main()
{
    int n;

    cout <<"请输入 n:";
    cin >>n;
    cout << (1 <<n) <<endl;

    return 0;
}
```

2.3.6　"右移"运算

"右移"运算是将一个数的二进制表示中的每个位向右移动若干位。例如,"a＝a＞＞2"

表示将 a 的二进制表示中的每一位向右移动两位,移出的低位被舍弃。

右移时需要注意左边补充的值的问题。对于无符号整数和正整数,左边补 0。如果 a 的值为 15,即二进制的 00000000000000000000000000001111,执行了"a＝a＞＞2"操作后,a 的值为 3,即二进制的 00000000000000000000000000000011。0xffffffff＞＞2 的结果是 1073741823,即二进制的 00111111111111111111111111111111。如果执行运算的是负数,左边移入的是 0 还是 1 要取决于所用的编译器。如果编译器采用逻辑右移,则补充的是 0。如果编译器采用的是算术右移,则补充的是 1。VS 采用的是算术右移。如表达式－4＞＞2 的结果是－1。这是因为－4 的二进制表示为 11111111111111111111111111111100,向右移 2 位时,右边的 2 个 0 被移出,左边补充 2 个 1,即 11111111111111111111111111111111,表示成十进制值为－1。

在十进制表示中,一个数字向右移动 1 位表示除以 10。在二进制表示中,一个数字向右移动 1 位表示除以 2。所以 15 向右移动 2 位表示 15/2/2＝3。由于移位操作比除法操作执行速度快,有经验的 C++ 程序员经常会用右移操作代替除以 2 的操作,以提高程序的运行速度。

例 2.6 假如房间里有 8 盏灯,用计算机控制。每盏灯用一个二进制位表示,0 表示关灯,1 表示开灯。程序可以设置 8 盏灯的初始状态,可以将某一盏灯的状态反一反,即将原来开着的灯关掉或将原来关着的灯打开。试编写一个完成此功能的程序。

记录 8 盏灯的状态可以用一个字符类型的变量。在大多数计算机系统中,一个字符占 8 位。将 8 盏灯的状态由低到高依次记录在一个字符类型的变量中。最低位是第一盏灯的状态,倒数第二位表示第二盏灯的状态,以此类推。0 表示灯关着,1 表示灯开着。设置灯的状态就是设置相应位的值,可以用"按位或"运算实现。将某盏灯的状态反一反,可以用"接位异或"运算。具体实现如代码清单 2-19。

代码清单 2-19 用位运算实现灯的状态控制

```cpp
#include <iostream>
using namespace std;

int main()
{
    int n1, n2, n3, n4, n5, n6, n7, n8, num, newStatus;
    char flag = 0;

    cout << "请输入 8 盏灯的初始状态 (0 表示关灯, 1 表示开灯):";
    cin >> n1 >> n2 >> n3 >> n4 >> n5 >> n6 >> n7 >> n8;

    //设置初始状态
    flag = n1;
    flag |= (n2 << 1);
    flag |= (n3 << 2);
    flag |= (n4 << 3);
    flag |= (n5 << 4);
```

```
        flag |=(n6 <<5);
        flag |=(n7 <<6);
        flag |=(n8 <<7);

        cout <<"请输入改变状态的灯的编号:";
        cin >>num;
        --num;
        flag ^=(1 <<num );
        newStatus =flag & (1 <<num);
        newStatus =newStatus >>num;
        cout <<"新的状态是" <<newStatus <<endl;

        return 0;
    }
```

第3章 分支程序设计

分支程序设计

3.1 知识点回顾

分支程序设计可以根据不同的情况执行不同的处理过程。实现分支程序设计首先要能够区分不同的情况，然后要有一个能够根据不同的情况执行不同语句的控制机制。前者由关系表达式和逻辑表达式完成，后者由分支语句完成。

3.1.1 关系表达式和逻辑表达式

关系运算符用于比较两个对象。C++提供了6个关系运算符：<（小于）、<=（小于或等于）、>（大于）、>=（大于或等于）、==（等于）、!=（不等于）。前4个运算符的优先级相同，后两个运算符的优先级相同。前4个运算符的优先级高于后两个。

用关系运算符可以将两个表达式连接起来形成一个关系表达式，关系表达式的格式如下：

表达式　关系运算符　表达式

参加关系运算的表达式可以是C++的各类合法的表达式，包括算术表达式、逻辑表达式、赋值表达式以及关系表达式本身。关系表达式的计算结果是布尔型的值：true和false。

除了关系运算符外，C++还定义了3个逻辑运算符，即!（逻辑非）、&&（逻辑与）和‖（逻辑或），它们可以将关系表达式组合起来，形成更加复杂的情况。由逻辑运算符连接而成的表达式称为逻辑表达式。

! 是一元运算符，&& 和 ‖ 是二元运算符。它们之间的优先级：! 最高，&& 次之，‖ 最低。事实上，! 运算是所有C++运算符中优先级最高的。它们的准确意义可以用真值表来表示。给定布尔变量 p 和 q，&& 运算、‖ 运算和 ! 运算的真值表如表3-1所示。

当C++程序在计算 exp1 && exp2 或 exp1 ‖ exp2 形式的表达式时，总是先计算 exp1。一旦 exp1 的值能确定整个表达式的值时，则终止计算，不再计算 exp2，这称为短路求值。短路求值的一个好处是可以减少计算量，另一个好处是

第一个条件能控制第二个条件的执行。在很多情况下,复合条件的第二部分只有在第一部分满足某个条件时才有意义。例如,要表达以下两个条件:整型变量 x 的值非零;x 能整除 y。由于表达式 $y\%x$ 只有在 x 不为 0 时才计算,用 C++ 语言可表达这个条件测试为

```
(x !=0) && (y % x ==0)
```

而该表达式在其他语言中可能出现除 0 的错误。

表 3-1　& & 运算、‖ 运算和! 运算的真值表

p	q	$p \& \& q$	$p \parallel q$	$! p$
false	false	false	false	true
false	true	false	true	
true	false	false	true	false
true	true	true	true	

3.1.2　分支语句

C++ 提供两种分支语句:两分支语句(if)和多分支语句(switch)。

if 语句用于处理两分支的情况,它有以下两种形式:

```
if (条件)  语句
if (条件)  语句 1  else 语句 2
```

第一种形式表示如果条件为真,执行条件后的语句,否则什么也不做;第二种形式表示条件为真时执行语句 1,否则执行语句 2。条件为 true 时,所执行的语句称为 if 语句的 then 子句;条件为 false 时,执行的语句称为 else 子句。

条件部分原则上应该是一个关系表达式或逻辑表达式,但事实上,在 C++ 的 if 语句中的条件可以为任意类型的表达式,可以是算术表达式,也可以是赋值表达式。表达式的结果为 0 表示 false,非 0 表示 true。语句部分可以是对应于某种情况所需要的处理语句。如果处理很简单,只需要 1 条语句就能完成,则可放入此语句。如果处理相当复杂,需要许多语句才能完成,可以用一个程序块,即用一对大括号{}将一组语句括起来,在语法上大括号及其中的语句相当于 1 条语句。

对于一些非常简单的分支情况,C++ 语言提供了另一个更加简单的机制:"? :"运算符。这个运算符被称为问号冒号,由问号冒号运算符连接起来的表达式称为条件表达式。条件表达式有 3 个运算数。它的一般形式如下:

```
条件 ?表达式 1 :表达式 2
```

C++ 程序遇到"? :"运算符时,首先计算条件的值。如果条件结果为 true,则计算表达式 1 的值,并将它作为整个表达式的值;如果条件结果为 false,则计算表达式 2 的值,并将它作为整个表达式的值。

当一个程序逻辑上要求根据特定条件做出真假判断并执行相应动作时,if 语句是理

想的解决方案。然而，还有一些程序需要有两个以上的可选项，这些选项被划分为一系列互相排斥的情况。这时可以用 switch 语句。switch 语句的语法如下：

```
switch (控制表达式) {
    case  常量表达式 1:语句 1;
    case  常量表达式 2:语句 2;
    ⋮
    case  常量表达式 n:语句 n;
    default:语句 n+1;
}
```

switch 语句的主体分成许多独立的由关键字 case 或 default 开头的语句组。一个 case 关键字和紧随其后的下一个 case 或 default 之间所有语句合称为 case 子句。default 关键字及其相应语句合称为 default 子句。

switch 语句的执行过程如下。先计算控制表达式的值。当控制表达式的值等于常量表达式 1 时，执行语句 1 到语句 n+1；当控制表达式的值等于常量表达式 2 时，执行语句 2 到语句 n+1；以此类推，当控制表达式的值等于常量表达式 n 时，执行语句 n 到语句 n+1；当控制表达式的值与任何常量表达式都不匹配时，执行语句 n+1。

default 子句可以省略。当 default 子句被省略时，如果控制表达式找不到任何可匹配的 case 子句时，就退出 switch 语句。

在多分支的情况中，通常对每个分支的情况都有不同的处理，因此希望执行完相应的 case 子句后就退出 switch 语句。这可以通过 break 语句实现，break 语句的作用就是跳出当前的 switch 语句。将 break 语句作为每个 case 子句的最后一个语句，可以使各个分支互不干扰。这样，switch 语句就可以写成

```
switch (控制表达式) {
    case  常量表达式 1:语句 1;break;
    case  常量表达式 2:语句 2;break;
    ⋮
    case  常量表达式 n: 语句 n;break;
    default:语句 n+1;
}
```

3.2　习题解答

3.2.1　简答题

1. 写出测试下列情况的关系表达式或逻辑表达式。
(1) 测试整型变量 n 的值为 $0\sim9$，包含 0 和 9。
(2) 测试整型变量 a 的值是整型变量 b 的值的一个因子。
(3) 测试字符变量 ch 中的值是一个数字。
(4) 测试整型变量 a 的值是奇数。

(5) 测试整型变量 a 的值是 5。

(6) 测试整型变量 a 的值是 7 的倍数。

【解】

(1) $n >= 0$ && $n <= 9$

(2) $b \% a == 0$

(3) $ch >= '0'$ && $ch <= '9'$

(4) $a \% 2 == 1$ 或 $a \% 2$

(5) $a == 5$

(6) $a \% 7 == 0$

2. 假设 myFlag 声明为布尔型变量，下面的 if 语句会有什么问题？

```
if (myFlag ==true)…
```

【解】这个语句的语法和运行结果都是正确的，但有冗余判断。表达式 myFlag == true 的值与变量 myFlag 是一样的，所以只要写成 if(myFlag)就可以。

3. 设 $a=3$、$b=4$、$c=5$，写出下列各逻辑表达式的值。

(1) $a+b>c$ && $b==c$

(2) $a \| b+c$ && $b-c$

(3) $!(a>b)$ && $!c$

(4) $(a!=b) \| (b<c)$

【解】

(1) $a+b>c$ && $b==c$

　　$=$ true && false

　　$=$ false

(2) $a \| b+c$ && $b-c$

　　$=$ true $\|$ $b+c$ && $b-c$

　　$=$ true

(3) $!(a>b)$ && $!c$

　　$=$ true && false

　　$=$ false

(4) $(a!=b) \| (b<c)$

　　$=$ true $\|$ $(b<c)$

　　$=$ true

4. 用一个 if 语句重写下列代码。

```
if (ch =='E')  ++c;
if (ch =='E') cout <<c <<endl;
```

【解】这两个 if 语句的条件部分完全相同，因此可以合并成一个 if 语句，将两个 then 子句中的语句合并成一个复合语句。即

```
if (ch =='E')  { ++c; cout <<c <<endl;}
```

或者也可以利用前缀++的特性,将 then 子句中的两个语句合并为一个语句,即

```
if (ch =='E') cout <<++c <<endl;
```

5. 用一个 switch 语句重写下列代码。

```
if (ch =='E' ‖ ch =='e')
    ++countE;
else if (ch =='A' ‖ ch =='a')
    ++countA;
else if (ch =='I' ‖ ch =='i')
    ++countI;
else
    cout <<"error";
```

【解】上述 if 语句区分了 7 种情况,用 switch 语句会使逻辑更加清晰。在 7 种情况中,大小写字母 e 的处理是相同的,大小写字母 a 的处理是相同的,大小写字母 i 的处理是相同的,可以将大小写字母两种情况连在一起,最后一种作为 default。该 switch 语句表示如下:

```
switch (ch) {
    case 'E': case 'e':++countE; break;
    case 'A' : case 'a': ++countA; break;
    case 'I' : case 'i': ++countI;; break;
    default : cout <<  "error";
}
```

6. 如果 a＝5、b＝0、c＝1,写出下列表达式的值以及执行了表达式后变量 a、b、c 的值。

(1) $a \parallel (b += c)$

(2) $b + c \&\& a$

(3) $c = (a == b)$

(4) $(a -= 5) \parallel b++ \parallel --c$

(5) $b < a <= c$

【解】

这些表达式的结果如表 3-2 所示。

表 3-2　6 题答案

序　　号	a 的值	b 的值	c 的值	表达式的值
(1)	5	0	1	true
(2)	5	0	1	true
(3)	5	0	0	0

续表

序　　号	a 的值	b 的值	c 的值	表达式的值
(4)	0	1	0	false
(5)	5	0	1	true

7. 修改下面的 switch 语句,使之更简洁。

```
switch (n) {
    case 0: n +=x; ++x; break;
    case 1: ++x; break;
    case 2: ++x; break;
    case 3: m =m+n; --x; n =2; break;
    case 4: n =2;
}
```

【解】观察上述 switch 语句,发现 case 1 和 case 2 的处理完全相同,case 0 的最后一个语句与 case 1 相同,这 3 个部分可以合并在一起。case 3 的最后一个语句与 case 4 完全相同,因此也可以合并在一起。最终形成的 switch 语句如下:

```
switch (n) {
    case 0: n +=x;
    case 1:
    case 2: ++x; break;
    case 3: m =m+n; --x;
    case 4: n =2;
}
```

8. 某程序需要判断变量 x 的值是否为 0～10(不包括 0 和 10),程序采用语句如下:

```
if (0 <x <10) cout <<"成立";
else cout <<"不成立";
```

但无论 x 的值是多少,程序为什么永远输出"成立"?

【解】在 C++ 中,"<"运算是左结合的。$0<x<10$ 等价于 $(0<x)<10$。表达式 $0<x$ 的值可以是 true,也可能是 false。在将 $0<x$ 的结果与 10 相比较时,true 自动转成整数 1,false 自动转成整数 0。无论是 0 还是 1,都是小于 10 的,所以表达式永远为真,永远只执行 then 子句。正确的写法如下:

```
if (0 <x&&x<10) cout <<"成立";
else cout <<"不成立";
```

3.2.2　程序设计题

1. 从键盘输入 3 个整数,输出其中的最大值、最小值和平均值。

【解】首先,将第一个数既作为最大值 max 也作为最小值 min。然后,处理第二个数。

将第二个数与最小值相比,如果小于最小值,将第二个数作为最小值。再将第二个数与最大值相比,如果大于最大值,将第二个数作为最大值。最后,处理第三个数,处理过程与第二个数相同。现在 max 中保存的数是三个数中的最大值,min 中保存的数是三个数中的最小值。平均值 avg 是将这 3 个整数相加,然后除以 3。这个算法的实现过程如代码清单 3-1。

代码清单 3-1　求 3 个整数的最大值、最小值和平均值的程序

```cpp
#include <iostream>
using namespace std;

int main()
{
    double avg;
    int num1, num2, num3, max, min;

    cout <<"请输入三个整数:";
    cin >>num1 >>num2 >>num3 ;

    max =min =num1;
    if (num2 >max) max =num2;
    if (num2 <min) min =num2;
    if (num3 >max) max =num3;
    if (num3 <min) min =num3;
    avg = (num1 +num2 +num3 ) / 3.0;

    cout <<"最大值是" <<max <<endl;
    cout <<"最小值是" <<min <<endl;
    cout <<"平均值是" <<avg <<endl;

    return 0;
}
```

2. 编写一个程序,输入一个整数,判断输入的整数是奇数还是偶数。例如,输入 11,输出为

11是奇数

【解】 判断一个整数是奇数还是偶数,可以通过检验这个整数除 2 后的余数。如果余数为 0 是偶数,否则是奇数。这个简单的判断可以通过条件表达式来实现。完整的程序如代码清单 3-2 所示。

代码清单 3-2　判断奇偶数的程序

```cpp
#include <iostream>
using namespace std;
```

```
int main()
{
    int num;

    cout <<"请输入一个整数:";
    cin >>num;

    cout <<num << (num %2 ?"是奇数" :"是偶数") <<endl;

    return 0;
}
```

3. 输入两个二维平面上的点,判断哪个点离原点更近。

【解】二维平面上的点(x,y)离原点的距离为$\sqrt{x^2+y^2}$,只要对输入的两个点分别计算 x^2+y^2,并比较两个值的大小。具体实现如代码清单 3-3。

代码清单 3-3　判断两个点中哪个点离原点更近

```
#include <iostream>
using namespace std;

int main()
{
    double x1, x2, y1, y2;

    cout <<"请输入第一个点的 x 和 y 的值:";
    cin >>x1 >>y1;
    cout <<"请输入第二个点的 x 和 y 的值:";
    cin >>x2 >>y2;

    if ((x1 * x1 +y1 * y1)<(x2 * x2 +y2 * y2))
        cout <<"第一个点离原点更近" <<endl;
    else  if ((x1 * x1 +y1 * y1) >(x2 * x2 +y2 * y2))
            cout <<"第二个点离原点更近" <<endl;
        else cout <<"两个点离原点距离相同" <<endl;

    return 0;
}
```

4. 有一个函数,其定义如下:

$$y=\begin{cases} x & (x<1) \\ 2x-1 & (1\leqslant x<10) \\ 3x-11 & (x\geqslant10) \end{cases}$$

编一程序,输入 x,输出 y。

【解】这个函数有 3 种不同的情况,可以用 if 语句区分 3 种情况,并针对 3 种情况做出不同的处理就完成了这个功能。具体程序如代码清单 3-4。

代码清单 3-4　函数计算程序

```cpp
#include <iostream>
using namespace std;

int main()
{
    double x, y;

    cout <<"请输入 x:";
    cin >>x;

    if (x <1) y =x;
    else if (x <10) y =2 * x -1;
        else y =3 * x -11;

    cout <<" y =" <<y <<endl;

    return 0;
}
```

5. 编写一个程序,输入一个二次函数,判断该抛物线开口向上还是向下,输出顶点坐标以及抛物线与 x 轴和 y 轴的交点坐标。

【解】二次函数 $f(x) = ax^2 + bx + c$ 是一条抛物线。根据二次函数的性质可知:当 a 大于 0 时,抛物线开口向上,否则开口向下;顶点坐标是 $(-b/(2a),(4*a*c-b*b)/4/a)$;与 x 轴的交点就是方程的两个根,如果方程无根则无交点;与 y 轴的交点就是 x 等于 0 时的 y 值,也就是 c 的值。据此可得代码清单 3-5。

代码清单 3-5　输出抛物线的各个特征值

```cpp
#include <iostream>
#include <cmath>
using namespace std;

int main()
{
    double a, b, c;

    cout <<"请输入抛物线的 3 个系数 a、b 和 c:";
    cin >>a >>b >>c;

    if  (a ==0) {
        cout <<"不是二次函数\n ";
        return 1;
```

```
    }

    if (a >0) cout <<"开口向上\n";
    else cout <<"开口向下\n";

    cout <<"顶点坐标是(" <<-b/2/a <<", " <<(4 * a * c-b*b)/4/a<<")\n";

    if   (b*b-4 * a * c <=) cout <<"与 x 轴无交点\n";
    else  cout <<"与 x 轴的交点坐标是(" <<(-b +sqrt(b*b-4 * a * c))/2/a <<",
0)和(" <<  (-b -sqrt(b*b-4 * a * c))/2/a <<", 0)\n";
    cout <<"与 y 轴的交点坐标是(0, " <<c <<")\n";

    return 0;
}
```

6. 编写一个程序,输入一个二维平面上的直线方程,判断该方程与 x 轴和 y 轴是否有交点,输出交点坐标。

【解】设直线方程为 $ax+by+c=0$。如果 a 等于 0 且 b 不等于 0,方程简化为 $by+c=0$,这是一条与 x 轴平行的线,所以与 x 轴无交点。但注意有个特例,即当 c 等于 0 时,该直线与 x 轴重叠,即有无数个交点。如果 a 不等于 0,该直线与 x 轴的交点是 y 等于 0 时的 x 值,即 $-c/a$。

如果 b 等于 0 且 a 不等于 0,方程简化为 $ax+c=0$,这是一条与 y 轴平行的线,所以与 y 轴无交点。但注意有个特例,即当 c 等于 0 时,该直线与 y 轴重叠,即有无数个交点。如果 b 不等于 0,该直线与 y 轴的交点是 x 等于 0 时的 y 值,即 $-c/b$。具体程序如代码清单 3-6。

代码清单 3-6 求直线方程与 x 和 y 轴的交点

```
#include <iostream>
using namespace std;

int main()
{
    double a, b, c;      //ax +by +c =0

    cout <<"请输入 a、b 和 c:";
    cin >>a >>b >>c;

    if (a ==0 && b ==0 ) {
        cout <<"非法方程\n";
        return 1;
    }

    if (a ==0)
```

```
        if (c !=0 ) cout <<"与 x 轴无交点 \n";
        else cout <<"与 x 轴有无数个交点 \n";
    else cout <<"与 x 轴的交点坐标是 ( 0, " <<-c / a <<")\n";

    if (b ==0 )
        if (c !=0 ) cout <<"与 y 轴无交点 \n";
        else cout <<"与 y 轴有无数个交点 \n";
    else cout <<"与 y 轴的交点坐标是 ( 0, " <<-c / b <<")\n";

    return 0;
}
```

7. 编写一个程序,输入一个角度,判断它的正弦值是正数还是负数。

【解】0°和180°的正弦值为0。在第一象限和第二象限,正弦值是正数;在第三象限和第四象限,正弦值是负数。具体程序如代码清单 3-7。

代码清单 3-7　判断输入角度的正弦值是正数还是负数

```
#include <iostream>
using namespace std;

int main()
{
    double angle;

    cout <<"请输入角度(0~360):";
    cin >>angle;

    if (angle ==0 ‖ angle ==180) cout <<"正弦值是 0\n";
    if (angle <180 ) cout <<"正弦值是正数\n";
        else cout <<"正弦值是负数 \n";

    return 0;
}
```

8. 编写一个计算工资的程序。某企业有 3 种工资计算方法：计时工资、计件工资和固定月工资。程序首先让用户输入工资类别,再按照工资类别输入所需的信息。若为计时工资,则输入工作时间及每小时工资;若为计件工资,则输入每件的报酬和本月完成的件数;若为固定月工资,输入工资额。计算本月应发工资。职工工资需要缴纳个人所得税(简称个税),缴纳个税的方法：应发工资在(0,2000)元免税;(2000,2500]元,超过 2000 元的部分按 5%计税;(2500,4000]元,(2000,2500]元的 500 元按 5%计税,超过 2500 元的部分按 10%计税;4000 元以上,(2000,2500]元的 500 元按 5%计税,(2500,4000]元的 1500 元按 10%计税,超过 4000 元的部分按 15%计税。最后,程序输出职工的应发工资和实发工资。

【解】程序的工作可以分为两个阶段：计算应发工资和计算实发工资。计算应发工资是一个典型的多分支的实例。3 类工资计算方法就是 3 个分支。可以用 switch 语句区分各类工资，根据不同情况做出不同的处理，最后得到应发工资，并输出应发工资。第二阶段是计算实发工资。各类工资的扣税方法是一样的，可以合并在一起处理。扣税的过程也可分为几种情况，用 if 语句来区分。首先，检查应发工资是否超过 4000 元，收取 4000 元以上的税金。然后，再检查是否超过 2500 元，收取（2500,4000]元的税金。最后，检查是否超过 2000 元，收取（2000,2500]元的税金。实发工资是应发工资减去收取的所有税金。程序的实现如代码清单 3-8。

代码清单 3-8 计算工资程序

```
#include <iostream>
using namespace std;

int main()
{
    char type;
    int time, piece;
    double salary, unitSalary;

    cout <<"请选择计时工资(T)、计件工资(P)或固定月工资(S):";
    cin >>type;

    //计算应发工资
    switch (type) {
        case 'T':                                    //计时工资
        case 't': cout <<"请输入工作时间和小时工资:";
            cin >>time >>unitSalary;
            salary =time * unitSalary;
            cout <<"工作时间:" <<time <<" 小时,本月应发工资为" <<salary <<endl;
            break;
        case 'P':                                    //计件工资
        case 'p': cout <<"请输入完成数量和每件报酬:";
            cin >>piece >>unitSalary;
            salary =piece * unitSalary;
            cout <<"完成件数:" <<piece <<",本月应发工资为" <<salary <<endl;
            break;
        case 'S':                                    //固定月工资
        case 's': cout <<"请输入月工资:";
            cin >>salary;
            out <<"本月应发工资为" <<salary <<endl;
            break;
        default:
            cout <<"错误的工资类型!" <<endl; return 1;
```

```
    }

    //计算实发工资
    double tmp = salary;
    if (tmp > 4000) {
        salary -= (tmp - 4000) * 0.15;
        tmp = 4000;
    }
    if (tmp > 2500) {
        salary -= (tmp - 2500) * 0.1;
        tmp = 2500;
    }
    if (tmp > 2000)
        salary -= (tmp - 2000) * 0.05;

    cout << "本月实发工资为" << salary;

    return 0;
}
```

9. 编写一个程序,输入一个字母,判断该字母是元音字母还是辅音字母。程序用两种方法实现:第一种用 if 语句实现,第二种用 switch 语句实现。

【解】英文字母中有 5 个元音字母:a、e、i、o、u,只要输入的是这 5 个字母中的某一个,输出"该字母是元音字母",否则输出"该字母是辅音字母"。区分出这 5 个元音字母可以用 if 语句,实现的程序如代码清单 3-9。也可以用 switch 语句区分出这 5 种特殊情况,实现的程序如代码清单 3-10。注意字母有大小写。

代码清单 3-9　用 if 语句判断元音字母的程序

```cpp
#include <iostream>
using namespace std;

int main()
{
    char ch;

    cout << "请输入一个字母:";
    cin >> ch;

    if (ch >= 'a' && ch <= 'z') ch = ch - 'a' + 'A';         //全部换成大写字母
    if (ch > 'Z' || ch < 'A') cout << "不是字母" << endl;
        else if (ch == 'A' || ch == 'E' || ch == 'I' || ch == 'O' || ch == 'U')
                cout << "该字母是元音字母" << endl;
          else cout << "该字母是辅音字母" << endl;
```

```
    return 0;
}
```

代码清单 3-10   用 switch 语句判断元音字母的程序

```
#include <iostream>
using namespace std;

int main()
{
    char ch;

    cout <<"请输入一个字母:";
    cin >>ch;

    if (ch >='a' && ch <='z') ch =ch -'a' +'A';        //全部换成大写字母
    if (ch >'Z' ‖ ch <'A') cout <<"不是字母" <<endl;
    else
        switch (ch) {
            case 'A' : case 'E' : case 'I': case 'O': case 'U':
                cout <<"该字母是元音字母" <<endl; break;
            default: cout <<"该字母是辅音字母" <<endl;
        }

    return 0;
}
```

10. 编写一个程序，输入 3 个非 0 正整数，判断这 3 个值是否能构成一个三角形。如果能构成一个三角形，判断该三角形是否是直角三角形。

【解】3 个值能构成一个三角形必须满足：任意两条边之和大于第三条边。构成一个直角三角形的条件：两条直角边的平方和等于斜边的平方。程序实现如代码清单 3-11。程序首先找出最长的边 a，这样判断三角形是否成立只需要判断 $b+c$ 是否大于 a。如果能构成三角形，那么 b 和 c 是直角边，a 是斜边，再判断 b^2+c^2 是否等于 a^2，决定是否能构成直角三角形。

代码清单 3-11   判断 3 个非 0 正整数能否构成三角形和直角三角形

```
#include <iostream>
using namespace std;

int main()
{
    int a, b, c, tmp;

    cout <<"请输入 3 条边长:";
    cin >>a >>b >>c;
```

```
//找出最长的边 a
if (a <b) { tmp =a; a =b; b =tmp; }
if (a <c) { tmp =a; a =c; c =tmp; }

//判断三角形
if (b +c >a)
    if (a * a ==b * b +c * c)
        cout <<"该图形是三角形且为直角三角形"<<endl;
    else cout <<"该图形是三角形" <<endl;
else cout <<"该图形不能构成三角形" <<endl;

return 0;
}
```

11. 恺撒密码是将每个字母循环后移 3 个位置后输出。如 a 变成 d,b 变成 e,……,x 变成 a,y 变成 b,z 变成 c。编一个程序,输入 1 个字母,输出加密后的密码。

【解】C++ 的字符类型的变量可执行加减运算。将字母从'a'变成'd','b'变成'e',……,只需要执行加 3 操作。有 3 个字母是例外,'x'变成'a','y'变成'b','z'变成'c'。这 3 个字母似乎需要特殊处理。但事实上,只要巧妙利用取模操作,可以将两种情况合并起来。具体实现见代码清单 3-12。

代码清单 3-12   恺撒密码

```
#include <iostream>
using namespace std;

int main()
{
    char ch;

    cout <<"请输入一个字母:";
    cin >>ch;

    if(ch >='a' && ch <='z')
        ch =(ch -'a' +3) %26 +'a';
    else if (ch >='A' && ch <='Z')
        ch =(ch -'A' +3) %26 +'A';

    cout <<ch <<endl ;

    return 0;
}
```

12. 编写一个成绩转换程序,转换规则:A 档是 $90 \sim 100$ 分,B 档是 $75 \sim 89$ 分,C 档

是 60~74 分,其余分数为 D 档。程序用 switch 语句实现。

【解】这个问题的关键在于如何将每个档次用一个常量来表示。观察转换规则可知,B 档和 C 档都占 15 分,由此可以想到能否让分数除以 15。将分数除以 15 后,90~100 分映射到 6,75~89 分映射到 5,60~74 分映射到 4,4 以下都是不及格。因此 switch 语句有 4 种情况:6、5、4 及 4 以下,把 4 以下作为 default,于是可得代码清单 3-13 的程序。

代码清单 3-13 成绩转换程序

```cpp
#include <iostream>
using namespace std;

int main()
{
    int score;

    cout <<"请输入分数:";
    cin >>score;

    switch(score / 15) {
        case 6: cout <<"A\n";   break;
        case 5: cout <<"B\n";   break;
        case 4: cout <<"C\n";   break;
        default: cout <<"D\n";
    }

    return 0;
}
```

13. 二维平面上的一个与 x 轴平行的矩形可以用两个点来表示。这两个点分别表示矩形的左下方和右上方的两个顶点。编写一个程序,输入两个点 (x_1, y_1)、(x_2, y_2),计算它们对应的矩形的面积和周长,并判断该矩形是否是一个正方形。

【解】首先根据两个点计算矩形的两条边长,矩形面积是长×宽,周长是 2×(长+宽)。正方形是长和宽相等的矩形,但问题是长和宽都是实数,不能做相等比较,于是程序采用了判断长和宽的差的绝对值小于一个可容忍的误差。代码清单 3-14 中将误差设为 10^{-8},并将它定义为一个常量 EPSILON,以方便程序的修改。求实数的绝对值可以用 C++ 的标准函数库 cmath 中的函数 fabs。

代码清单 3-14 计算矩形的面积与周长,并判断是否是正方形

```cpp
#include <iostream>
#include <cmath>
using namespace std;
#define  EPSILON  1e-8

int main()
```

```
{
    double x1, y1, x2, y2;

    cout <<"请输入左下方点的 x 和 y:";
    cin >>x1 >>y1;
    cout <<"请输入右上方点的 x 和 y:";
    cin >>x2 >>y2;

    cout <<"面积为 " <<(x2-x1) * ( y2-y1) <<endl;
    cout <<"周长为 " <<2 * ((x2-x1) + ( y2-y1)) <<endl;
    if (fabs((x2-x1)-(y2-y1)) <EPSILON)  cout <<"该图形是正方形\n";
    else  cout <<"该图形不是正方形\n";

    return 0;
}
```

14. 设计一个停车场的收费系统。停车场有 3 类汽车,分别用 3 个字母表示：C 代表轿车,B 代表客车,T 代表卡车。收费标准如表 3-3 所示。

表 3-3　某停车场收费标准

车　辆　类　型	收　费　标　准
轿车	3 小时内(包括 3 小时),每小时 10 元;3 小时后,每小时 15 元
客车	2 小时内(包括 2 小时),每小时 20 元;2 小时后,每小时 35 元
卡车	1 小时内(包括 1 小时),20 元;1 小时后,每小时 30 元

编写一个程序,输入汽车类型和入库、出库的时间,输出应交的停车费。

【解】这个程序的难点在于如何计算停车时间。如果所有的车都是当天进场当天出场,停车时间就是出库时间减去入库时间。如果过夜了,计算停车时间就比较麻烦。假设每辆车的停车时间都不会超过 24 小时,那么当出库时间小于入库时间时,说明这辆车停过夜了,停车时间：出库时间＋24 小时－入库时间。假如停车时间用分钟计算,这两种情况可以用一个公式计算“(outHour * 60 ＋ outMinute － inHour * 60 － outMinute ＋ 1440)％1440”,1440 是一天的分钟数。有了停车时间,计算费用部分就是一个多分支语句。完整的程序如代码清单 3-15。

代码清单 3-15　停车场收费系统

```
#include <iostream>
using namespace std;

int main()
{
    const int Fee3HourCar =10, FeeForCar =15;
    const int Fee2HourBus =20, FeeForBus =35;
    const int Fee1HourTruck =20, FeeForTruck =30;
```

```cpp
        const int minAllDay =1440;
        char type;
        int inHour, inMinute, outHour, outMinute, minute, hour, fee;

        //输入车型
        cout <<"请输入汽车类型(轿车 C、客车 B、卡车 T):";
        cin >>type;
        if (type !='c' && type !='C' && type !='B' && type !='b' && type !='t' && type !
='T') {
            cout <<"汽车类型错误!" <<endl;
            return 0;
        }

        //输入入库时间和出库时间
        cout <<"请输入入库时间(时 分):";
        cin >>inHour >>inMinute;
        if (inHour <0 ‖ inHour >23 ‖ inMinute <0 ‖ inMinute >59) {
            cout <<"入库时间错误!" <<endl;
            return 0;
        }

        cout <<"请输入出库时间(时 分):";
        cin >>outHour >>outMinute;
        if (outHour <0 ‖ outHour >23 ‖ outMinute <0 ‖ outMinute >59) {
            cout <<"出库时间错误!" <<endl;
            return 0;
        }

        //计算停车时间
        minute = (outHour * 60 +outMinute -inHour * 60 -outMinute +minAllDay) %
minAllDay;
        hour =minute / 60;
        if (minute %60 !=0) ++hour;                    //停车不足 1 小时按 1 小时计算

        //根据不同的车型计算停车费
        switch (type) {
            case 'c':case 'C':                         //轿车
                if (hour <=3) fee =Fee3HourCar * hour;
                else fee =3 * Fee3HourCar +FeeForCar * (hour -3);
                break;
            case 'b': case 'B':                        //客车
                if (hour <=2) fee =Fee2HourBus * hour;
                else fee =2 * Fee2HourBus +FeeForBus * (hour -2);
                break;
```

```
        case 't': case 'T':                                //卡车
            if (hour <=1) fee =Fee1HourTruck;
            else fee =Fee1HourTruck +FeeForTruck * (hour -1);
    }

    cout <<"停车费为" <<fee <<endl;

    return 0;
}
```

15. 修改自动出题程序,使之能保证被减数大于减数,除数不会为 0。

【解】本题只需要在原程序的基础上对减法和除法各增加一个检查。对减法操作,当发现被减数小于减数时交换减数和被减数。对除法操作,发现除数为 0 时重新生成一个 1～9 的随机数。具体程序如代码清单 3-16。

代码清单 3-16　一个更好的自动出题程序

```
#include <iostream>
#include <ctime>
#include <cstdlib>
using namespace std;

int main()
{
    int num1, num2, op, result1, result2, tmp;
                        //num1、num2 为操作数,op 为运算符,result1、result2 为结果

    srand(time(NULL));   //随机数种子初始化

    num1 =rand() %10 ;    //生成运算数
    num2 =rand() %10 ;    //生成运算数
    op =rand() %4;        //生成运算符 0 表示+,1 表示-,2 表示 * ,3 表示/

    switch (op) {
        case 0:
            cout <<num1 <<" +" <<  num2 <<" =? ";
            cin >>result1;
            if (num1 +num2 ==result1)
                    cout <<"you are right\n";
            else   cout <<"you are wrong\n";
            break;
        case 1:
            if (num1 <num2) {
                tmp =num1;
                num1 =num2;
```

```
            num2 = tmp;
        }
        cout << num1 << " - " << num2 << " = ? ";
        cin >> result1;
        if (num1 - num2 == result1)
            cout << "you are right\n";
        else   cout << "you are wrong\n";
        break;
    case 2:
        cout << num1 << " * " << num2 << " = ? ";
        cin >> result1;
        if (num1 * num2 == result1)
            cout << "you are right\n";
        else   cout << "you are wrong\n";
        break;
    case 3:
        if (num2 == 0) num2 = 1 + rand() * 9 / (RAND_MAX + 1);
        cout << num1 << " / " << num2 << " = ? ";
        cin >> result1;
        cout << "余数为? ";
        cin >>   result2;
        if ((num1 / num2 == result1) && (num1 % num2 == result2))
            cout << "you are right\n";
        else   cout << "you are wrong\n";
    }

    return 0;
}
```

循环程序设计

4.1 知识点回顾

4.1.1 计数循环

程序中的某些语句有时需要重复执行 n 次,这通常用重复 n 次的循环来实现。C++ 实现重复 n 次循环的语句是 for 语句。for 语句的格式:

for (表达式 1; 表达式 2; 表达式 3) 循环体

重复 n 次的循环中,通常需要一个记录循环体已执行次数的变量,这个变量称为循环变量。表达式 1 通常是循环的初始化,指出首次执行循环体前应该做哪些初始化的工作,一般用来对循环变量赋初值。表达式 2 是循环条件,一般为判断是否达到循环的次数,如果达到预定的循环次数则退出整个循环语句。表达式 3 为步长,表示在每次执行完循环体后循环变量如何变化,一般是将循环变量值加 1。循环体是需要反复执行的语句。当循环体由多个语句组成时,需要用大括号将这些语句括起来。循环体里所有语句的一次完全执行称为一个循环周期。

事实上,for 语句的循环控制行中的 3 个表达式可以是任意表达式,而且 3 个表达式都是可选的。

如果循环不需要任何初始化工作,则表达式 1 可以省略。如果循环前需要做多个初始化工作,可以将多个初始化工作组合成一个逗号表达式,作为表达式 1。逗号表达式由一连串基本的表达式组成,基本表达式之间用逗号分开。逗号表达式的执行从第一个基本表达式开始,一个一个依次执行,直到最后一个基本表达式。逗号表达式的值是最后一个基本表达式的结果值。逗号运算符是所有运算符中优先级最低的。

表达式 2 不一定是关系表达式,它也可以是逻辑表达式,甚至可以是算术表达式或其他任意的表达式。当表达式 2 是任意表达式时,表达式的值为非 0 时执行循环体,表达式的值为 0 时退出循环。如果省略表达式 2,即不判断循环条件,循环将无终止地进行下去。永远不会终止的循环称为死循环或无限循环。

表达式 3 也可以是任何表达式,一般为赋值表达式或逗号表达式。表达式 3

是在每个循环周期结束后对循环变量的修正。表达式 3 也可以省略,此时执行完循环体后直接执行表达式 2。

在 for 循环中,循环变量的值按照某种规律变化。但如果知道循环变量是取某几个值,但这些值之间并无明确的变化规律,则无法用 for 循环。针对这个问题,C++ 11 对 for 循环进行了改进,引入范围 for 循环。例如,要使循环变量 n 的值依次为 1、9、6、8、3,可用的循环控制行如下:

```
for (int n : {1,9,6,8,3})
```

该循环控制行遍历后面列表中的每一个值。第一个循环周期,n 的值为 1。第二个循环周期,n 的值为 9。以此类推,该循环一共执行了 5 个循环周期。

4.1.2　while 循环

for 语句可以很好地解决在编程时重复次数可以确定的循环,如重复次数是一个常量值或某个表达式的执行结果。但在很多应用中重复次数在编程时无法确定,而是取决于某个条件。这类循环可以用 while 语句来实现。while 语句的格式:

```
while (表达式) 循环体
```

程序执行 while 语句时,先计算出表达式的值,检查它是 true 还是 false。如果是 false,循环终止,并接着执行在整个 while 循环之后的语句;如果是 true,整个循环体将被执行,而后又回到循环控制行,再次对表达式进行检查。

在考查 while 循环的操作时,有下面两个很重要的原则。

(1) 循环条件测试是在每个循环周期之前进行的,包括第一个周期。如果一开始测试结果为 false,则不会执行循环体。

(2) 对循环条件的测试只在一个循环周期开始时进行。如果碰巧条件值在循环体的某处变为 false,程序在整个循环周期完成之前都不会注意它。在下一个周期开始前再次对条件进行计算,若为 false,则整个循环结束。

4.1.3　do-while 循环

在 while 循环中,每次执行循环体之前必须先判别条件。如果条件表达式为 true,执行循环体,否则退出循环语句。因此,循环体可能一次都没有执行。如果能确保循环体至少执行一次,那么可用 do-while 循环。

do-while 循环语句的格式:

```
do
{
    循环体;
} while(表达式);
```

do-while 循环语句的执行过程:先执行循环体,然后判别表达式值,如果表达式的值为 true,继续执行循环体,否则退出循环。do-while 和 while 语句的区别在于 while 语句的循环体可以一次都不执行,而 do-while 的循环体至少执行一次。

4.1.4 break 和 continue 语句

正常情况下,当控制循环的表达式值为 false 时循环结束。但有时循环体中遇到一些特殊情况需要立即终止循环,此时可以用 break 语句。break 语句跳出当前的循环语句,执行循环语句的下一个语句。

有一个很容易与 break 语句混淆的语句 continue,它也是出现在循环体中。它的作用是跳出当前循环周期,即跳过循环体中 continue 后面的语句,回到循环控制行,检查是否进入下一个循环周期。

4.2 习题解答

4.2.1 简答题

1. 假设在 while 语句的循环体中有这样一条语句:当它执行时 while 循环的条件值就变为 false。那么这个循环是将立即中止还是要完成当前的循环周期呢?

【解】在 while 循环中,循环体是个整体。当循环条件为 true 时,执行循环体,否则退出循环。在循环体执行过程中不会检查循环条件。因此,如果循环体中有个语句使循环条件变成了 false,循环体继续执行。在完成了当前的循环周期后再次检查循环条件,此时循环将终止。

2. 当遇到下列情况时,你将怎样编写 for 语句的控制行。

(1) 从 1 计数到 100。

(2) 从 2,4,6,8,…计数到 100。

(3) 从 0 开始,每次计数加 7,直到成为三位数。

(4) 从 100 开始,反向计数,99,98,97,…直到 0。

(5) 从 a 变到 z。

(6) * 遍历 a、g、w、b、d、k。

【解】

```
(1) for (k =1; k <=100; ++k)
(2) for (k =2; k <=100; k +=2)
(3) for (k =0; k <100; k +=7)
(4) for (k =100; k >=0; --k)
(5) for (ch ='a'; ch <='z'; ++ch)
(6) for (ch; {'a', 'g', 'w', 'b', 'd', 'k'})
```

3. 为什么在 for 循环中最好避免使用浮点型变量作为循环变量?

【解】因为循环变量通常用来记录循环执行次数,用整型数表示更合适。另外,在循环中通常会根据循环变量的值是否等于某一个特定值来判断是否继续循环,而浮点型数在计算机内的表示是不精确的,不适合判断相等。所以循环变量通常用整型数表示。

4. 在程序

```
for (i =0; i <n; ++i)
    for (j =0; j <i; ++j)
        cout <<i <<j;
```

中,"cout ＜＜ i ＜＜j;"执行了多少次?

【解】这是一个嵌套循环。外层循环的每个循环周期中,内层循环必须执行它的所有循环周期。在外层循环的第一个循环周期中,语句"cout ＜＜ i ＜＜ j;"执行了 0 次,第二个循环周期中执行了 1 次,在第 i 个循环周期中执行了 $i-1$ 次。所以,语句"cout ＜＜ i ＜＜ j;"的执行次数是 $0+1+2+\cdots+n-2$,即 $(n-2)(n-1)/2$。

5. 执行下列语句后,s 的值是多少?

```
s =0;
for (i =1; i <5; ++i);
    s +=i;
```

【解】s 的值为 10。

因为 for 循环中,循环变量 i 的初值是 1,每个循环周期 i 的值增加 1,循环条件是 i 小于 5,所以这个循环语句的功能是把 $1+2+3+4$ 的结果存储在变量 s 中。

6. 执行下列语句后,sum 的值是多少?

```
sum =0;
for ( auto ch: {'a', 'g', 'd', 'c'})
    sum +=ch -'a';
```

【解】sum 的值为 11。

for 循环的循环变量 ch 依次取值为'a'、'g'、'd'、'c',每次将 ch-'a'的值加入变量 sum。所以上述语句相当于执行了 $0+6+3+2$,并将结果存于变量 sum。

7. 下面哪一个循环重复次数与其他循环不同?

```
(1) i =0; while( ++i <100) { cout<<i <<" "; }
(2) for( i =0; i <100; ++i ) { cout <<i <<" "; }
(3) for( i =100; i >=1; --i ) { cout <<i <<" "; }
(4) i =0; while( i++<100) { cout<<i <<" "; };
```

【解】第一个循环与其他循环的循环次数不同。

(1) 由于前缀"++"的特性,第一次检测循环条件时,i 的值为 1,所以循环变量的值依次为 $1\sim99$,一共执行了 99 个循环周期。

(2) 循环变量 i 的值从 0 变到 99,一共执行了 100 个循环周期。

(3) 循环变量 i 的值从 100 变到 1,一共执行了 100 个循环周期。

(4) 由于后缀"++"的特性,第一次检测循环条件时 i 的值为 0,最后一次循环条件为 true 时 i 的值为 99,所以循环变量的值依次为 $0\sim99$,一共执行了 100 个循环周期。

8. 执行下列语句后,s 的值是多少?

```
s = 0;
for (int i = 1; i <= 10 ++i)
    if (i %2 ==0 ‖ i %3 ==0) continue;
    else  s +=i;
```

【解】s 的值为 13。

本题中 for 循环的循环变量 i 依次从 1 变到 10,循环体是一个 if 语句,当 i 能被 2 整除或能被 3 整除时,直接进入下一循环周期,否则将 i 加入 s。在 1～10,既不能被 2 整除也不能被 3 整除的数有 1、5、7,所以 s 的值为 $1+5+7=13$。

9. 执行下列语句后,s 的值是多少?

```
s = 0;
for (i = 1; i <= 10; ++i)
    if (i %2 ==0 && i %3 ==0) break;
    else  s +=i;
```

【解】s 的值为 15。

本题中 for 循环的循环变量 i 依次从 1 变化到 10,循环体是一个 if 语句,当 i 同时能被 2 和 3 整除时,跳出循环,否则将 i 加入 s。在 i 从 1 变到 10 的过程中,第一个同时能被 2 和 3 整除的数是 6,所以 s 的值为 $1+2+3+4+5$。

10. 下面这个循环是死循环吗?

```
for( k =-1; k <0; --k);
```

【解】从表面看,这个循环是一个死循环,因为循环变量的初值是 -1,每完成一个循环周期循环变量值减 1,所以循环变量越变越小,表达式 2 永远为真。

但事实上,这个循环是会结束的。因为整型数在计算机内部是用补码表示的。如果整型数在计算机内占用两字节,那么 -1 在计算机内的表示是 1111111111111111。当执行了 32767 个循环周期后,k 值的最高位为 1,而其他位都为 0,即 -32768。这时再执行一次减 1,最高位变成了 0,而其他位全为 1。由于最高位为 0,C++ 把它看成正数 32767,循环条件不满足,循环终止。

4.2.2　程序设计题

1. 已知两个 3 位数 xyz ＋ yzz ＝ 532,x、y、z 各代表一个不同的数字。编写一个程序,求 x、y、z 分别代表什么数字?

【解】这个问题可以用枚举法解决。x、y、z 各代表一个不同的数字,也就是说它们的值应该介于 0～9。但要注意,x 和 y 不能为 0。因此可以让 x 和 y 从 1 枚举到 9,z 从 0 枚举到 9,对每个 x、y、z 检查 x、y、z 是否各不相同。如果都不相同,进一步检查 xyz＋yzz 是否等于 532。数字 xyz 可以通过表达式 $100 * x + 10 * y + z$ 得到,数字 yzz 可以通过 $100 * y + 10 * z + z$ 得到。由此可得程序如代码清单 4-1。

代码清单 4-1　找出满足 xyz＋yzz＝532 的 x、y、z

```
#include <iostream>
```

```
using namespace std;

int main()
{
  int x, y, z;

  for (x =1; x <10; ++x)
    for (y =1; y <10; ++y) {
        if (x ==y) continue;                //x 和 y 的值不能相等
        for (z =0; z <10; ++z) {
            if (x ==z ‖ y ==z) continue;         //z 与 x、y 的值不能相等
            if (100 * x +10 * y +z +100 * y +11 * z ==532)
                cout <<x <<'\t' <<y <<'\t' <<z <<endl;
        }
    }
  return 0;
}
```

程序运行的结果是

```
3    2    1
```

2. 编写这样一个程序：先输入一个正整数 n，然后计算并显示前 n 个奇数的和。例如，如果 n 为 4，程序应显示 16，它是 $1+3+5+7$ 的和。

【解】这是一个重复 n 次的循环，重复次数由用户输入。每个循环周期将一个奇数加入到总和中。第 1 个循环周期加入 1，第 2 个循环周期加入 3，……，第 $i+1$ 个循环周期加入 $2*i+1$。i 从 0 变到 $n-1$。按照这个思想实现的程序如代码清单 4-2。

代码清单 4-2   求前 n 个奇数和

```
#include <iostream>
using namespace std;

int main()
{
    int  n, sum =0;

    cout <<"请输入一个整数:";
    cin >>n;

    for (int i =0; i <n; ++i)
        sum +=2 * i +1;

    cout <<"前" <<n <<"个奇数和为" <<sum <<endl;

    return 0;
```

```
}
```

当输入为 n 时,程序的输出是 $1+3+5+\cdots+2n-1$,因此代码清单 4-2 中的循环也可以改为

```
for (int i =1; i <2 * n;  i +=2)
    sum +=i;
```

3. 改写主教材中的代码清单 4-15,用 while 循环解决阶梯问题。

【解】阶梯问题:有一个长阶梯,若每步上两个台阶,最后剩 1 个台阶;若每步上 3 个台阶,最后剩 2 个台阶;若每步上 5 个台阶,最后剩 4 个台阶;若每步上 6 个台阶,最后剩 5 个台阶;若每步上 7 个台阶,最后正好 1 个台阶都不剩。编写一个程序,寻找该楼梯至少有多少阶。

这是一个典型的枚举法的程序。根据题意,这个阶梯最少有 7 个台阶。可以从 7 开始枚举,7、8、9、10、…直到找到了一个数 n,正好满足 n 除以 2 余 1,n 除以 3 余 2,n 除以 5 余 4,n 除以 6 余 5,n 除以 7 余 0。再仔细想想,其实没有必要顺序枚举每个数。因为这个数正好能被 7 整除,所以只要枚举从 7 开始的、能被 7 整除的数,即 7、14、21、…。主教材用 for 循环实现枚举,代码清单 4-3 用 while 循环实现枚举。

代码清单 4-3　用 while 循环解决阶梯问题

```
#include <iostream>
using namespace std;

int main()
{
    int n =7;

    while (n %2 ==0 || n%3 !=2 || n %5 !=4 || n %6 !=5) n +=7;

    cout <<"满足条件的最短的阶梯长度是" <<n <<endl;

    return 0;
}
```

4. 编写一个程序,提示用户输入一个整数,然后输出这个整数的每一位数字,数字之间插一个空格。例如,当输入的是 12345 时,输出为 1 2 3 4 5。

【解】这应该是一个重复 n 次的循环,循环次数为输入的整数的位数,每个循环周期打印出相应位的数字。第一个循环周期打印最高位,第二个循环周期打印第 2 位,……,最后一个循环周期打印个位。依次取出一个数的个位、十位、……是容易的,但从最高位取到最低位是有困难的。但如果能知道整数的数量级,例如,是个位数、十位数或百位数,取最高位就不难了。假如输入的整数是百位数,则让它除以 100 就得到了百位数。然后去掉百位数,再让它除以 10 得到十位数,以此类推。在代码清单 4-4 中,首先计算 n 的位数,然后按照上述思想依次取出它的每一位输出。

代码清单 4-4   在数字中插入空格

```cpp
#include <iostream>
using namespace std;

int main()
{
    int n,i;

    cout <<"请输入一个整数:";
    cin >>n;

    for (i =10; n >=i; i * =10);              //计算 n 的数量级
    do {                                       //依次取每一位的值
        i /=10;                                //获得最高位的数量级
        cout <<n / i <<' ';                    //输出最高位
        n %=i;                                 //去掉最高位
    } while (i >1);

    cout <<endl;

    return 0;
}
```

5. 在数学中,有一个非常著名的斐波那契数列,它是按 13 世纪意大利著名数学家 Leonardoda Fibonacci 的名字命名的。这个数列的前两个数是 0 和 1,之后每一个数都是它前两个数的和。因此,斐波那契数列的前几个数如下:

$F_0=0$
$F_1=1$
$F_2=1$ $(0+1)$
$F_3=2$ $(1+1)$
$F_4=3$ $(1+2)$
$F_5=5$ $(2+3)$
$F_6=8$ $(3+5)$

编写一个程序,顺序显示 $F_0 \sim F_{15}$。

【解】在斐波那契数列中,F_0 和 F_1 是定值,$F_2 \sim F_{15}$ 的生成方式相同,都是它前两个数的和。因此,F_0 和 F_1 可以直接赋值,$F_2 \sim F_{15}$ 用重复 n 次的循环,从 2 循环到 15,每个循环周期计算并输出一个斐波那契数。程序用到 3 个变量:前两个斐波那契数 f0 和 f1,当前正在生成的斐波那契数 f2。具体实现如代码清单 4-5。

代码清单 4-5   显示 f0 ~ f15

```cpp
#include <iostream>
using namespace std;
```

```
int main()
{
    int f0 =0, f1 =1, f2;

    cout <<f0 <<' ' <<f1 <<' ';
    for ( int i =2; i <=15; ++i) {
        f2 =f0 +f1;
        cout <<f2 <<' ';
        f0 =f1;
        f1 =f2;
    }

    cout <<endl;

    return 0;
}
```

6. 编写一个程序,要求输入一个整型数 n,然后显示一个由 n 行组成的三角形。在这个三角形中,第一行有 1 个 *,以后每行比上一行多两个 *,三角形像下面这样尖角朝上。

```
            *
          * * *
        * * * * *
      * * * * * * *
    * * * * * * * * *
  * * * * * * * * * * *
* * * * * * * * * * * * *
```

【解】显然这是一个重复 n 次的循环,每个循环周期打印一行。但问题在于每一行是不同的,怎么把它统一到一个循环体中。仔细观察,尽管每一行是不同的,但它们都有一样的规律。每一行由两部分组成:前面的空格部分和后面的 * 部分。第一行有 $n-1$ 个空格,1 个 *。第二行有 $n-2$ 个空格和 3 个 *。以此类推,第 i 行有 $n-i$ 个空格和 $2i-1$ 个 *。打印第 i 行可以先用一个 for 循环打印 $n-i$ 个空格,再用一个 for 循环打印 $2i-1$ 个 *。按照这个思想实现的程序如代码清单 4-6。

代码清单 4-6　打印 n 行组成的三角形

```
#include <iostream>
using namespace std;

int main()
{
    int n, i, j;
```

```cpp
cout <<"请输入三角形的行数:";
cin >>n;

for ( i =0; i <n; ++i) {              //打印每一行
    cout <<endl;
    for (j =0; j <n -i -1; ++j)      //打印前面的空格
        cout <<' ';
    for (j =0; j <2 * i +1; ++j)     //打印一行 *
        cout <<' * ';
}

cout <<endl;

return 0;
}
```

7. 编写一个程序，按如下格式输出九九乘法表。

```
*  1  2  3   4   5   6   7   8   9
1  1  2  3   4   5   6   7   8   9
2     4  6   8  10  12  14  16  18
3        9  12  15  18  21  24  27
4           16  20  24  28  32  36
5               25  30  35  40  45
6                   36  42  48  54
7                       49  56  63
8                           64  72
9                               81
```

【解】九九乘法表的每个元素的值是行数 * 列数，如主教材中的代码清单 4-6，可以用一个两层的嵌套循环。外层循环控制行的变化，里层循环控制列的变化。本题与主教材中代码清单 4-6 有两点不同：第一点是需要输出行号和列号，第二点是只显示上三角。输出列号可以用一个循环，输出行号可以在里层循环中增加一个输出。输出上三角只需要检查行号和列号，仅当列号大于或等于行号时才输出。具体实现如代码清单 4-7。

代码清单 4-7   输出九九乘法表

```cpp
#include <iostream>
using namespace std;

int main()
{
    int i, j;

    //输出列号
    cout <<" * \t";
    for (i =1; i <10; ++i)
        cout <<i <<'\t';
```

```
    cout <<endl;

    for (i=1; i<=9; ++i){
        cout <<i <<'\t';                     //输出行号
        for (j=1; j<=9; ++j)
            if (i >j) cout <<'\t';
            else   cout <<i * j <<'\t';
        cout <<endl;
    }

    return 0;
}
```

8. 编写一个程序求 $\sum\limits_{i=1}^{10} n!$，要求只做 10 次乘法和 10 次加法。

【解】这是一个重复 10 次的循环。在第 i 个循环周期中，先计算 $i!$ 的值，再将 $i!$ 的值加入总和。$i!$ 就是 $1*2*3*4*\cdots*i$，计算 $i!$ 的值需要一个重复 i 次的循环。所以本题需要执行 10 次加法和 $1+2+3+\cdots+10$ 次的乘法。再进一步思考，本题首先计算 $1!$，将 $1!$ 加入到总和 sum，然后计算 $2!$，将 $2!$ 加入 sum，以此类推。在计算 $i!$ 时，前一个循环周期已经计算过 $(i-1)!$，所以计算 $i!$ 时，没必要执行 $1*2*3*\cdots*i$，而只需要执行 "$(i-1)! * i$"。这样就可以用 10 次乘法和 10 次加法完成计算。完整的程序如代码清单 4-8。

代码清单 4-8　求前 10 个自然数的阶乘和

```
#include <iostream>
using namespace std;

int main()
{
    int sum =0, i, fact =1;               //sum 是总和, fact 是 i!, 初值是 0!

    for (i =1; i <=10; ++i) {
        fact =fact * i;
        sum +=fact;
    }

    cout <<"总和为 " <<sum <<endl;

    return 0;
}
```

9. 设计一个程序，求 $1-2+3-4+5-6+\cdots(-1)^{N-1}\times N$ 的值。

【解】这个题目初看应该是一个重复 n 次的循环问题。确实这个问题可以用一个重复 n 次的循环来实现，但还有更好的方法。仔细观察，这个公式的第 1 项和第 2 项的和是

−1,第 3 项和第 4 项的和也是−1。以此类推,如果 i 是奇数,则第 i 项和 $i+1$ 项的和是−1。根据这个观察结果可以知道,如果 N 是偶数,正好可以凑成 $N/2$ 个−1,所以结果是−$N/2$。如果 N 是奇数,则前 $N-1$ 项可以凑成$(N-1)/2$ 个−1,所以结果是−$(N-1)/2+N$。这个方法的时间性能要优于采用重复 n 次循环。完整的程序如代码清单 4-9。

代码清单 4-9　求数列的和

```cpp
#include <iostream>
using namespace std;

int main()
{
    int sum , n ;

    cout <<"请输入 n:";
    cin >>n;

    if (n % 2) sum = n - (n-1) / 2;
    else sum = -n / 2;

    cout <<"总和为" <<sum <<endl;

    return 0;
}
```

读者也可以自己尝试编写用循环实现的程序。

10. 已知一个 4 位数 $a2b3$ 能被 23 整除,编写一个程序求此 4 位数。

【解】 这是一个典型的枚举法的问题。a 和 b 都是一个数字,a 的可能值是 $1\sim9$,b 的可能值是 $0\sim9$。因此,只需要一个两层的嵌套循环:外层循环枚举 a,里层循环枚举 b。对每一对 a 和 b,检查 $a2b3$ 整除 23。构成数字 $a2b3$ 可以用表达式 $1000a+200+10b+3$。根据上述分析可得代码清单 4-10 的程序。

代码清单 4-10　找出能整除 23 的 4 位数 $a2b3$

```cpp
#include <iostream>
using namespace std;

int main()
{
    int a, b, num;

    for (a=1; a<=9; ++a)
        for (b =0; b <=9; ++b) {
            num =1000 * a +200 +10 * b +3;
            if (num % 23 ==0) cout <<num <<'\t';
        }
```

```
    return 0;
}
```

程序的输出是

```
3243    6233    9223
```

11. 编写一个程序,首先由用户指定题目数量,然后自动出指定数量的 1～100 以内的＋、－、×、÷四则运算的题目,再让用户输入答案,并由程序判别是否正确。若不正确,则要求用户订正;若正确,则出下一题。另外还有下列要求:差不能为负值;除数不能为 0;用户的输入不管正确与否都要给出一些信息,并且信息不能太单一。例如,输入正确时,可能会输出 you are right,也可能会输出 it's ok。

【解】这个程序与主教材中的例题基本类似,但有几个区别。第一个区别是用户输入错误答案时,在输出信息后还要让他重做,直到做对为止。这可以将例题中的每个 case 子句用一个 while(true)的循环包起来,输入正确答案时,用 break 退出循环,否则就一直做此题。第二个区别是在输入正确答案时,程序不再是输出 It's ok,而是有 3 个选择,最终选择哪一个由随机数来决定。第三个区别在减法处理中,本程序保证第一个运算数总是大于或等于第二个运算数。第四个区别是在除法时,如果产生的除数为 0,则重新产生一个 1～99 的随机数。完整的实现如代码清单 4-11。

代码清单 4-11　自动出题

```
#include <cstdlib>
#include <ctime>
#include <iostream>
using namespace std;

int main()
{
    int num1, num2, op, result1, result2, count;
                            //num1、num2 为操作数,op 为运算符,count 为题目数量
                            //result1、result2 为用户输入的计算结果

    srand(time(NULL));          //随机数种子初始化
    cout <<  "请输入题目数量";
    cin >>count;

    for (int k =1; k <=count; ++k) {
        cout <<"第" <<k <<"题:\n" ;
        num1 =rand() %100;      //生成运算数
        num2 =rand() %100;      //生成运算数
        op =rand() %4;          //生成运算符 0 表示+,1 表示 -,2 表示 * ,3 表示 /

        switch (op) {
```

```cpp
        case 0:                    //加法
            while (true) {
                cout <<num1 <<"+" <<num2 <<"=?" ;
                cin >>result1;
                if (num1 +num2 ==result1)  break;
                else   cout <<"错了,重做!\n";
            }
            break;
        case 1:                    //减法
            if (num1 <num2)   {          //保证第一个运算数大于或等于第二个运算数
                int tmp =num1;
                num1 =num2;
                num2 =tmp;
            }
            while (true) {
                cout <<num1 <<"-" <<num2 <<"=?" ;
                cin >>result1;
                if (num1 -num2 ==result1) break;
                else   cout <<"错了,重做!\n";
            }
            break;
        case 2:                    //乘法
            while (true) {
                cout <<num1 <<" * " <<num2 <<"=?" ;
                cin >>result1;
                if (num1 * num2 ==result1) break;
                else   cout <<"错了,重做!\n";
            }
            break;
        case 3:                    //除法
            if  (num2 ==0 ) num2 =rand() %99 +1;          //除数不能为 0
            while (true) {
                cout <<num1 <<"/" <<num2 <<"=?" ;
                cin >>result1;
                cout <<"余数为=?";
                cin >>result2;
                if ((num1 / num2 ==result1) && (num1 %num2 ==result2))
                        break;
                else   cout <<"错了,重做!\n";
            }
    }
    switch (rand() %3) {
        case 0: cout <<"It's ok! \n"; break;
        case 1: cout <<"That's great! \n";break;
```

```
            default: cout <<"You are right! \n";
        }
    }

    return 0;
}
```

12. 编写一个程序,输入一个句子(以句号结束),统计该句子中的元音字母数、辅音字母数、空格数、数字数及其他字符数。

【解】句子由一个个字符组成,输入一个句子需要依次输入句子中的每个字符,根据字符值做相应的处理。如果读到句号,统计结束,输出统计结果。由于事先并不知道句子有多长,只知道句子的结尾是句号,因此可以用 while 循环来实现。循环体首先读入一个字符,按照不同的字符进行不同的处理,循环终止条件是读到句号。该循环存在循环中途退出的问题,因为必须等到读入一个字符后才能判别循环终止条件。代码清单 4-12 中的程序用 while(true)的死循环和 break 语句来解决这个问题。

代码清单 4-12　统计句子中各种字符的出现次数

```cpp
#include <iostream>
using namespace std;

int main()
{
    char ch;
    int numVowel =0, numCons =0, numSpace =0, numDigit =0, numOther =0;

    cout <<"请输入句子:";
    while (true) {                      //处理每个字符
        cin.get(ch);                    //读入一个字符
        if (ch =='.') break;            //如果读入的是句号,退出循环
        if (ch >='A' && ch <='Z' ) ch =ch -'A' +'a';
        if (ch >='a' && ch <='z')
            if (ch =='a' || ch =='e' || ch =='i' || ch =='o' || ch =='u') ++numVowel;
            else ++numCons;
        else if (ch ==' ') ++numSpace;
            else if (ch >='0' && ch <='9') ++numDigit;
                else ++numOther;
    }

    cout <<"元音字母数:" <<numVowel <<endl;
    cout <<"辅音字母数:" <<numCons <<endl;
    cout <<"空格数:" <<numSpace <<endl;
    cout <<"数字数:" <<numDigit <<endl;
    cout <<"其他字符数:" <<numOther <<endl;
```

```
        return 0;
    }
```

注意：代码清单 4-12 中输入一个字符是调用 cin.get(ch)，而不是 cin >> ch，这是因为句子中可能会包含空格字符。

13. 猜数字游戏：程序首先随机生成一个 1~100 的整数，然后由玩家不断输入数字来猜这个数字的大小。猜错了，计算机会给出一个提示，然后让玩家继续猜；猜对了就退出程序。例如，随机生成的数是 42，开始提示的范围是 1~100，然后玩家输入 30，猜测错误，计算机会显示"太小了！"；然后，玩家继续输入 60，猜测依然错误，计算机会显示"太大了！"；直到玩家猜到是 42 为止。用户最大的猜测次数是 10 次。

【解】 生成一个 1~100 的整数，可以用 C++ 的随机数生成器 rand。程序的主体是用户猜测部分。用户最多可以猜 10 次，这可以用一个重复 10 次的循环来控制。每次猜测有两个阶段：先输入用户的猜测，然后判别猜测正确与否。如果猜测正确，则退出循环，显示"猜对了！"，程序终止。如果猜测错误，则给出相应的信息，继续循环。如遇到 for 循环的终止条件，表示用户已猜了 10 次，输出失败信息，程序终止。具体实现如代码清单 4-13。

代码清单 4-13　猜数字游戏

```cpp
#include <iostream>
#include <cstdlib>
#include <ctime>
using namespace std;

int main()
{
    int num, guess;

    srand(time(NULL));
    num = rand() % 100 + 1;                    //生成 1~100 的整数
    for (int i = 0; i < 10; ++i) {
        cout << "请输入你的猜测:";
        cin >> guess;
        if (guess == num) break;               //猜对了
        if (guess < num) cout << "太小了!" << endl; else cout << "太大了!" << endl;
                                               //猜错了
    }
    if (guess == num) cout << "猜对了!" << endl; else cout << "你失败了!" << endl;

    return 0;
}
```

14. 设计一个程序，用如下方法计算 x 的平方根：首先猜测 x 的平方根 root 是 $x/2$，然后检查 root × root 与 x 的差，如果差很大，则修正 root 的值为 (root + x/root)/2，再检查 root × root 与 x 的差，重复这个过程直到满足用户指定的精度。

【解】计算平方根是科学计算中常常遇到的问题。这个算法只需要一个 while 循环就可以完成。循环条件是判断有没有达到精度,循环体修正 root 的值。完整的实现如代码清单 4-14。

代码清单 4-14   求平方根

```cpp
#include <iostream>
#include <cmath>
using namespace std;

int main()
{
    double x, root, epsilon;

    cout <<"请输入 x:";
    cin >>x;
    cout <<"请输入精度:";
    cin >>epsilon;

    root =x / 2;
    while (fabs(x -root * root) >epsilon)
        root = (root +x / root ) / 2;

    cout <<x <<"的平方根是" <<root <<endl;

    return 0;
}
```

15. 定积分的物理意义是某个函数与 x 轴围成的区域的面积。计算定积分可以通过将这块面积分解成一连串的小矩形,计算各小矩形的面积的和,如图 4-1 所示。小矩形的宽度可由用户指定,高度是对应于底边中点 x 的函数值 $f(x)$。编写一个程序计算函数在区间 $[a, b]$ 的定积分。a、b 及小矩形的宽度在程序执行时由用户输入。

【解】如果小矩形的宽度是 delt,起点坐标是 x,则矩形的近似面积为 delt $* f(x+\text{delt}/2)$。计算定积分只需要沿着 x 轴将一个个小矩形的面积相加即可。具体程序如代码清单 4-15。

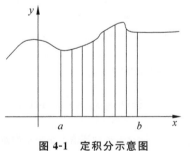

图 4-1   定积分示意图

代码清单 4-15   求定积分

```cpp
#include <iostream>
using namespace std;


int main()
```

```
{
    double x, a, b, s =0, h, delt;          //s 为积分值

    cout <<"请输入积分区域(a   b): ";
    cin >>a >>b;
    cout <<"请输入小矩形的宽度: ";
    cin >>delt;

    for ( x =a +delt / 2; x <=b; x +=delt) {
        h =x * x +5 * x +1;
        s +=h * delt;
    }

    cout <<"函数的积分是" <<s <<endl;

    return 0;
}
```

16. 用第 15 题的方法求 π 的近似值。具体思想：在平面坐标系中有一个圆心在原点、半径为 1 的圆，用矩形法计算第一象限的面积 S，$4 \times S$ 就是整个圆的面积。圆面积也可以通过 πr^2 来求，因此可得 $\pi = 4 \times S$。尝试不同的小矩形宽度，以得到不同精度的 π 值。

【解】在第一象限中，x 的值从 0 变到 1。圆上的每个点的坐标为 $(x, \sqrt{1-x^2})$。如果矩形的宽度为 delt，计算第一象限中的圆面积就是沿着 x 轴，从 delt/2 到 1 计算每个小矩形面积并相加。运行本程序，当输入为 0.1 时，结果是 3.15；当输入为 0.01 时，结果是 3.1419；当输入为 0.001 时，结果是 3.1416。从程序运行结果可知，矩形的宽度越小，结果越准确。具体实现如代码清单 4-16。

代码清单 4-16　求 π 的近似值

```
#include <iostream>
using namespace std;

int main()
{
    double x, s =0, delt;

    cout <<"请输入小矩形的宽度: ";
    cin >>delt;

    for ( x =delt / 2; x <=1; x +=delt) { //计算第一象限内的圆面积
        s +=sqrt(1 -x * x) * delt;
    }

    cout <<"π 的近似值是" <<4 * s <<endl;
```

```
    return 0;
}
```

17. 编写一个程序,用弦截法计算方程 $2x^3 - x^2 + 5x - 1 = 0$ 在区间 $[0,2]$ 的根,要求精度为 10^{-10}。

【解】弦截法的思想见主教材的例 4.10。具体实现如代码清单 4-17。

代码清单 4-17　求方程 $2x^3 - x^2 + 5x - 1 = 0$ 在区间 $[0,2]$ 的根

```cpp
#include <iostream>
#include <cmath>
using namespace std;

int main()
{
    double x, x1 = 0, x2 = 2, f2, f1, f;
    const double epsilon = 1e-10;

    do {
        f1 = 2 * x1 * x1 * x1 - x1 * x1 + 5 * x1 - 1;       //计算 f(x1)
        f2 = 2 * x2 * x2 * x2 - x2 * x2 + 5 * x2 - 1;       //计算 f(x2)
        x = (x1 * f2 - x2 * f1) / (f2 - f1);                //计算 (x1, f(x1)) 和 (x2,
                                                            //f(x2)) 的弦交与 x 轴的
                                                            //交点
        f = 2 * x * x * x - x * x + 5 * x - 1;
        if (f * f1 > 0) x1 = x;   else x2 = x;              //修正区间
    } while (fabs(f) > epsilon);

    cout << "方程的根是" << x << endl;

    return 0;
}
```

4.3　进一步拓展

4.3.1　goto 语句

除了 for、while 和 do-while 语句外,C++ 的循环还有第 4 种实现方式,就是用 goto 语句。goto 语句也被称为无条件转移语句,早期的程序设计语言都有这一语句。goto 的一般形式:

```
goto   标号;
```

标号是一个标识符,可以出现在程序中的某个语句前。goto 语句让程序的执行转移到标号后的那个语句。goto 语句通常与 if 语句一起构成一个循环。例如,求 1～100 之和可以用 goto 语句实现,完整的程序如代码清单 4-18。

代码清单 4-18　用 goto 语句完成 1～100 之和

```cpp
#include <iostream>
using namespace std;

int main()
{
    int s = 0, i = 1;

loop:
    if ( i <=100) {
        s +=i;
        ++i;
        goto loop;
    }

    cout <<s <<endl;

    return 0;
}
```

其中,loop 就是一个标号。代码清单 4-18 用 goto 语句实现了一个 for 循环。goto 语句不仅可以实现 for 循环,也可以实现 while 循环和 do-while 循环。

4.3.2　结构化程序设计

goto 语句可以使程序的控制流程强制转向程序的任意处。如果一个程序中多处出现这种转移情况,将会导致程序流程无序可寻,程序结构杂乱无章,这样的程序是令人难以理解和接受,并且容易出错。尤其是在实际软件产品的开发中,更多的是追求软件的可读性和可修改性,这种结构风格的程序是不允许出现的。

1968 年,著名的计算机科学家 Dijkstra 经过深思熟虑后,首次提出"goto 语句是有害的"问题。该问题在《ACM 通讯》杂志上发表后,引起了激烈的争议,不少著名的学者都参加了讨论。经过 6 年的争论,1974 年,著名的计算机科学家、图灵奖获得者 Knuth 教授发表了一篇名为《带有 goto 语句的结构化程序设计》的文章。该文为这场争议给出了较为全面公正的结论:滥用 goto 语句是有害的,完全禁止也不明智,在不破坏程序良好结构的前提下,有控制地使用一些 goto 语句,可以使程序更清晰,效率也更高。一个好的程序应该有清晰的结构、正确的逻辑,应该朴实无华。

关于 goto 语句讨论的结果导致了一个新的学科领域的诞生,即程序设计方法学,出现了结构化程序设计的方法。

结构化程序设计的概念是基于以往编程过程中无限制地使用 goto 语句而提出的。1966 年,计算机科学家 Bohm 和 Jacopini 证明了这样的事实:任何简单或复杂的算法都可以由顺序结构、选择结构和循环结构这 3 种基本结构组合而成。依据这个事实,结构化程序设计采用子程序、for 循环以及 while 循环等结构取代传统的 goto。在结构化程序设计中，程序被分成一个个子程序，每个子程序中的代码由以下 3 种逻辑结构组成。

(1) 顺序结构：顺序结构是一种线性、有序的结构，它依次执行各语句。

(2) 循环结构：循环结构是重复执行一个或几个语句，直到满足某一条件为止。

(3) 分支结构：分支结构是根据条件成立与否选择程序执行的通路。

结构化程序设计语言都提供了这 3 种结构。在 C++ 中，程序由一个个函数组成，每个函数就是一个子程序。主程序是一个 main 函数。执行程序就是从 main 函数的第一个语句依次执行到 main 函数的最后一个语句，这就是一个顺序结构。循环结构由 for、while 和 do-while 语句实现。分支结构由 if 语句和 switch 语句实现。

结构化程序中的任意基本结构都具有唯一入口和唯一出口。程序的静态形式与动态执行流程之间具有良好的对应关系，因而程序的可读性和正确性都比较好。

4.3.3　位运算的进一步讨论

第 2 章介绍了位运算。位运算可以使程序能对每个二进制位进行运算。采用位运算中的移位操作可以使乘 2 和除 2 的运算有更好的时间效率。本节介绍一个用移位和加法实现两个正整数相乘的程序，其实现如代码清单 4-19。其中，a 是被乘数，b 是乘数，c 是积。算法模拟乘法的计算过程。首先检查乘数的最低位，如果为 1，把被乘数加入积中。然后被乘数乘 2，检查乘数的倒数第 2 位，如果为 1，把被乘数加入积中。重复此过程，直到乘数的每一位都被检查为止。

代码清单 4-19　用移位和加法实现正整数的乘法

```cpp
#include <iostream>
using namespace std;

int main()
{
    int a, b, c, len = sizeof(int) * 8;      //len 是整数占用的位数

    cin >> a >> b;

    c = 0;
    for (int i = 0; i < len; ++i) {          //检查乘数的每一位
        if (b & 1 == 1) c += a;              //最低位是 1
        a = a << 1;                          //被乘数乘 2
        b = b >> 1;                          //乘数除以 2,为检查下一位做准备
    }

    cout << c << endl;

    return 0;
}
```

第 5 章

批量数据处理——数组

5.1 知识点回顾

5.1.1 一维数组

一维数组是一个有序数据的集合,定义了一个一维数组就是定义了一组同类型的变量。定义一个一维数组要说明 3 个问题:第一,数组是一个变量,应该有一个变量名;第二,数组中有多少个元素;第三,每个元素的数据类型。综合上述 3 点,C++ 中一维数组的定义方式如下:

    类型名   数组名[常量表达式];

其中,类型名指出了数组元素的数据类型;数组名是存储该数组的变量名;常量表达式指出数组中元素的个数。数组定义特别要注意的是数组中元素的个数是用一个常量表达式说明的,即元素个数在写程序时就已经确定。

定义数组就是定义了一块连续的空间,空间的大小等于元素的个数乘以每个元素所占的空间大小。数组元素按序存放在这块空间中。

数组的使用一般是引用它的元素,数组元素的表示方式:数组名[下标],下标表示元素的编号。C++ 的下标从 0 开始。"数组名[下标]"被称为下标变量。下标变量中的下标可以是常量、变量或任何计算结果为整型数的表达式。因此,访问数组的所有成员可以用一个 for 语句实现。

与其他变量一样,可以在定义数组时为数组元素赋初值。数组有一组初值,这组初值用一对大括号括起来,值与值之间用逗号分隔。数组的初始化可用以下 3 种方法实现。

(1)对所有数组元素赋初值。例如:

    int a[10] ={ 0, 1, 2, 3, 4, 5, 6, 7, 8, 9};

表示将 0、1、2、3、4、5、6、7、8、9 依次作为 $a[0]$、$a[1]$、$a[2]$、$a[3]$、$a[4]$、$a[5]$、$a[6]$、$a[7]$、$a[8]$、$a[9]$ 的初值。

(2)可以对数组的一部分元素赋值。例如:

    int a[10] ={ 0, 1, 2, 3, 4};

表示数组 a 的前 5 个元素的值分别是 0、1、2、3、4,后 5 个元素的值为 0。在对数组元素赋初值时,总是按从下标小的元素到下标大的元素的次序,没有得到初值的元素的初值为 0。因此,需要将数组的所有元素的初值都设为 0,可简单地写成:

```
int a[10] ={0};
```

（3）在对全部数组元素赋初值时,可以不指定数组大小,C++ 会根据给出的初值的个数确定数组的规模。例如:

```
int a[ ] ={ 0, 1, 2, 3, 4, 5, 6, 7, 8, 9};
```

表示 a 数组有 10 个元素,它们的初值分别为 0、1、2、3、4、5、6、7、8、9。

C++ 11 中,数组还可以用范围 for 访问,只需要用数组名替代列表。例如,a 是一个整型数组,输出数组 a 的所有元素可以用语句

```
for(int x: a) cout <<x <<'\t';
```

或

```
for (auto x: a) cout <<x <<'\t';
```

5.1.2　二维数组

数组的元素可以是任何类型。如果数组的每一个元素又是数组,则称为多维数组。最常用的多维数组是二维数组,即每一个元素都是一个一维数组的一维数组。

二维数组可以看成数学中的矩阵,它由行和列组成。定义一个二维数组必须说明它有几行几列。二维数组定义的一般形式如下:

类型名　数组名[常量表达式 1][常量表达式 2];

类型名是二维数组中每个元素的类型,常量表达式 1 给出二维数组的行数,常量表达式 2 给出了二维数组的列数。当把二维数组看成是元素为一维数组的数组时,也可以把常量表达式 1 看成是一维数组的元素个数,常量表达式 2 是每个元素（也是一个一维数组）中元素的个数。例如:

```
int  a[4][5];
```

表示定义了一个 4 行、5 列的矩阵,矩阵的每个元素是整型。也可以看成定义了一个有 4 个元素的一维数组,每个元素的类型是一个由 5 个元素组成的一维数组,$a[i]$ 表示第 i 行。

一旦定义了数组 a,就相当于定义了 20 个整型变量,即 $a[0][0]$、$a[0][1]$、…、$a[0][4]$、…、$a[3][0]$、$a[3][1]$、…、$a[3][4]$。第一个下标表示行号,第二个下标表示列号。例如,$a[2][3]$ 是数组 a 的第二行第三列的元素。同一维数组一样,下标的编号也是从 0 开始的。

二维数组的初始化有以下 3 种方法。

（1）对所有的元素赋初值。例如:

```
int a[3][4] = { 1,2,3,4,5,6,7,8,9,10,11,12};
```

编译器依次把大括号中的值赋给第一行的每个元素,然后是第二行的每个元素,以此类推。初始化后的数组元素如下:

$$\begin{bmatrix} 1 & 2 & 3 & 4 \\ 5 & 6 & 7 & 8 \\ 9 & 10 & 11 & 12 \end{bmatrix}$$

可以通过大括号把每一行括起来使这种初始化方法表示得更加清晰。

```
int a[3][4] = { {1,2,3,4}, {5,6,7,8}, {9,10,11,12}};
```

(2) 对部分元素赋值。同一维数组一样,二维数组也可以对部分元素赋值。C++ 将初始化列表中的数值按行序依次赋给每个元素,没有赋到初值的元素初值为 0。例如:

```
int a[3][4] = {1,2,3,4,5};
```

初始化后的数组元素如下:

$$\begin{bmatrix} 1 & 2 & 3 & 4 \\ 5 & 0 & 0 & 0 \\ 0 & 0 & 0 & 0 \end{bmatrix}$$

(3) 对每一行的部分元素赋初值。例如:

```
int a[3][4] = { {1,2},{3,4},{5}};
```

初始化后的数组元素如下:

$$\begin{bmatrix} 1 & 2 & 0 & 0 \\ 3 & 4 & 0 & 0 \\ 5 & 0 & 0 & 0 \end{bmatrix}$$

一旦定义了一个二维数组,系统就在内存中准备了一块连续的空间,数组的所有元素都存放在这块空间中。在内存中,二维数组的元素是按行序存放的,即先放第一行的元素,然后放第二行的元素。

5.1.3 字符串

除了科学计算以外,计算机最主要的用途就是文字处理。文字处理的基本单元是一个单词或一个句子。无论是单词还是句子都由一系列字符组成。由一系列字符组成的一个单元称为字符串。C++ 中,字符串常量是用一对双引号括起来、由'\0'作为结束符的一组字符。但 C++ 语言并没有字符串这样一个内置类型,字符串是被当作一个字符数组来保存。字符之间的次序由数组元素的位置来表示。如要将字符串"Hello,world"保存在一个数组中,这个数组的长度至少为 12 个字符。可以用下列语句将"Hello,world"保存在字符数组 ch 中:

```
char ch[ ] ={ 'H', 'e', 'l', 'l', 'o', ',', 'w', 'o', 'r', 'l', 'd', '\0'};
```

C++ 分配一个 12 个字符的数组,将这些字符存放进去。在定义数组时也可以指定长度,但此时要记住数组的长度是字符个数加 1,因为还有结束符'\0'。

对字符串赋初值,C++ 还提供了另外两种简单的方式:

```
char ch[ ] = {"Hello,world"};
```

或

```
char ch [ ] = "Hello,world";
```

这两种方法等价。C++ 都会定义一个 12 个字符的数组,把这些字符依次放进去,最后插入'\0'。

由于字符串的本质是一个字符数组,所以不能对字符串整体进行操作。例如,对字符串进行复制、比较等,需要像数组一样通过对数组元素的操作实现各种字符串的操作。但在大多数场合,字符串确实是一个整体。为了解决这个问题,C++ 提供了一个专门处理字符串的函数库,又在输入输出中对字符串做了特殊处理。

字符串的输入输出有下面 3 种方法。

(1) 逐个字符的输入输出,这种做法与普通的数组操作一样。

(2) 将整个字符串一次性地用“>>”和“<<”输入或输出。

(3) 通过 cin 对象的成员函数 getline 输入。

如果定义了一个字符数组 ch,输入一个字符串放在 ch 中可直接用语句:

```
cin >> ch;
```

输出 ch 的内容可直接用语句:

```
cout << ch;
```

用“>>”输入时,要注意输入的字符串的长度不能超过数组的长度。“>>”操作不检查数组的长度,如果输入的字符串超过数组长度,就会发生内存溢出,会出现一些无法预知的错误。因此,用“>>”直接输入字符串时,最好在输出的提示信息中告知用户允许的最长字符串长度。

与其他类型一样,“>>”输入是以空格符、回车符或制表符作为结束符的,所以输入的字符串中不能包含这些字符。因此当一个字符串中真正包含一个空格时将无法输入,此时可用 cin 的成员函数 getline 实现。getline 函数的格式:

```
cin.getline(字符数组, 数组长度, 结束标记);
```

它从键盘接收一个包含任意字符的字符串,直到遇到指定的结束标记或到达数组长度减 1(因为字符串的最后一个字符必须是'\0',所以必须为'\0'预留空间)。结束标记也可以不指定,此时默认回车符为结束标记。例如,ch1 和 ch2 都是长度为 80 的字符数组,执行语句:

```
cin.getline(ch1, 80, '.');
cin.getline(ch2, 80);
```

如果对应的输入为 aaa bbb ccc. ddd eee fff ggg↙,则 ch1 的值为"aaa bbb ccc",ch2 的值为"ddd eee fff ggg"。

处理字符串的函数在库 cstring 中。使用这些函数的程序必须包含头文件 cstring。库 cstring 包含的主要的字符串处理函数如表 5-1 所示。

表 5-1　主要的字符串处理函数

函　　数	作　　用
strcpy(dst, src)	将字符串从 src 复制到 dst。函数的返回值是 dst 的地址
strncpy(dst, src, n)	至多从 src 复制 n 个字符到 dst。函数的返回值是 dst 的地址
strcat(dst, src)	将 src 拼接到 dst 后。函数的返回值是 dst 的地址
strncat(dst, src, n)	从 src 至多取 n 个字符拼接到 dst 后。函数的返回值是 dst 的地址
strlen(s)	返回字符串 s 的长度,即字符串中的字符个数
strcmp(s1, s2)	比较 s1 和 s2。如果 s1>s2 返回值为正数,s1=s2 返回值为 0,s1<s2 返回值为负数
strncmp(s1, s2, n)	与 strcmp 类似,但至多比较 n 个字符
strchr(s, ch)	返回一个指向 s 中第一次出现字符 ch 的地址
strrchr(s, ch)	返回一个指向 s 中最后一次出现字符 ch 的地址
strstr(s1, s2)	返回一个指向 s1 中第一次出现字符串 s2 的地址

5.2　习题解答

5.2.1　简答题

1. 数组的两个特性是什么?

【解】数组的第一个特性是所有数组元素的类型是相同的,第二个特性是数组元素之间是有序的。

2. 写出以下数组变量的定义。

(1) 一个含有 100 个浮点型数据的名为 realArray 的数组。

(2) 一个含有 16 个布尔型数据的名为 inUse 的数组。

(3) 一个含有 1000 个字符串,每个字符串的最大长度为 20 的名为 lines 的数组。

【解】

```
(1) double  realArray[100];
(2) bool  inUse[16];
(3) char  lines[1000][21];
```

3. 用 for 循环实现下述整型数组的初始化操作。

squares

0	1	4	9	16	25	36	49	64	81	100
0	1	2	3	4	5	6	7	8	9	10

【解】在数组 squares 中,每个元素的值正好是对应下标的平方,因此可用语句:

```
for (int i =0; i <=10; ++i) squares[i] =i * i;
```

4. 用 for 循环实现下述字符型数组的初始化操作。

array

a	b	c	d	e	f	…	w	x	y	z
0	1	2	3	4	5	…	22	23	24	25

【解】观察数组 array 的元素值,发现第 i 个元素值是第 i 个小写字母,元素值与元素下标的关系是'a'+i,所以初始化数组 array 可以用语句:

```
for(i =0; i <26; ++i)  array[i] ='a' +i;
```

5. 什么是数组的配置长度和有效长度?

【解】有时在编写程序时无法确定所要处理的数据量,因此无法确定数组的大小。这时可以按可能的最大的数据量定义数组。定义数组时给定的数组规模称为配置长度,在执行时真正存入数组中的元素个数称为有效长度。

6. 什么是多维数组?

【解】数组元素本身又是一个数组的数组称为多维数组。

7. 要使整型数组 *a*[10]的第一个元素值为 1,第二个元素值为 2,……,最后一个元素值为 10,某程序员写了下面语句,请指出错误。

```
for (i =1; i <=10; ++i) a[i] =i;
```

【解】数组的下标是从 0 开始,10 个元素的数组下标的合法范围是 0~9,即 a[0]的值是 1,……,a[9]的值是 10。正确的语句是:

```
for (i =0; i <10; ++i) a[i] =i+1;
```

8. 有定义"char s[10];"执行下列语句会有什么问题?

```
strcpy(s, "hello world");
```

【解】会发生内存溢出。C++ 语言中,字符串必须以'\0'结束,字符串"hello world"本身长度为 11,再加上'\0'应该是 12 个字符,而数组 *s* 只有 10 字节的空间。

9. 写出定义一个整型二维数组并赋如下初值的语句。

$$\begin{bmatrix} 1 & 0 & 0 & 0 \\ 0 & 2 & 0 & 0 \\ 0 & 0 & 3 & 0 \\ 0 & 0 & 0 & 4 \end{bmatrix}$$

【解】该数组除了对角线外的其他元素均为 0,对角线元素值为 1、2、3、4。该数组有两种赋初值方法:一种是定义时按行赋初值;另一种是定义时将所有元素赋值为 0,然后为对角线赋值。

```
(1) int a[4][4] ={{1},{0,2},{0,0,3},{0,0,0,4}};
```

```
(2) int a[4][4] ={0};
    for (k =0; k <4; ++k) a[k][k] =k+1;
```

10. 定义了一个 26×26 的字符数组,写出为它赋如下值的语句。

```
a  b  c  d  e  f  …  x  y  z
b  c  d  e  f  g  …  y  z  a
      ⋮              ⋮
y  z  a  b  c  d  …  v  w  x
z  a  b  c  d  e  …  w  x  y
```

【解】 该问题有 3 种解决方法。

(1) 该数组的第一行是小写字母 a~z,其余每一行都是上一行循环左移一位,即执行 "$a[i][j]=a[i-1][j+1]$"。但还有一个问题是如何实现循环,即如何将第二行的最后一个元素设为 a,如何将第三行的最后一个元素设为 b,以此类推。最简单的方法是对最后一个元素做一个特殊处理。这个方案的实现语句如下:

```
for (i =0; i <26; ++i) ch[0][i] ='a' +i;
for (i =1; i <26; ++i) {
    for (j =0; j <25; ++j)
        ch[i][j]=ch[i-1][j+1];
    ch[i][25] =ch[i-1][0];
}
```

(2) 第二种解决方案是用取模运算将列号 25 转换为 0,即"$(j+1)\%26$"。按照这个方案实现的语句如下:

```
for (i =0; i <26; ++i) ch[0][i] ='a' +i;
for (i =1; i <26; ++i) {
    for (j =0; j <26; ++j)
        ch[i][j]=ch[i-1][(j+1)%26];
}
```

(3) 方法一和方法二都是将第一行单独处理,然后根据上一行生成下一行,但其实没有必要。仔细观察这个数组,可以发现数组元素值与 i+j 有关。当 i+j 小于 25 时,值为 i+j+'a'。i+j 大于 26 时,重新从'a'开始排列。这两种情况可以用一个表达式表示 "$(i+j) \% 26+'a'$"。这段语句如下:

```
for (i =0; i <26; ++i) {
    for (j =0; j <26; ++j)
        ch[i][j]='a' + (i+j) %26;
}
```

5.2.2　程序设计题

1. 编写一个程序,计算两个十维向量的和。

【解】本题主要解决的问题是如何存储十维向量。一个十维向量由 10 个分量组成，每个分量是一个实数。这正好满足数组的两个特性：所有元素的类型是相同的，元素之间是有序的。所以每个十维向量可以用一个 10 个元素组成的 double 型数组表示。计算向量和是计算每个分量之和。完整的实现如代码清单 5-1。

代码清单 5-1　计算两个十维向量的和

```cpp
#include <iostream>
using namespace std;

int main()
{
    double a[10], b[10], c[10];
    int i;

    cout <<"请输入第一个向量的 10 个分量:";
    for (i =0; i <10; ++i) cin >>a[i];
    cout <<"请输入第二个向量的 10 个分量:";
    for (i =0; i <10; ++i) cin >>b[i];

    for (i =0; i <10; ++i) c[i] =a[i] +b[i];

    cout <<"(" <<a[0];
    for (i =1; i <10; ++i) cout <<", " <<a[i];
    cout <<") + (" <<b[0];
    for (i =1; i <10; ++i) cout <<", " <<b[i];
    cout <<") = (" <<c[0];
    for (i =1; i <10; ++i) cout <<", " <<c[i];
    cout <<") \n" ;

    return 0;
}
```

2. 编写一个程序，计算两个十维向量的数量积。

【解】两个十维向量 $(x_0,x_1,x_2,x_3,x_4,x_5,x_6,x_7,x_8,x_9)$ 和 $(y_0,y_1,y_2,y_3,y_4,y_5,y_6,y_7,y_8,y_9)$ 的数量积的计算公式为 $\sum_{i=0}^{9} x_i y_i$，所以只需要一个 for 循环计算 $x_i y_i$ 之和。具体实现如代码清单 5-2。

代码清单 5-2　计算两个十维向量的数量积

```cpp
#include <iostream>
using namespace std;

int main()
{
```

```
        double a[10], b[10], c =0;
        int i;

        cout <<"请输入第一个向量的 10 个分量:";
        for (i =0; i <10; ++i) cin >>a[i];
        cout <<"请输入第二个向量的 10 个分量:";
        for (i =0; i <10; ++i) cin >>b[i];

        for (i =0; i <10; ++i) c +=a[i] * b[i];

        cout <<"(" <<a[0];
        for (i =1; i <10; ++i) cout <<", " <<a[i];
        cout <<") . (" <<b[0];
        for (i =1; i <10; ++i) cout <<", " <<b[i];
        cout <<") =" <<c <<endl;

        return 0;
    }
```

3. 编写一个程序,输入一个字符串,输出其中每个字符在字母表中的序号。对于不是英文字母的字符,输出 0。例如,输入为"acbf8g",输出为１３２６０７。

【解】处理字符串可以用两种方法解决:一种方法是输入一个字符处理一个字符;另一种方法是一次性输入一个字符串存入一个字符数组,然后依次处理数组中的每个字符。第一种方法的实现如代码清单 5-3,第二种方法的实现如代码清单 5-4。

代码清单 5-3　输出字符串中每个字符在字母表中的序号(方案一)

```
#include <iostream>
using namespace std;

int main()
{
    char ch;

    while ((ch =cin.get()) !='\n') {
        if (ch >='A' && ch <='Z') ch =ch -'A' +'a';
        if (ch >='a' && ch <='z') cout <<ch -'a' +1 <<"  ";
        else cout <<"0";
    }
    cout <<endl;

    return 0;
}
```

代码清单 5-4　输出字符串中每个字符在字母表中的序号(方案二)

```cpp
#include <iostream>
using namespace std;

int main()
{
    char ch[80];
    int i;

    cin.getline(ch, 80);
    for (i = 0; ch[i] != '\0'; ++i) {
        if (ch[i] >= 'A' && ch[i] <= 'Z') ch[i] = ch[i] - 'A' + 'a';
        if (ch[i] >= 'a' && ch[i] <= 'z') cout << ch[i] - 'a' + 1 << "  ";
        else cout << "0";
    }
    cout << endl;

    return 0;
}
```

4. 编写一个程序,将输入的一个字符串表示的实数转换成 double 型的数值,并输出该数字乘 2 后的结果。如输入的是"123.456",则输出为 246.912。

【解】将字符串表示的整数转换成整型数想必读者已经很熟悉了。将字符串表示的实数转换成 double 型的数值可以分成两步:第一步,先忽略小数点,将其转换成整型数;第二步,根据小数点后的位数 pos 执行 pos 次除以 10 的运算。完整实现如代码清单 5-5。

代码清单 5-5　字符串转实型数

```cpp
#include <iostream>
using namespace std;

int main()
{
    char ch[80];
    int i, pos = 0;
    bool flag = false;                          //是否正在处理小数点后的数值
    double  num = 0;

    cin.getline(ch, 80);
    for (i = 0; ch[i] != '\0'; ++i) {           //遍历每个字符
        if (ch[i] >= '0' && ch[i] <= '9') num = num * 10 + ch[i] - '0';//处理数字
        if (flag) ++pos;                        //统计小数点后的位数
        if (ch[i] == '.') flag = true;          //遇到小数点
    }
```

```
    while (pos--!=0) num /=10;                        //左移小数点
    cout <<num * 2 <<endl;

    return 0;
}
```

5. 编写一个程序,统计输入字符串中元音字母、辅音字母及其他字符的个数。例如,
输入为"as2df,e-=rt",则输出为

元音字母　2
辅音字母　5
其他字符　4

【解】处理字符串可以用两种方法解决:一种方法是输入一个字符处理一个字符;另
一种方法是一次性输入一个字符串存入一个字符数组,然后依次处理数组中的每个字符。
本题采用第一种方法,读者可自己实现第二种方案。区分各类字符可以用 if 语句。具体
实现如代码清单 5-6。

代码清单 5-6　统计输入的各类字符的个数

```
#include <iostream>
using namespace std;

int main()
{
    char ch;
    int vowel =0, consonant =0, other =0;

    while ((ch =cin.get()) !='\n') {                  //输入并处理每个字符
        if (ch >='A' && ch <='Z') ch =ch -'A' +'a';   //将大写字母转成小写字母
        if (ch <'a' || ch >'z') ++other;
        else if ( ch =='a' || ch =='e' || ch =='i' || ch =='o' || ch =='u') ++vowel;
            else ++consonant;
    }

    cout <<"元音字母数:" <<vowel <<endl;
    cout <<"辅音字母数:" <<consonant <<endl;
    cout <<"其他字符数:" <<other <<endl;

    return 0;
}
```

6. 编写一个程序,计算两个 5×5 矩阵相加。

【解】两个 5×5 矩阵相加的结果还是一个 5×5 矩阵,元素值是两个矩阵对应位置的
元素值相加的结果。存储一个 5×5 的矩阵可以用一个 5×5 的二维数组,因此,代码清单
5-7 定义了 3 个二维数组分别存放输入矩阵和结果矩阵。代码清单 5-7 首先输入两个矩

阵。输入一个 5×5 的矩阵需要一个两层的嵌套循环,外层循环处理行,里层循环处理列。同理,矩阵相加和输出一个矩阵也需要用一个两层的嵌套循环。

代码清单 5-7　两个 5×5 矩阵相加

```
#include <iostream>
using namespace std;

int main()
{
    double a[5][5], b[5][5], c[5][5];
    int i, j;

    //输入两个矩阵
    cout <<"请输入矩阵一的 25 个数据:";
    for (i =0; i <5; ++i)
      for (j =0; j <5; ++j)
        cin >>a[i][j];
    cout <<"请输入矩阵二的 25 个数据:";
    for (i =0; i <5; ++i)
      for (j =0; j <5; ++j)
        cin >>b[i][j];

    //矩阵相加
    for (i =0; i <5; ++i)
      for (j =0; j <5; ++j)
        c[i][j] =a[i][j] +b[i][j];

    //输出结果矩阵
    cout <<"输入矩阵的和是:\n";
    for (i =0; i <5; ++i){
        for (j =0; j <5; ++j)
            cout <<c[i][j] <<'\t';
        cout <<endl;
    }
    return 0;
}
```

想一想,能否用两个二维数组完成本题? 再想一想,能否用 1 个二维数组完成本题?

7. 编写一个程序,计算一个 5 阶行列式的值。

【解】5 阶行列式可以用一个 5×5 的二维数组存储。行列式值的计算方法为

$$\begin{vmatrix} a_{00} & a_{01} & a_{02} & a_{03} & a_{04} \\ a_{10} & a_{11} & a_{12} & a_{13} & a_{14} \\ a_{20} & a_{21} & a_{22} & a_{23} & a_{24} \\ a_{30} & a_{31} & a_{32} & a_{33} & a_{34} \\ a_{40} & a_{41} & a_{42} & a_{43} & a_{44} \end{vmatrix} = \sum_{j_0 j_1 j_2 j_3 j_4} (-1)^{\tau(j_0 j_1 j_2 j_3 j_4)} a_{0j_0} a_{1j_1} a_{2j_2} a_{3j_3} a_{4j_4}$$

其中，$\tau(j_0 j_1 j_2 j_3 j_4)$ 是序列 $j_0 j_1 j_2 j_3 j_4$ 中的逆序对数且各 j_i 互不相同。所以计算行列式值可以采用枚举法，枚举所有的 $j_0 j_1 j_2 j_3 j_4$ 序列，计算和值。枚举所有的 $j_0 j_1 j_2 j_3 j_4$ 序列可以用一个 5 层的嵌套循环。完整实现如代码清单 5-8。

代码清单 5-8　计算 5 阶行列式的值

```cpp
#include <iostream>
using namespace std;

int main()
{
    double a[5][5];
    double result =0;
    int j0, j1, j2, j3, j4, inverse, flag;

    cout <<"请输人矩阵的 25 个数据:";
    for (i =0; i <5; ++i)
        for (j =0; j <5; ++j)
            cin >>a[i][j];

    for (j0 =0; j0 <5; ++j0){
        inverse =0;                                         //逆序对初值为 0
        for (j1 =0; j1 <5; ++j1) {
            if ( j0 ==j1) continue;                         //忽略相同值
            if (j1 <j0) ++inverse;                          //统计逆序对
            for (j2 =0; j2 <5; ++j2) {
                if ( j2 ==j0 ‖ j2 ==j1) continue;           //忽略相同值
                inverse += (j2 <j0) + (j2 <j1);             //统计逆序对
                for (j3 =0; j3 <5; ++j3) {
                    if ( j3 ==j0 ‖ j3 ==j1 ‖ j3 ==j2) continue; //忽略相同值
                    inverse += (j3 <j0) + (j3 <j1) + (j3 <j2);   //统计逆序对
                    j4 =10 -j0 -j1 -j2 -j3;                 //j4 不用枚举
                    inverse += (j4 <j0) + (j4 <j1) + (j4 <j2) + (j4 <j3);
                                                            //统计逆序对
                    if (inverse %2) flag =-1; else flag =1;
                    result +=flag * a[0][j0] * a[1][j1] * a[2][j2] * a[3][j3]
 * a[4][j4];
                }
            }
        }
    }

    cout <<"行列式的值是" <<result <<endl;

    return 0;
}
```

8. 编写一个程序,输入一个字符串,从字符串中提取有效的数字,输出它们的总和。如输入为"123.4ab5633.2",输出为 212.6,即 123.4+56+33.2 的结果。

【解】本题与本章第 4 题有点类似,只是提取的不是一个数字而是多个数字。在遍历字符串的过程中,如果遇到一个非数字而且也不是小数点的字符时,表示一个数字结束。注意有一个特例,如处理到字符串".5.1"的第二个小数点时,也是表示前一个数字结束,输出结果是 0.6。具体实现如代码清单 5-9。

代码清单 5-9　计算字符串中的数字和

```cpp
#include <iostream>
using namespace std;

int main()
{
    double result = 0, num = 0;            //result 为结果值,num 为正在处理的数字
    int pos = 0;                           //小数点后的位数
    char ch;
    bool flag = false;

    while ((ch = cin.get()) != '\n') {     //遍历字符串
        if ((ch < '0' || ch > '9') && (ch != '.' || ch == '.' && flag)) {
                                           //一个数字结束
            while (pos-- != 0) num /= 10;  //处理小数点
            result += num;
            num = pos = 0;                 //准备开始处理一个新数字
            if (ch != '.') {
                flag = false;
                continue;
            }
        }
        if (ch == '.') {
            flag = true;
            continue;
        }
        num = num * 10 + ch - '0';
        if (flag) ++pos;
    }

    while (pos-- != 0) num /= 10;
    result += num;
    cout << "结果值是" << result << endl;

    return 0;
}
```

9. 编写一个程序,从键盘上输入一篇英文文章。文章的实际长度随输入变化,最长有 10 行,每行最多 80 个字符。要求分别统计出其中的字母、数字、空格和其他字符的个数。(提示:用一个二维字符数组存储文章)。

【解】由于文章的长度是可变的,无法按照确切的长度定义数组。本题采用的方法是按最大的长度定义数组。文章最多有 10 行,每行最多 80 个字符,可采用 10×81 的二维字符数组来保存。

程序的工作可分为 3 个阶段:输入阶段、计算阶段和输出阶段。输入阶段输入 10 行字符。由于文章中肯定会含有空格,因此不可以用 cin 对象的＞＞操作直接输入一行。可采用一个两层嵌套的 for 循环,外层循环的每个循环周期输入一行,里层循环输入一行中的每个字符。由于读入的可能是空白字符,所以最内层的循环体用 cin 的成员函数 get 输入一个字符。输入结束后,将完整的文章显示一遍,供用户检查。计算阶段统计各类字符在文中的出现次数,这需要访问文章中的每一个字符。访问一个二维数组是用一个两层嵌套的 for 循环。最里层的循环体判别所访问的字符的类型,将对应的计数器加 1。输出阶段输出统计结果。完整程序如代码清单 5-10。

代码清单 5-10　统计文章中字母、数字、空格和其他字符出现的次数

```cpp
#include <iostream>
using namespace std;

int main()
{
    char article[10][81];
    int i, j, alph =0, digit =0, space =0, other =0;

    cout <<"请输入十行文字,每行按 Enter 键结束,满 80 个字符自动换行: " <<endl;
    for ( i =0; i <10; ++i)  {
        cout <<"请输入第" <<i <<"行:";
        for (j =0; j <81; ++j) {
            cin.get(article[i][j]);                //输入一个字符
            if (article[i][j] =='\n') {            //如果是换行符,当前行结束
                article[i][j] ='\0';
                break;
            }
        }
    }

    cout <<endl <<"你输入的是" <<endl;
    for ( i =0; i <10; ++i) {                       //回显输入的文章
        for (j =0; j <81; ++j)
            if (article[i][j] =='\0') break;
            else cout <<article[i][j];
        cout <<endl;
```

```
    }

    for ( i =0; i <10; ++i)                              //统计过程
        for (j =0; j <81; ++j) {
            if (article[i][j] =='\0') break;            //当前行结束
            if (article[i][j] ==' ') ++space;
            else if (article[i][j] >='0' && article[i][j] <='9') ++digit;
            else if (article[i][j] <='z' && article[i][j] >='a'
                    ‖ article[i][j] <='Z' && article[i][j] >='A')
                    ++alph;
            else ++other;
        }

    cout <<"一共有 " <<alph <<"个字母," <<digit <<"个数字, "
        <<space <<"个空格," <<other <<"个其他字符。" <<endl;

    return 0;
}
```

输入一篇文章也可以用一个 for 循环,每个循环周期用 cin 对象的成员函数 getline 输入一行。同理,输出一篇文章也可以只用一个 for 循环,每个循环周期直接用 cout << article[i]输出一行。读者可修改代码清单 5-10 中的输入输出部分。

10. 在公元前 3 世纪,古希腊数学家埃拉托色尼发现了一种找出不大于 n 的所有自然数中的素数的算法,即埃拉托色尼筛选法。这种算法首先需要按顺序写出 $2\sim n$ 中所有的数。以 $n=20$ 为例:

2　3　4　5　6　7　8　9　10　11　12　13　14　15　16　17　18　19　20

给第一个元素画圈,表示它是素数。然后依次对后续元素进行如下操作:如果后面的元素是画圈元素的倍数,就画×,表示该数不是素数。执行完第一步后,会得到素数 2,而所有是 2 的倍数的数将全被划掉,因为它们肯定不是素数。接下来,只需要重复上述操作,把第一个既没有画圈又没有画×的元素圈起来,然后把后续的是它的倍数的数全部画×。本例中这次操作将得到素数 3,而所有是 3 的倍数的数都被划掉。以此类推,最后数组中所有的元素不是画圈就是画×。所有画圈的元素均是素数,而所有画×的元素均是合数。编写一个程序实现埃拉托色尼筛选法,筛选范围是 $2\sim1000$。

【解】埃拉托色尼筛选法首先将所有的数都认为是素数,然后排除一个个合数,因此需要一个变量保存每个数是否为素数。这可以用一个有 2001 个元素的 bool 类型的数组 prime 来保存。如果 i 是素数,prime[i]为 true,否则为 false。元素 0 和 1 没有使用。初始时,将所有元素值都设为 true。然后下标从 2 开始,将下标为 2 的倍数的元素都设为 false,将下标为 3 的倍数的元素都设为 false,将下标为 5 的倍数的元素都设为 false,……最后检查数组 prime,对应元素值为 true 的下标值都是素数。具体实现如代码 5-11。

代码清单 5-11　用埃拉托色尼筛选法筛选 2～1000 的素数

```cpp
#include <iostream>
using namespace std;

int main()
{
    int i, j;
    bool prime[2001];

    for (i = 2; i < 2001; ++i) prime[i] = true;         //将所有数都设为素数

    for (i = 2; i < 1001; ++i)                           //将 i 的倍数设为非素数
        if (prime[i])
            for (j = 2; i * j < 2001; ++j) prime[i * j] = false;

    cout << "2 ~ 2000 之内的素数有 " << endl;
    for (i = 2; i < 2001; ++i)                           //输出所有素数
        if (prime[i]) cout << i << '\t';
    cout << endl;

    return 0;
}
```

11. 设计一个井字游戏。两个玩家,一个画圈(○),一个画叉(×),轮流在 3×3 的格上画自己的符号,最先以横、直或斜连成一线则为胜。如果双方都下得正确无误,将得和局。

【解】完成这个程序要解决几个问题:如何保存棋盘,如何表示棋盘的某个位置是空的,如何判断某一方赢了。井字游戏的棋盘是一个 3×3 的方格,于是可以用一个 3×3 的二维整型数组 table 来保存。圈和叉用两个数字来区分,如 1 和 −1。例如,第 1 行的第 2 列如果是个圈,则 table[0][1]=1(注意 C++ 中下标是从 0 开始编号);如果是个叉,则 table[0][1]=−1。这样编码,判断胜负比较容易。如果某行(或某列、或某对角线)的三个值相加是 3,则画圈的玩家赢了。如果相加是 −3,则画叉的玩家赢了。表示这个位置是空的可以用除以了 1 和 −1 以外的任何数字,最简单的是用 0。具体实现如代码 5-12。

代码清单 5-12　井字游戏

```cpp
#include <iostream>
using namespace std;

int main()
{
    int table[3][3] = { 0 };                             //将棋盘初始化为 0
```

```
    int i, j, k, judgeRow, judgeCol, judgeDig1, judgeDig2, player =1, row, col;

    for (k =0; k <9; ++k) {                          //填 9 个空格的值
        do {                                         //输入玩家的选择
            for (i =0; i <3; ++i) {                  //显示当前的状态
                for (j =0; j <3; ++j)
                    switch( table[i][j] ) {
                        case 1: cout <<"[〇]"; break;
                        case -1: cout <<"[╳]"; break;
                        default: cout <<"[  ]";
                    }
                cout <<endl;
            }
            cout <<"请输入 player" <<player <<"的选择:";
            cin >>row >>col;
            if (row <1 || row >3 || col <1 || col >3 || table[row -1][col -1])
                cout <<"输入有误,请重新输入。" <<endl;
            else break;
        } while (true);
        table[row -1][col -1] = (player ==1 ?1 : -1);//根据选择修改棋盘的状态
        for (i =0; i <3; ++i) {                      //判断是否有玩家赢了
            judgeRow =table[i][0] +table[i][1] +table[i][2];
            judgeCol =table[0][i] +table[1][i] +table[2][i];
            if (judgeRow ==3 || judgeCol ==3 ){
                cout <<"玩家 1 赢了,游戏结束。" <<endl;
                return 0;
            }
            else if (judgeRow ==-3 || judgeCol ==-3) {
                    cout <<"玩家 2 赢了,游戏结束。" <<endl;
                    return 0;
                }
        }
        judgeDig1 =table[0][0] +table[1][1] +table[2][2];
        judgeDig2 =table[0][2] +table[1][1] +table[2][0];
        if (judgeDig1 ==3 || judgeDig2 ==3) {
            cout <<"玩家 1 赢了,游戏结束。" <<endl;
            return 0;
        }
        else if (judgeDig1 ==-3 || judgeDig2 ==-3 ){
            cout <<"玩家 2 赢了,游戏结束。" <<endl;
            return 0;
        }
```

```
            player =player %2 +1;                          //交换玩家
    }

    cout <<"平局!" <<endl;

    return 0;
}
```

12. 国际标准书号(ISBN)用来唯一标识一本合法出版的图书。ISBN 由 10 位数字组成,这 10 位数字分成 4 个部分。例如,0-07-881809-5。其中,第一部分是国家编号,第二部分是出版商编号,第三部分是图书编号,第四部分是校验数字。一个合法的 ISBN,10 位数字的加权和正好能被 11 整除,每位数字的权值是它对应的位数。对于 0-07-881809-5,校验结果为$(0 \times 10 + 0 \times 9 + 7 \times 8 + 8 \times 7 + 8 \times 6 + 1 \times 5 + 8 \times 4 + 0 \times 3 + 9 \times 2 + 5 \times 1) \% 11 = 0$。所以这个 ISBN 号合法。为了扩大 ISBN 系统的容量,人们又将十位的 ISBN 号扩展成 13 位数字,13 位数字的 ISBN 分为 5 部分,即在 10 位数字前加上 3 位 ENA(欧洲商品编号)图书产品代码 978。例如,978-7-115-18309-5。13 位的校验方法也是计算加权和,检查校验和是否能被 10 整除。但所加的权不是对应的位数而是根据一个系数表:1313131313131。对于 978-7-115-18309-5,校验的结果:$(9 \times 1 + 7 \times 3 + 8 \times 1 + 7 \times 3 + 1 \times 1 + 1 \times 3 + 5 \times 1 + 1 \times 3 + 8 \times 1 + 3 \times 3 + 0 \times 1 + 9 \times 3 + 5 \times 1) \% 10 = 0$。编写一个程序,检验输入的 ISBN 是否合法。输入的 ISBN 可以是 10 位数字,也可以是 13 位数字。

【解】本程序要兼容两种形式的 ISBN 的校验,在设计变量时要考虑到存储 ISBN 的变量要能存储两种形式的 ISBN。ISBN 的最长长度为 13 位,为此程序定义了一个 14 个元素的字符数组来保存一个 ISBN。

程序的输入阶段输入一个 ISBN 存入变量 isbn。然后根据输入的 ISBN 的长度区分两种形式的 ISBN,并采用不同的方法进行校验。如果长度不为 10 或 13,则肯定是非法的 ISBN。ISBN 的每一位都是数字。校验的第一步是检验每一位是否为数字。只要有 1 位是非数字,则为非法的 ISBN。通过了上述的基本检查后,可以计算校验和了。

10 位的 ISBN 的校验和计算比较简单,用一个重复 10 次的 for 循环计算 $sum = \sum_{i=1}^{10} i \times (isbn[10-i] - \text{'0'})$,然后检验 sum 能否被 11 整除。13 位的 ISBN 的检验稍微麻烦一点,每一位加的权不是它的位置,而是 1 或 3。为此程序定义了一个数组 check,记录每一位的权值。这样计算 13 位的 ISBN 的校验和可以用一个重复 13 次的 for 循环计算 $sum = \sum_{i=1}^{13} check[i] \times (isbn[10-i] - \text{'0'})$,然后检验 sum 能否被 10 整除。完整的程序如代码清单 5-13。

代码清单 5-13 ISBN 号的鉴定

```cpp
#include <iostream>
#include <cstring>
using namespace std;
```

```cpp
int main()
{
    char isbn[14];
    int i, sum = 0;
    int check[13] = {1, 3, 1, 3, 1, 3, 1, 3, 1, 3, 1, 3, 1};

    cout << "请输入 ISBN:";
    cin >> isbn;

    if (strlen(isbn) != 10 && strlen(isbn) != 13) {    //检查长度,排除非法的 ISBN
        cout << "非法的 ISBN" << endl;
        return 0;
    }

    if (strlen(isbn) == 10) {                          //10 位的 ISBN 的检验
        for (i = 10; i > 0; --i) {
            if (isbn[10 - i] < '0' || isbn[10 - i] > '9') { //检查 ISBN 中是否包含非数字
                cout << "非法的 ISBN" << endl;
                return 0;
            }
            sum += i * (isbn[10 - i] - '0');
        }
        if (sum % 11 == 0) cout << "合法的 ISBN" << endl;
        else cout << "非法的 ISBN" << endl;
    }
    else {                                             //13 位的 ISBN 的检验
        for (i = 0; i < 13; ++i) {
            if (isbn[i] < '0' || isbn[i] > '9') {      //检查 ISBN 中是否包含非数字
                cout << "非法的 ISBN" << endl; return 0;
            }
            sum += check[i] * (isbn[i] - '0');
        }
        if (sum % 10 == 0) cout << "合法的 ISBN" << endl;
        else cout << "非法的 ISBN" << endl;
    }

    return 0;
}
```

13. 编写一个程序,输入 5 个 1 位整数。例如,1、3、0、8、6。输出由这 5 个数字组成的最大的 5 位数。要求用贪婪法解决。

【解】输入的 5 个整数可以存放在一个 5 个元素的一维整型数组中。找出由这 5 个数字组成的最大的 5 位数可以由 5 个阶段组成。第一阶段找出所有数字中最大的数字作为最高位，以后的每一阶段都找出剩余数字中最大的数字作为正在形成的数字的最低位。具体程序如代码清单 5-14。

代码清单 5-14　求最大数字

```cpp
#include <iostream>
using namespace std;

int main()
{
    int a[5];
    int i, j, result =0, select;

    cout <<"请输入 5 个 1 位整数:\n";
    for (i =0; i <5; ++i)
        while (true) {              //保证输入的整数是 0 ~ 9
            cout <<"请输入第" <<i <<"个数:";
            cin >>a[i];
            if (a[i] >9 || a[i] <0)
                cout <<"请重新输入!\n";
            else break;
        }

    for (i =0; i <5; ++i) {
        select=0;
        for (j =0; j <5; ++j)      //找最大数字
            if (a[j] >a[select]) select =j;
        result =result * 10 +a[select];
        a[select] =-1;              //下标为 select 的元素已被使用,不参加下一轮的选择
    }

    cout <<"结果值是" <<result <<endl;

    return 0;
}
```

5.3　进一步拓展

5.3.1　特殊矩阵

　　存储一个二维数组通常需要很多内存空间。在实际问题中经常会碰到规模很大的矩阵，而且矩阵中又有很多值相同的元素或零元素。将这些相同的元素保存多遍，或将很多的零元素保存起来，将会浪费很多空间。在程序设计中通常会对这类矩阵进行压缩存储、压缩原则：值相同的元素只存储一遍，零元素不存储。

常见的特殊矩阵主要有 3 种：对称矩阵、三角矩阵和稀疏矩阵。

5.3.2 对称矩阵

如果一个 $n \times n$ 的矩阵 a 中的元素满足

$$a_{ij} = a_{ji}$$

则称 a 为对称矩阵。

对称矩阵中有近 1/2 的元素是重复的。在矩阵压缩中，通常为每一对对称元素分配一个存储空间，则可将 n^2 个元素压缩存储到 $n(n+1)/2$ 个存储空间中。一般存储对角线以下的元素。将对角线以下的元素按行序存放在一个一维数组中，如图 5-1 所示。

$$\begin{bmatrix} a_{0,0} & & & & \\ a_{1,0} & a_{1,1} & & & \\ a_{2,0} & a_{2,1} & a_{2,2} & & \\ \cdots & \cdots & \cdots & \cdots & \\ a_{n-1,0} & a_{n-1,1} & a_{n-1,2} & \cdots & a_{n-1,n-1} \end{bmatrix}$$

(a) 原始矩阵

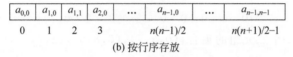

(b) 按行序存放

图 5-1　对称矩阵的压缩存储

二维数组的下标 (i,j) 和一维数组的下标 k 之间有如下的对应关系：

$$k = \begin{cases} \dfrac{i \times (i+1)}{2} + j & (i \geqslant j) \\ \dfrac{j \times (j+1)}{2} + i & (i < j) \end{cases}$$

访问二维数组 $a[i][j]$ 相当于访问一维数组 $a[k]$。

5.3.3 三角矩阵

三角矩阵也是一个 $n \times n$ 的方阵。三角矩阵有上三角矩阵和下三角矩阵两种。上 (下) 三角矩阵是指矩阵的下 (上) 三角 (不包括对角线) 中的元素均为 0 或常数 c。

三角矩阵中的重复元素 c 可以共享一个存储空间，其余元素和对称矩阵一样正好有 $n(n+1)/2$ 个元素。因此，三角矩阵也可以用一个 $n(n+1)/2+1$ 个元素的一维数组来存储，将重复元素放在一维数组的最后一个位置。在下三角矩阵中，二维数组的下标 (i,j) 和一维数组的下标 k 之间有如下的对应关系：

$$k = \begin{cases} \dfrac{i \times (i+1)}{2} + j & (i \geqslant j) \\ \dfrac{n \times (n+1)}{2} & (i < j) \end{cases}$$

同理可推得上三角矩阵中的对应关系。

5.3.4　稀疏矩阵

如果一个矩阵中的非 0 元素个数远远小于矩阵元素的个数,并且非 0 元素的分布没有规律,则称该矩阵为稀疏矩阵。稀疏矩阵的压缩方法是只存储非 0 元素。每个非 0 元素 a_{ij} 可以用一个三元组来表示 (i,j,a_{ij}),然后将此三元组按一定的次序排列,如先按行序再按列序排列。例如,一个 10×10 的矩阵中可能只有 10 个非 0 元素,它们是

$$
\begin{bmatrix}
0 & 0 & 0 & 7 & 0 & 0 & 0 & 0 & 5 & 0 \\
0 & 0 & 0 & 0 & 0 & 0 & 0 & 0 & 0 & 0 \\
0 & 0 & 6 & 0 & 0 & 0 & 0 & 0 & 0 & 0 \\
0 & 9 & 0 & 0 & 0 & 10 & 0 & 0 & 0 & 0 \\
0 & 0 & 0 & 0 & 0 & 0 & 0 & 0 & 0 & 0 \\
0 & 0 & 0 & 0 & 0 & 0 & 0 & 0 & 0 & 0 \\
0 & 0 & 0 & 7 & 0 & 0 & 0 & 0 & 0 & 0 \\
0 & 0 & 0 & 0 & 0 & 0 & 0 & 0 & 0 & 0 \\
0 & 0 & 9 & 0 & 0 & 0 & 90 & 0 & 0 & 4 \\
0 & 0 & 0 & 0 & 0 & 5 & 0 & 0 & 0 & 0
\end{bmatrix}
$$

这个矩阵可表示成一个三元组的集合 $\{(0,3,7),(0,8,5),(2,2,6),(3,1,9),(3,5,10),(6,3,7),(8,2,9),(8,6,90),(8,9,4)(9,5,5)\}$。

存储时,可以用 3 个数组 row、col 和 data,每个数组有 10 个元素。row 保存三元组的第一个元素,即行号;col 保存三元组的第二个元素,即列号;data 保存三元组的第三个元素,即矩阵元素值。row[i]、col[i] 和 data[i] 表示了稀疏矩阵中的一个元素,这种表示方法称为并联数组。

一个更好的、更安全的方法是采用第 8 章介绍的结构体。将该三元组定义成一个结构体类型,用一个结构体数组存储。

第6章

过程封装——函数

6.1 知识点回顾

6.1.1 函数的概念

函数是结构化程序设计中最重要的部分,是模块化设计的主要工具。函数将一组完成某一特定功能的语句封装起来,作为一个程序的"零件",为它取一个名字,称为函数名。当程序需要执行这个功能时,只要调用这个函数名,这组语句就被执行了。利用这些"零件",可以方便地构建功能更强的"零件"。这样可以使程序的主流程变得更短、更简单,逻辑更清晰。

函数的另一个用途是一个功能在程序中需要执行多次时,如果没有函数,完成这个功能的语句段就要在程序中反复出现,而有了函数,这个语句段只出现一次。程序每次要执行这一功能就可以调用这个函数,使函数中的代码得到重用。

函数还可以使程序的正确性更容易得到保证。随着程序的大小和复杂性的增加,程序就会变得越来越难调试。而有了函数,可以先保证每个函数的正确性,然后保证每个程序的正确性。

6.1.2 函数的定义

编写一个实现某个功能的函数称为函数定义。一旦定义了一个函数,在程序中就可以反复调用这个函数。函数定义要说明两个问题:函数的输入输出以及函数如何实现预定的功能。第一个问题由函数头解决,第二个问题由函数体解决。

函数定义的一般形式如下:

```
类型名 函数名(形式参数表)
{   变量定义部分
    语句部分
}
```

其中,第1行是函数头,后3行是函数体。在函数头中,类型名指出函数的返回值(即执行结果)的类型。函数也可以没有返回值,这种函数通常被称为过程,此时,返回类型用 void 表示。函数名是函数的唯一标识。函数名的命名规则与变量名相同。一般变量名用一个名词或名词短语表示,而函数名一般是一个表示函数的功能的动词短语。如果函数名由多个单词组成,一般每个单词的首字母要大写。例如,将大写字母转成小写字母的函数可以命名为 ConvertUpperToLower。形式参数表指出函数有几个参数以及每个参数的类型。一般情况下,每个参数表示一个函数的输入。

函数体由变量定义和语句两个部分组成。变量定义部分定义了语句部分需要用到的变量,语句部分由完成该功能的一组语句组成。

6.1.3 函数的参数和返回值

函数的参数相当于函数的输入。每次调用函数时,必须给出这组输入的确切值,这些确切值被称为函数的实际参数。函数调用形式如下:

函数名(实际参数表)

将实际参数对应到相应的形式参数称为参数传递。C++ 中函数参数的传递方式有两种:值传递和引用传递。本节先介绍值传递机制,引用传递将在第 7 章介绍。

在值传递中,实际参数可以是常量、变量、表达式,甚至是另一个函数调用。在函数调用时,先执行这些实际参数值的计算,然后定义形式参数,为形式参数分配空间,将实际参数值作为对应的形式参数的初值。参数传递完成后,形式参数和实际参数就没有任何关系了。在函数中对形式参数的任何变化对实际参数都没有影响。

函数的返回值相当于函数的输出。当函数的返回类型不是 void 时,函数必须返回一个与返回类型兼容的值。函数值的返回可以用 return 语句实现。return 语句的格式如下:

return 表达式;

或

return(表达式);

遇到 return 语句表示函数执行结束,将表达式的值作为返回值。如果函数没有返回值,则 return 语句可以省略表达式,仅表示函数执行结束。

6.1.4 数组作为函数的参数

当要向函数传递一组同类数据时,可以将参数设计成数组,此时形式参数和实际参数都是数组名。

在 C++ 中,数组名代表的是数组在内存中的起始地址。按照值传递的机制,在参数传递时用实际参数的值初始化形式参数,即将作为实际参数的数组的起始地址初始化形式参数的数组名,这样形式参数和实际参数的数组具有同样的起始地址,也就是说,形式参数和实际参数的数组事实上是一个数组。在函数中,对形式参数的数组的任何修改实际上是对实际参数的数组的修改。所以,数组传递的本质是仅传递了数组的起始地址,并不是将作为实际参数的数组中的每个元素值对应传送给形式参数的数组的元素。那么在被调函数中如何知道作为实际参数的数组的规模呢？没有任何获取途径！数组的规模必须作为一个独立的参数传递。所以，传递一个数组需要两个参数：数组名和数组规模。

　　由于在函数中并不会为形式参数的数组分配一块空间数组，形式参数的数组用的是实际参数的数组的空间，因此，形式参数的数组的规模并无意义，通常可省略，只需用一对[]说明参数是数组。

6.1.5　重载函数

　　C 语言程序中不允许出现同名函数。当编写一组功能类似的函数时，必须给它们取不同的函数名。例如，某个程序要求找出一组数据中的最大值，这组数据最多可能有 5 个数据，则必须编写 4 个函数：求两个值中的最大值、求 3 值中的最大值、求 4 值中的最大值和求 5 值中的最大值。这 4 个函数必须有不同的函数名，如 max2、max3、max4 和 max5。这样对函数的用户非常不方便。在调用函数之前先要看一看有几个参数，再决定调用哪个函数。

　　为解决此问题，C++ 提供了一个称为重载函数的功能。允许参数个数不同、参数类型不同或两者兼而有之的两个以上的函数有相同的函数名。两个或两个以上的函数共用一个函数名称为函数重载，这一组函数称为重载函数。

　　有了重载函数，求一组数据中的最大值的函数就可以有同样的函数名，如 max。这对函数的用户非常方便，他不用去数这组数据的个数，再去找相应的函数，而只需要知道找最大值就是函数 max，只要把这组数据传给 max 即可。

　　在函数调用时，编译器根据实际参数和形式参数的匹配情况来决定具体调用哪个函数。

6.1.6　函数模板

　　如果一组重载函数仅仅是参数的类型不一样，程序的逻辑完全一样，那么这一组重载函数可以写成一个函数模板。从而将写一组函数的工作减少到写一个函数模板。

　　函数模板就是实现类型的参数化（泛型化），即把函数中某些形式参数的类型设计成可变的参数，称为模板参数。在函数调用时，编译器根据实际参数的类型确定模板参数的值，用实际参数的类型取代函数模板中的模板参数，生成不同的模板函数。

　　所有的函数模板的定义都以关键字 template 开头，之后是用尖括号括起来的模板的形式参数声明。每个形式参数之前都有关键字 class 或 typename。形式参数声明后面就是标准的函数定义，只是函数中的某些参数或局部变量的类型不再是系统的标准类型或用户自定义的类型，而是模板的形式参数。

　　函数模板可以减少函数开发者的工作量。例如，求两个数的最大值，这两个数可以是整型数，也可以是实型数。这两个函数的程序逻辑完全相同，因此可以用下面的函数模板来解决：

```
template <class T>
T max(T a, T b)
{   return  a > b ? a : b; }
```

这个函数模板适合解决任意类型(只要支持＞运算)的两个值求最大值的问题。

6.1.7　变量的作用域与存储类别

有了函数,变量就可以分为两类:一类是在函数内部定义的变量,称为局部变量;另一类是在所有函数外部定义的变量称为全局变量。局部变量仅存活于一个函数内部,函数调用时,这些变量生成;函数调用结束时,这些变量消亡。全局变量在遇到该变量的定义语句时生成,在整个程序执行结束时消亡。

全局变量可以增加函数间的联系渠道。如果全局变量定义在源文件的最前面,则同一源文件中的所有函数都能访问全局变量。当一个函数改变了全局变量的值时,其他的函数都能看见,相当于各个函数之间有了直接的信息传输渠道。但全局变量也破坏了函数的独立性,使得同样的函数调用会得到不同的返回值。使程序的正确性难以保证,所以一般不建议使用全局变量。

在计算机中,内存被分为不同的区域。按变量在计算机内的存储位置来分,变量又可以分为自动变量(auto)、静态变量(static)、寄存器变量(register)和外部变量(extern)。变量的存储位置决定了变量的存储类别。在 C++ 中,完整的变量定义格式如下:

存储类别　数据类型　变量名表;

自动变量是函数中的局部变量,如不专门声明为其他存储类型,都是自动变量。自动变量存储在内存中称为栈的区域中。当函数被调用时,系统会为该函数在栈中分配一块区域,称为帧,所有该函数中定义的自动变量都存放在这块空间中。当函数执行结束时,系统回收该帧,自动变量就消亡了。当再次进入该函数时,系统重新分配一个帧。由于这类变量是在函数调用时自动分配空间,调用结束后自动回收空间,因此被称为自动变量。在程序执行过程中,栈空间被反复地使用。

如果某些变量在程序执行过程中自始至终都必须存在,如全局变量,那么这些变量被存储在内存的全局变量区。如果想限制这些变量只在某一个范围内才能使用,可以用static 来限定。存储类别指定为 static 的变量称为静态变量。局部变量和全局变量都可以被定义为静态变量。

如果在一个源文件的头上定义了一个全局变量,则该源文件中的所有函数都能使用该全局变量。不仅如此,事实上该程序的其他源文件中的函数也能使用该全局变量。但在一个结构良好的程序中,一般不希望多个源文件共享某一个全局变量。要做到这一点,可以使用静态全局变量。

若在定义全局变量时,加上关键字 static,例如:

```
static int x;
```

则表示该全局变量是当前源文件私有的。尽管在程序执行过程中,该变量始终存在,但只有本源文件中的函数可以引用它,其他源文件中的函数不能引用它。

静态变量的一种有趣的应用是用在局部变量中。一般的局部变量都是自动变量,在函数执行时生成,函数结束时消亡。但是,如果把一个局部变量定义为 static,该变量就不再存放在函数对应的帧中,而是存放在全局变量区。当函数执行结束时,该变量不会消亡。在下一次函数调用时,也不再创建该变量,而是继续使用原空间中的值。这样就能把上一次函数调用中的某些信息带到下一次函数调用中。

如果某个自动变量频繁地被访问,可以将此变量存放在 CPU 的寄存器而不是内存中,这样可以提高运行效率。这些变量称为寄存器变量。

寄存器变量是存储类别为 register 的局部变量。例如,在某个函数内定义整型变量 x:

```
register  int  x;
```

则表示 x 不是存储在内存中,而是存放在寄存器中。

由于各种计算机系统的寄存器个数都不相同,程序员并不知道可以定义多少个寄存器类型的变量,因此,寄存器类型的声明只是表达了程序员的一种意向,如果系统中无合适的寄存器可用,编译器就把它设为自动变量。现在的编译器通常都能识别频繁使用的变量。作为优化的一个部分,编译器并不需要程序员进行 register 的声明就会自行决定是否将变量存放在寄存器中。

外部变量一定是全局变量。外部变量最主要的用途是使各源文件之间共享全局变量。一个 C++ 程序通常由许多源文件组成,如果在一个源文件 A 中需要引用另一个源文件 B 定义的全局变量,如 x,该怎么办? 如果不加任何说明,在源文件 A 编译时会出错,因为源文件 A 引用了一个没有定义的变量 x。但如果在源文件 A 中也定义了全局变量 x,在程序链接时又会出错。因为系统发现全局变量 x 有两个定义,即出现了同名变量。

解决这个问题的方法:在一个源文件(如源文件 B)中定义全局变量 x,而在另一个源文件(如源文件 A)中声明用到一个在别处定义过的全局变量 x,就如程序用到一个函数时必须声明函数一样。这样在源文件 A 编译时,由于声明过 x,编译就不会出错。在链接时,系统会将源文件 B 中的 x 扩展到源文件 A 中。源文件 A 中的 x 就称为外部变量。外部变量声明的格式如下:

```
extern 类型名 变量名;
```

其中,类型名可省略。

6.1.8　递归程序设计

递归程序设计是程序设计中的一个重要的概念。它通常用于解决一类具有以下特征的问题:规模较大时解决较困难,规模较小时容易解决,并且大规模的问题可以分解成一系列同类的小规模问题,将小规模问题的解组合起来形成大规模问题的解。如果把解决该问题的过程抽象成一个函数,那么该函数的函数体中又调用了该函数本身,这种函数称为递归函数。

几乎所有的递归函数都有同样的基本结构:

```
if(递归终止的条件测试)  return (不需要递归计算的简单解决方案);
else  return (包括调用同一函数的递归解决方案);
```

在设计一个递归函数时必须注意以下两点。

（1）必须有递归终止的条件。

（2）必须有一个与递归终止条件相关的形式参数，并且在递归调用中，该参数有规律地递增或递减（越来越接近递归终止条件）。

递归函数逻辑清晰，程序简单，整体感强。但要理解为什么递归函数能正确地得到结果有点困难。其中非常重要的一点就是递归信任，信任递归函数的调用能得到正确的结果。

6.1.9　C++ 11 的扩展

C++ 11 在函数方面增加了两个新的功能：constexpr 函数和尾置返回类型。

1. constexpr 函数

第 2 章介绍了用关键字 constexpr 定义常量表达式，constexpr 还可以用来表示一个可用于（但不一定能用于）常量表达式中的函数。普通的函数调用是绝不可能出现在常量表达式中的，当出现在常量表达式中时，编译器会报错。而 constexpr 函数调用出现在常量表达式中时，编译器会检查本次调用的结果是否为常量。如是常量，则通过编译，否则报错。定义 constexpr 函数时，将关键字 constexpr 放于函数头部的最前面。例如：

```
constexpr int f1() {return 10;}
constexpr int x =1 +f1();
```

是正确的。而如果定义

```
int f1() { return 10;}
constexpr int x =1 +f1();
```

则编译时会报错，因为定义常量表达式时出现了一个非 constexpr 的函数调用，编译器不会检查函数调用的结果是否是编译时的常量。

另外，constexpr 函数中只能有一个 return 语句，且不允许有其他执行操作的语句，但可以有类型别名、空语句等。例如：

```
constexpr int f2(int n) {if (n %2) return n+10; else return 11;}
```

是非法的 constexpr 函数，因为其中包含了两个 return 语句。但如果将其改为

```
constexpr int f2(int n) { return (n %2) ?n+10: 11;}
```

则是正确的。

编译时，编译器将函数调用替换成函数的返回值。因此，constexpr 函数被隐式地指定为内联函数。

注意，constexpr 函数的返回值可以不是常量。例如，当调用函数 f2 的实际参数是常量时，返回值是编译时的常量；当实际参数是变量时，返回值是非常量。当把 constexpr 函数用于常量表达式时，编译器会检查函数结果是否符合要求。如果不是常量，则会发出错误信息。

2. 尾置返回类型

C++03 中,使用函数模板可能会对函数声明造成麻烦,例如:

```
template<class Type1 , class Type2 >
???cal( Type1 alpha , Type2 beta )
{   return alpha +beta;   }
```

函数模板 cal 的返回值是什么类型? 返回值类型取决于调用时实际参数的类型。如果两者都为 int,返回值也是 int;如果有一个是 long,返回值是 long;如果有一个是 double,返回值是 double。也就是说返回类型必须在调用时决定。不能把函数写成

```
template<class Type1 , class Type2 >
decltype(alpha +beta) cal( Type1 alpha , Type2 beta )
{   return alpha +beta;   }
```

因为编译器在处理 decltype(alpha + beta)时,alpha 和 beta 都还没有定义,无法推断 alpha+beta 的结果类型。为此,C++11 引入了一个新的函数声明语法:尾置返回类型。例如:

```
template<class Type1 , class Type2 >
auto cal( Type1 alpha , Type2 beta )→decltype(alpha +beta)
{   return alpha +beta;   }
```

在函数返回类型处,用 auto 表示由编译器自动推导。真正的类型由"→"后面的 decltype(alpha + beta)决定。通过尾置返回类型,cal 函数的类型可以由编译器推导得出,提高了语言的方便性和安全性。

6.2 习题解答

6.2.1 简答题

1. 说明函数原型声明和函数定义的区别。

【解】函数原型声明只说明了该函数应该如何使用,函数调用时应该给它传递哪些数据,函数调用的结果又应该如何使用。函数定义中的函数头的信息就是函数原型声明所需要的信息。函数定义除了给出函数的使用信息外,还需要给出函数如何实现预期功能,即如何从输入得到输出的完整过程。

2. 什么是形式参数? 什么是实际参数?

【解】函数的参数一般可以看成是函数运行时的输入。形式参数表指出函数调用时应该给它传递几个数据,这些数据是什么类型。实际参数是函数某次调用时的真正的输入数据,是形式参数的初值。

3. 传递一个数组为什么需要数组名和数组规模两个参数? 字符串是存储在数组中,为什么传递字符串只需要数组名一个参数?

【解】因为数组传递本质上只是传递数组的起始地址,数组中的元素个数需要另一个变量来指出。所以传递一个数组通常需要两个参数:一个是数组名,另一个是数组规模。字符串采用数组存储,但 C++ 规定字符串必须有一个结束标志'\0'。所以传递字符串只需要一个参数,即数组名。函数中处理字符串只需要从给出的地址开始往后处理,直到遇到'\0'。

4. 对于如下的函数声明

```
char f(int a, int b = 80, char c = '0');
```

下面的调用哪些是合法的,哪些是不合法的?

(1) f( );　　　　(2) f(10, 20);　　　　(3) f(10, '∗')

【解】f( )是不合法的,因为该函数有 3 个参数,其中两个有默认值,所以调用时至少必须给出一个对应形式参数 a 的实际参数。

f(10, 20)是合法的,这两个实际参数分别传递给形式参数 a 和 b,c 取默认值'0'。

f(10, '∗')是合法的,但注意传递时将 10 传给 a,'∗'传给 b,形式参数 c 取默认值'0'。在将'∗'传给 b 时,会发生一次自动类型转换,将 char 类型的值转换成 int 型,传递给 b 的是字符'∗'的内码值。

5. 什么是值传递?

【解】值传递仅将一个数值传给形式参数。函数调用时会在函数对应的帧中为形式参数分配一块空间,将实际参数作为形式参数的初值。参数传递完成后,形式参数和实际参数再无任何关联。在函数中对形式参数的修改不会影响实际参数的值。

6. 什么是函数模板?什么是模板函数?函数模板有什么用途?

【解】函数模板是某个参数或返回值的类型不确定的函数。这些不确定的类型称为模板参数。如果给函数模板的模板参数指定一个具体的类型,就得到一个可以执行的函数,这个函数称为模板函数。函数模板可以节省程序员的工作量,若干个被处理的数据类型不同,但处理流程完全一样的函数可以写成一个函数模板。

7. C++ 是如何实现函数重载的?

【解】重载函数是一组名字相同但参数个数不同,或参数个数相同但类型不同的函数。当程序有一组重载函数时,编译器首先为每个函数重新命名一个内部名字。当遇到调用重载函数时,编译器分析实际参数的个数和类型,确定一个形式参数表与实际参数表一致的重载函数,将这个重载函数的内部名字替代函数调用时的函数名。

8. 全局变量和局部变量的主要区别是什么?使用全局变量有哪些好处和坏处?

【解】局部变量是函数内部定义的变量,仅能被定义它的函数使用。全局变量是在所有函数外定义的变量,所有定义在该变量后面的函数都能使用该全局变量。

使用全局变量可以加强函数之间的联系,函数之间的信息交互不需要通过参数传递。一个函数修改了全局变量,其他所有函数都能看到这个变化。

全局变量破坏函数的独立性。用同样参数对同一个函数的多次调用可能因为执行时全局变量值不一样而导致函数执行的结果不同。

9. 变量定义和变量声明有什么区别?

【解】变量定义和变量声明最主要的区别在于有没有分配空间。变量定义要为所定义的变量分配空间,而变量声明仅指出本源文件中的程序用到了某个变量及该变量的类型。该变量的定义可能出现在其他源文件中,也可能出现在本源文件中尚未编译到的部分。

10. 为什么不同的函数中可以有同名的局部变量?为什么这些同名的变量不会产生二义性?

【解】局部变量的作用范围是它被定义的函数内。一个函数看不到另一个函数定义的局部变量。所以不同的函数可以有同样的局部变量名,而不会有二义性。

11. 静态局部变量和自动局部变量有什么不同?

【解】自动局部变量存储在函数对应的帧中,它们随函数的执行而生成,函数执行的结束而消亡。静态局部变量不是存储在函数对应的帧中,而是存储在全局变量区。它在该函数第一次执行时生成,函数结束时并不消亡,要到整个程序执行结束时消亡。当再次执行该函数时,其他的局部变量又重新被生成,而静态局部变量不重新生成。当函数用到静态局部变量时,还是到第一次为该静态局部变量分配的空间中进行操作。这样,函数上一次执行时的某些信息可以被用在下一次函数执行中。

12. 如何让一个全局变量或全局函数成为某一源文件独享的全局变量或函数?

【解】将全局变量或全局函数成为某一源文件独享的全局变量或函数是一个良好的程序设计习惯,可以减少源文件之间的互相干扰。要做到这一点,只要将该全局变量或全局函数设为静态的,即在定义全局变量或函数时,在它们的前面加上保留词 static。

13. 如何引用同一个项目(project)中的另一个源文件中的全局变量?

【解】引用同一个 project 中的另一个源文件中的全局变量可以用外部变量声明。如果源文件 A 中定义了一个全局变量 x,源文件 B 也要用这个 x,那么在源文件 B 中可以写一个外部变量声明"extern x;",表示用了一个在其他源文件中定义的全局变量 x,这样源文件 B 就可以用源文件 A 中定义的全局变量 x 了。

14. 在汉诺塔问题中,如果初始时第 1 根柱子上有 64 个盘子,将这 64 个盘子移到第 3 根柱子需要移动多少次盘子?假如计算机每秒钟可执行 1000 万次盘子的移动,完成 64 个盘子的搬移需要多少时间?如果人每秒钟可以搬移 1 个盘子,那么完成 64 个盘子的搬移需要多少年?

【解】汉诺塔问题是一个典型的只能用递归(而不能用其他方法)解决的问题。任何人都不可能直接写出移动盘子的每一个具体步骤。但利用递归,可以非常简单地解决这个问题。根据递归的思想,可以将 64 个盘子的汉诺塔问题转换为求解 63 个盘子的汉诺塔问题。如果 64 个盘子的问题有解的话,63 个盘子的问题肯定能解决,可先将上面的 63 个盘子从第 1 根柱子移到第 2 根柱子,再将最后 1 个盘子直接移到第 3 根柱子,最后再将 63 个盘子从第 2 根柱子移到第 3 根柱子,这样就解决了 64 个盘子的问题。以此类推,63 个盘子的问题可以转换为 62 个盘子的问题,62 个盘子的问题可以转换为 61 个盘子的问题,直到 1 个盘子的问题。如果只有 1 个盘子,就可将它直接从第 1 根柱子移到第 3 根柱子,这就是递归终止的条件。根据上述思路,可得汉诺塔问题的递归程序,如代码清单 6-1。

代码清单 6-1   解决汉诺塔问题的函数

```
//汉诺塔问题:将 n 个盘子从 start 借助于 temp 移动到 finish
//用法:Hanoi(64, 'A', 'B', 'C');
void Hanoi(int n, char start, char finish, char temp)
{
    if (n==1)  cout <<start <<"->" <<finish <<'\t';
    else {
        Hanoi(n-1, start, temp, finish);
        cout <<start <<"->" <<finish <<'\t';
        Hanoi(n-1, temp, finish, start);
    }
}
```

设移动 n 个盘子需要时间 $h(n)$,从程序中可以看出移动 n 个盘子需要 2 次移动 $n-1$ 个盘子,再执行 1 次 1 个盘子的移动。移动 1 个盘子需要 $h(1)$ 的时间,移动 $n-1$ 个盘子需要 $h(n-1)$ 的时间,即

$$h(n) = 2h(n-1) + 1 = 2(2h(n-2) + 1) + 1 = 2^2 h(n-2) + 2 + 1$$
$$= 2^3 h(n-3) + 2^2 + 2 + 1 = 2^n h(0) + 2^{n-1} + 2^{n-2} + \cdots + 2^0$$
$$= 2^{n-1} + 2^{n-2} + \cdots + 2^0 = 2^n - 1$$

所以,$h(64) = 2^{64} - 1$。

如果计算机每秒钟可执行 1000 万次盘子的移动,完成 64 个盘子的搬移需要 $\dfrac{2^{64}-1}{10000000} \approx \dfrac{2^{64}}{10 \times 2^{20}}$ 秒 $= 0.1 \times 2^{44}$ 秒。如果人每秒钟可以搬移 1 个盘子,那么完成 64 个盘子的搬移需要 $\dfrac{2^{64}-1}{365 \times 24 \times 3600}$ 年 $\approx 3.299\ 34 \times 10^{11}$ 年。

15. 请写出调用 $f(12)$ 的结果。

```
int f(int n)
{
    if (n==1) return 1;
    else return 2 * f(n/2);
}
```

【解】$f(12) = 2 \times f(6) = 2 \times 2 \times f(3) = 2 \times 2 \times 2 \times f(1) = 2 \times 2 \times 2 \times 1 = 8$。

16. 写出下列程序的执行结果。

```
int f(int n)
{
    if (n ==0 || n ==1)  return 1;
    else return 2 * f(n-1) +f(n-2);
}

int main()
{
```

```
    cout <<f(4) <<endl;
    return 0;
}
```

【解】程序的执行结果是 $f(4)$ 的值,而 f 是一个递归函数。

$f(4)=2\times f(3)+f(2)=2\times(2\times f(2)+f(1))+f(2)=2\times(2\times f(2)+1)+f(2)=5\times f(2)+2$

$f(2)=2\times f(1)+f(0)=3$

所以程序输出为 17。

17. 某程序员设计了一个计算整数幂函数的函数原型如下。有什么问题?

```
int power(int base, exp);
```

【解】函数原型中每个参数前都要有类型说明,即使连续几个参数的类型是相同的也不能省略。这个函数原型的正确写法是

```
int power(int base, int exp);
```

6.2.2 程序设计题

1. 设计一个函数,判别一个整数是否为素数。

【解】设计一个函数需要做两件事:设计函数的输入输出和设计完成任务的算法。判别一个整数是否为素数,函数的输入显然是一个整数,所以该函数有一个整型的参数;函数的输出是判别的结果,所以函数的返回值是 bool 类型的值。

1) 最直接的算法

判断一个数是否为素数是一个有趣的问题。它有很多种不同的解法。这些算法有不同的时间性能。

直接从素数的定义出发。如果一个整数 n 正好有两个因子——1 和 n,那么 n 是素数。因此,最直接的方法是统计因子的个数,检查因子个数是否为两个。如果正好是两个因子,则为素数,否则为非素数。常识告诉我们,n 的因子必须小于或等于 n,因此只需要检查所有 $1\sim n$ 的数,就会找出所有的因子。根据这个结果,可以设计出下列确定 n 是否为素数的算法。

(1) 检查 $1\sim n$ 的每个数,看它是否能整除 n。

(2) 每次遇到一个因子,计数器加 1。

(3) 在所有的数都被测试以后,检查计数器的值是否为 2。

这个策略的实现体现在函数 IsPrime 中,如代码清单 6-2。如该函数原型所指出,IsPrime 输入一个整型参数 n,返回一个布尔值,是一个谓词函数。该实现中用变量 divisors 保存迄今为止发现的因子数。divisors 的初值被设为 0,当发现一个新的因子时,divisors 加 1。如果在检查了 $1\sim n$ 的所有数之后,divisors 正好等于 2,则 n 是素数。这个测试被表示为布尔表达式 divisors==2,函数将这个值作为它的返回值返回。

代码清单 6-2　判别 n 是否为素数的最直接的算法

```
bool IsPrime(int n)
{
    int divisors = 0;                              //因子个数

    for (int i = 1; i <= n; ++i)
        if ( n % i == 0) ++divisors;

    return (divisors == 2);
}
```

2) 改进的 IsPrime 算法

方法一需要检查 $1 \sim n$ 的所有数，运行效率较低。通过下述 3 个途径可以修改方法一的算法，以改善 IsPrime 函数实现的效率。

（1）IsPrime 没有必要检查所有的因子。只要发现任何一个大于 1 小于 n 的因子，就能停下来报告 n 不是素数。

（2）一旦函数已经检查了 n 是否能被 2 整除，就不需要检查是否能被其他偶数整除。如果 n 能被 2 整除，程序停止，报告 n 不是素数。如果 n 不能被 2 整除，那么它也不可能被 4、6 或其他偶数整除。因此，IsPrime 只需要检查 n 是否能被 2 和奇数整除。但注意有一个特例，2 能被 2 整除，但 2 是素数。

（3）不需要检查 $2 \sim n$ 的所有整数。实质上，它可以在 $1/2$ 的地方就停止，因为任何大于 $n/2$ 的值是不可能整除 n。然而再进一步思考，还可以证明，该程序不需要检查任何大于 $\sqrt{n}$ 的因子。当 n 能被某一个整数 d_1 整除时，由可整除的定义，n/d_1 是一个整数，称为 d_2。d_1 和 d_2 的范围是什么？因为 n 等于 $d_1 \times d_2$，如果其中一个因子大于 n 的平方根，另一个因子一定小于 n 的平方根。因此，如果 n 有任何因子，一定有一个是小于它的平方根。这个结果意味着只需要检查小于或等于 $\sqrt{n}$ 的数。

按照上面 3 个途径修改后的算法如代码清单 6-3。

代码清单 6-3　改进的 IsPrime 算法

```
bool IsPrime(int n)
{
    int limit;

    if (n <= 1) return false;             //小于或等于 1 的整数不可能是素数
    if (n == 2) return true;              //2 是素数
    if (n % 2 == 0) return false;         //能被 2 整除的其他整数都不是素数
    limit = sqrt(n) + 1;
    for ( int i = 3 ; i <= limit ; i += 2 )   //最坏情况下是√n
        if (n % i == 0) return false;

    return true ;
```

```
}
```

2. 设计一个函数，使用以下无穷级数计算 $\sin x$ 的值。$\sin x = \dfrac{x}{1!} - \dfrac{x^3}{3!} + \dfrac{x^5}{5!} - \dfrac{x^7}{7!} + \cdots$。误差值应小于 ε，ε 的值由用户指定。如果用户不指定 ε 的值，则假设为 10^{-6}。

【解】直观地看，计算 $\sin x$ 需要给出 x 的值，$\sin x$ 的值是一个实数。所以函数得有一个 double 类型的参数，返回值也是 double 类型。但注意到用无穷级数求 $\sin x$ 有一个精度问题，在函数调用时还必须指出精度，因此它还有第二个参数：误差值。据题意，误差值有一个默认值。综上所述，可以得到如代码清单 6-4 的函数原型。

函数体是一个比较简单的循环，每次循环周期将数列的一项加入总和。数列的通项是 $(-1)^i \dfrac{x^{2i-1}}{(2i-1)!}$。如果第 $i-1$ 项的值是 item，则第 i 项的值为 $-$ item $\times$ $\dfrac{x \times x}{(2 \times i-1)(2 \times i-2)}$。完整的程序如代码清单 6-4。

代码清单 6-4　计算 $\sin x$ 的函数

```
double Sin(double x, double epsilon =1e-6)
{
    double sin =0, item =x;

    for (int i =2; fabs(item) >epsilon; ++i){
        sin +=item;
        item =-item * x * x / (2 * i -1) / (2 * i -2);
    }

    return sin;
}
```

3. 写一个函数 stringCopy，将一个字符串复制到另一个字符串。

【解】如同整型变量间相互赋值一样，字符串变量间也需要相互赋值。由于字符串变量是用一个字符数组存储，而数组不能直接赋值。数组间的赋值是数组元素之间互相赋值，所以字符串变量的赋值也是对应数组元素之间的互相赋值。函数 stringCopy 完成了这个工作。

函数的参数是两个字符串，即两个字符类型的数组。由于字符串都有结束符号'\0'，所以传递字符串只需要传递一个字符数组的起始地址，即数组名。

数组的赋值是用一个循环。如果数组有 n 个元素，通常用一个重复 n 次的循环。但字符串赋值时并不知道字符串有多少个字符，因而循环终止条件并不是循环次数，而是检查是否已经复制到元素 \0。完整的函数实现如代码清单 6-5。

代码清单 6-5　字符串复制函数

```
void stringCopy(char des[], char src[])
{
    for (int i =0; src[i] !='\0' ; ++i)
```

```
        des[i] = src[i];
    des[i] = '\0';
}
```

4. 设计一个支持整型、实型和字符型的冒泡排序的函数模板。

【解】对一组整型、实型和字符型的数据用冒泡排序法排序的过程完全相同，因此，这三个函数可以合并成一个函数模板。模板的参数是需要排序的数据类型。

函数的参数是存放待排序元素的数组。传递一个数组需要两个参数：数组名和数组规模。注意，数组名的类型是模板的形式参数。由于数组传递的本质是地址传递，形式参数和实际参数数组是同一个数组。函数中对形式参数的数组进行了排序。函数调用结束后，实际参数数组也就排好序了。冒泡排序法的过程在主教材的 5.3.2 中做了较为详细的介绍，这里不再重复。完整的函数实现如代码清单 6-6。

代码清单 6-6　实现冒泡排序的函数模板

```cpp
template <class T>
void bubbleSort( T data[], int size)
{
    int i, j;
    bool flag;
    T tmp;

    for (i =1; i <size; ++i) {                    //完成 size-1 次冒泡
        flag =false;
        for (j = 0; j <size-i; ++j)
            if (data[j] >data[j+1]) {
                tmp =data[j];
                data[j] =data[j+1];
                data[j+1] =tmp;
                flag =true;                       //本轮冒泡过程中发生过交换
            }
        if (!flag) break;                         //排序提前结束
    }
}
```

5. 设计一函数求两个正整数的最大公约数。

【解】求两个正整数的最大公约数最简单的方法是采用蛮力算法。该方法测试每一种可能性。如果要找 x 和 y 的最大公约数，首先简单地猜测最大公约数是 x，因为 x 的因子不可能大于 x。然后将假设的最大公约数被 x 和 y 除，检查能否整除。如果能整除，答案就有了；如果不能整除，将这个假设值减 1，再继续测试，直到找到一个 x 和 y 都能整除的数或假设值减到 1。前者找到了最大公约数，后者表示 x 和 y 没有最大公约数。蛮力算法的实现如代码清单 6-7。

代码清单 6-7　求最大公约数的函数（蛮力算法）

```
int gcd(int a, int b)
{
    for (int r = (a <b ?a : b); r >=1; --r)
        if (a %r ==0 && b %r ==0)
            return  r;
}
```

蛮力算法不是一个有效的策略。事实上，如果只关心效率的话，蛮力算法是一个很差的选择。例如，考虑一下对 1000005 和 1000000 调用这个函数，会发生什么。蛮力算法在找到最大公约数 5 之前将运行 100 万次 for 的循环体！

古希腊的数学家欧几里得提出了一个解决这个问题的非常出色的算法——辗转相除法，也称为欧几里得算法。该算法描述如下。

（1）取 x 除以 y 的余数，称余数为 r。

（2）如果 r 是 0，过程完成，答案是 y。

（3）如果 r 非 0，设 x 等于原来 y 的值，y 等于 r，重复整个过程。

将这个算法翻译成的 gcd 函数如代码清单 6-8。

程序清单 6-8　求最大公约数的函数（欧几里得算法）

```
int gcd(int a, int b)
{
    int r;

    while(true) {
        r =a %b;
        if (r ==0) return b;
        a =b;
        b =r;
    }
}
```

同样对于两个数 1000005 和 1000000，用欧几里得算法只需要执行两次循环体。欧几里得算法开始时，x 是 1000005，y 是 1000000，在第一个循环周期中 r 被设为 5。由于 r 的值不为 0，程序设 x 为 1000000，设 y 为 5，重新开始。在第二个循环周期，r 的新值是 0，因此程序从 while 循环退出，并报告答案为 5。

6. 设计一个用于整型数的二分查找的递归函数。

【解】二分查找是用于在有序数据集中查找某个元素出现位置的一种方法。它的基本思想：每次检查待查数据中排在最中间的元素。如果中间元素等于被查找的元素，则查找完成；否则，确定要找的数据是在前一半还是在后一半，然后缩小范围，在前一半或后一半内用原方法继续查找。

二分查找可以用迭代实现，也可以用递归实现。在迭代实现中，需要记录两个下标值（start 和 end），分别表示被搜索范围的两个端点。开始时，搜索范围覆盖整个数组，然后在每次比较后根据结果修正两个下标值中的某一个。如果被查找的元素等于中间元素(下标为 mid),返回 mid。如果被查找的元素大于中间元素,则 start 设为 mid+1,否则 end 设为 mid-1。随着每一次比较,查找范围逐渐缩小。如果被查元素存在,最后一定会被找到。如果最后两个下标值交叉了,表示被查找的值不在数组中。

事实上,按照二分查找的思想,用递归更自然。在二分查找中,如果中间元素等于被查找的元素,则查找完成。否则,确定要找的数据是在前一半还是在后一半,然后缩小范围,在前一半或后一半内继续用同样的方法进行查找,即递归调用。用递归实现的二分查找函数如代码清单 6-9。

代码清单 6-9　整型数的二分查找递归函数

```
int binarySearch(int data[], int start, int end, int x)
{
    int mid = (start +end) / 2;                    //mid 为中间元素的下标

    if (start >end) return -1;                     //查找区间不存在,即没有找到
    if (x ==data[mid]) return mid;                 //找到
    if (x <data[mid]) return binarySearch(data, start, mid -1, x);
    else return binarySearch(data, mid +1, end, x);
}
```

递归函数必须有与递归终止条件有关的参数。在二分查找函数中,这个参数就是查找区间[start,end]。但查找函数的用户并不需要知道函数是递归实现的还是迭代实现的。他只知道要实现查找应该给出两个信息:被查找的数据集和所需查找的元素值。这样就出现了用户需要的函数原型和实现要求的函数原型不一致的问题,这个问题可以用一个包裹函数来解决。可以另外设计一个满足用户要求的函数原型,该函数调用递归的二分查找函数完成查找。包裹函数的实现如代码清单 6-10。

代码清单 6-10　整型数的二分查找的包裹函数

```
int binarySearch(int data[], int size, int x)
{
    return binarySearch(data, 0, size-1, x);
}
```

7. 设计一个支持整型、实型和字符型数据的快速排序的函数模板。

【解】快速排序是分治法的一个典型的示例。分治法是将大问题分解成同类的小问题,用小问题的解构建大问题的解。快速排序的主要思路:假设待排序的数据存放在数组 a 中,从 a[start]到 a[end],然后执行下列过程。

(1)从待排序的数据中任意选择一个数据作为分段基准(假设为 a[start]),将它放入变量 k。

(2)将待排序的数据分成两组:一组比 k 小,放入数组的前一半;另一组比 k 大,放入数组的后一半。将 k 放入中间位置。

(3)对前一半和后一半分别重复用上述方法排序,直到只剩下一个待排序的数据为

止。排序前一半和排序后一半是原问题的再现,可以通过递归调用本函数来解决。

如果有一个函数 divide 能实现数据分组,快速排序的函数将非常简单。首先调用 divide 函数分组,然后对两组数据分别递归调用快速排序函数。

快速排序主要采用比较的方法对数据进行分组。由于整型、实型和字符型数据都支持内置的比较运算,所以这 3 个函数除了存放数据的数组类型不同以外,其他部分完全相同。因此,可以合并成一个函数模板,模板参数是数组的类型。快速排序的函数模板的实现如代码清单 6-11。

代码清单 6-11　快速排序的函数模板

```
template <class T>
void quickSort(T data[], int start, int end)
{
    int mid;

    if (start >=end) return;

    mid =divide(data, start, end);
    quickSort(data, start, mid -1);
    quickSort(data, mid +1, end);
}
```

下面的主要工作就是完成划分。实现划分的最简单的方法是再定义一个同样大小的数组,顺序扫描原数组,如果比基准元素 k 小,则从新数组的左边开始放,否则从新数组的右边开始放,最后将基准元素放到新数组唯一的空余空间中。这种方法的空间效益较差。如果待排序的元素数量很大,浪费的空间很可观。在快速排序中通常采用一种很巧妙的方法,该方法只用一个额外的存储单元。首先将 start 中的元素放在一个变量 k 中,这样 start 的位置就空出来了。接下去重复下列步骤。

(1) 从右向左开始检查。如果 end 的值大于 k,该位置的值位置正确,end 减 1,继续往前检查,直到遇到一个小于 k 的值。

(2) 将小于 k 的这个值放入 start 的位置,此时 end 的位置又空出来了。然后从 start 位置开始从左向右检查,直到遇到一个大于 k 的值。

(3) 将 start 位置的值放入 end 位置,重复第 1 步,直到 start 和 end 重叠。将 k 放入此位置。

这个算法的实现如代码清单 6-12。同理,划分函数也是一个函数模板。

代码清单 6-12　实现划分的函数模板

```
template <class T>
int divide(T data[], int start, int end)
{
    int i =start, j =end;
    T sample =data[start];
```

```
        while (i <j) {
            while (i <j && data[j] >=sample) --j;
            if (i ==j) break;
            data[i++] =data[j];
            while (i <j && data[i] <=sample) ++i;
            if (i ==j) break;
            data[j--] =data[i];
        }
        data[i] =sample;
        return i;
    }
```

快速排序采用递归函数实现，因此函数包含了与递归终止条件有关的形式参数，即 start 和 end。但函数的用户并不需要知道函数如何实现。他只需要知道排序一个数组需要给出数组名和数组的规模。于是出现了用户需要的函数原型和实现的函数原型不一致的问题。因此还需要写一个包裹函数，它的实现如代码清单 6-13。

代码清单 6-13　快速排序的包裹函数

```
template <class T>
void quickSort(T data, int size)
{
    quickSort(data, 0, size -1);
}
```

8. 硬币找零问题：对于一种货币，有面值为 C_1、C_2、$\cdots$、C_n（分）的硬币，最少需要多少个硬币以及哪些硬币来找出 K 分钱的零钱。

【解】能保证找出最优解的方法是分治法。如果 $coin(K)$ 是找零 K 分钱的函数，这个函数的工作过程如下：如果有 K 分的硬币，则只需要一个硬币，这就是答案；否则，把找零 K 分钱的问题分成若干个子问题，用一个面值为 C_i 的硬币＋$coin(K-C_i)$。对于所有的 i，$\min(coin(K-C_i)+1)$ 就是问题的解。

此算法的效率很低，在求 $coin(K)$ 的过程中，某些 $coin(i)$ 会被反复调用多次。

解决重复计算问题可以采用动态规划。先计算找零 0 分钱的最少硬币数 coinUsed [0]，再找出找零 1 分钱的最少硬币数 coinUsed[1]，$\cdots$。把这些子问题的答案存放起来。在计算 coinUsed[K] 时，coinUsed[$K-C_i$] 都已存在，不必再递归计算了。

代码清单 6-14 是硬币找零问题的动态规划解。函数 makechange 有 3 个参数：数组 coins 存储可能的硬币的币值；differentCoins 表示有多少种不同币值的硬币，即数组 coins 的规模；maxChange 是要找的零钱。

函数定义了 3 个数组。coinUsed[i] 代表了找 i 分零钱所需的最小硬币数。而当 i 等于问题中要找的零钱 maxChange 时，coinUsed[i] 就是正在寻找的解。lastCoin[i] 记录了寻找找零 i 分钱的最优方案时最后用到的硬币。从这个数组可以得到最优方案用到的各种硬币的数量。数组 coinNum 是找零 maxChange 时用到的各种硬币的数量。coinNum[i] 是 coin[i] 的数量。

动态规划解决硬币找零问题的过程如下。

先找出 0 分钱的找零方法,找 0 分钱用 0 个硬币,所以 coinUsed[0] = 0。然后再依次找出 1 分钱、2 分钱、……的找零方法。对每个要找的零钱 i,可以通过尝试所有的硬币,把 i 分解成某个 coins[j] 和 $i-$coins[j],由于 $i-$coins[j] 小于 i,因此它的解已经存在。这个方案所需硬币数为 coinUsed[$i-$coins[j]]$+1$。对所有的 j,取最小的 coinUsed[$i-$coins[j]]$+1$ 作为 i 分钱找零的答案,并将相应的 coins[j] 记录在 lastCoin[i] 中。当 i 等于 maxChange 时,coinUsed[maxChange] 记录了找零 maxChange 所需的最小硬币数,各种硬币的个数可以通过回溯 lastCoin 数组得到。

从 lastCoin[maxChange] 可以知道最后加入方案的硬币是哪一个,同时也知道最优方案是找零 maxChange$-$lastCoin[maxChange] 再加上一个 lastCoin[maxChange] 的硬币。于是接着检查构成找零 maxChange$-$lastCoin[maxChange] 最优方案中最后引入的是哪一个硬币。这个回溯过程可以得到最优方案使用的每种硬币的数量。

代码清单 6-14 硬币找零问题

```cpp
void makechange( int coins[ ],  int differentCoins,  int maxChange )
{
    const int MAX =100;                         //最大的找零值为 100
    const int MAXCOINS =10;                      //不同值的硬币最多有 10 个
    int coinUsed[MAX+1], lastCoin[MAX+1], coinNum[MAXCOINS] ={0};

    coinUsed[0] =0;                             //找零 0 分钱需要 0 个硬币
    for (int cents =1; cents <=maxChange; ++cents) {   //尝试所有找零
        int minCoins =cents;                     //最坏情况是都用 1 分钱找零
        int newCoin =1;                          //假设最优选用的是 1 分钱的硬币
        for (int j =0; j <differentCoins; ++j) {  //尝试所有硬币
            if (coins[j] >cents) continue;        //coins[j]硬币不可用
                if (coinUsed[ cents -coins[j] ] +1 <minCoins) {  //用此硬币
                    minCoins =coinUsed[ cents -coins[j] ] +1;
                    newCoin =coins[j];
                }
        }
        coinUsed[cents] =minCoins;               //记录找零 cents 分的最小硬币数
        lastCoin[cents] =newCoin;                //记录该方案最后加入的硬币值
    }
    cout <<"找零" <<maxChange <<"需要" <<coinUsed[maxChange]
        <<"个硬币" <<endl;

    //统计方案中的各硬币数
    for (cents =maxChange; cents >0; cents -=lastCoin[cents])  //回溯
        for (int j =0; j <differentCoins; ++j)
            if (lastCoin[cents] ==coins[j]) {
                ++coinNum[j];
```

```
                    break;
                }
        for (int j = 0; j < differentCoins; ++j)          //输出各种硬币的数量
            cout << coins[j] << '\t' << coinNum[j] << endl;
}
```

9. 设计一个函数，用动态规划求 Fibonacci(n)。

【解】Fibonacci 数列是典型的递归函数，当 $n \geqslant 2$ 时，$F(n) = F(n-1) + F(n-2)$。但如果用递归的方式计算 Fibonacci 数会引起大量的重复计算。

一个较好的方法是用动态规划。用动态规划求 Fibonacci 数的方法如下：定义一个数组 f 存放 Fibonacci 数，因为 Fibonacci(0)是 0，Fibonacci(1)是 1，所以首先设 $f[0]=0$，$f[1]=1$，然后由 $f[0]$、$f[1]$ 生成 $f[2]$，再由 $f[1]$、$f[2]$ 生成 $f[3]$，直到生成 $f[n]$。$f[n]$ 就是 Fibonacci(n)的值。完整的程序如代码清单 6-15。

代码清单 6-15　求 Fibonacci 数

```cpp
int Fibonacci(int n)
{
    const int MAX = 100;
    int f[MAX];

    //设置 f[0]和 f[1]
    if ( n == 0) return 0;
    if (n == 1) return 1;

    f[0] = 0; f[1] = 1;
    for (int i = 2; i <= n; ++i)                    //逐个生成 f[i]
        f[i] = f[i-1] + f[i-2];

    return f[n];
}
```

想一想，能否不用数组 f?

10. 设计一个函数，输出小于 100 的所有的 Fibonacci 数。

【解】本题的实现思想与第 9 题相同，从小到大逐个生成 Fibonacci 数，每生成一个就显示一个。具体实现如代码 6-16。

代码清单 6-16　输出小于 100 的所有的 Fibonacci 数

```cpp
void Fibonacci()
{
    double f[101];

    cout << 0 << '\t' << 1 << '\t';
    f[0] = 0; f[1] = 1;
    for (int i = 2; i <= 100; ++i)
```

```
    cout <<(f[i] =f[i -1] +f [i -2]) <<'\t';
}
```

11. 设计一个函数,在一个 m 个元素的整型数组中找出第 n 大的元素($n<m$)。

【解】可以借鉴排序的思想解决这个问题。本题采用了最简单的直接选择排序。如果 m 个元素存放在数组 a 中,对数组 a 进行 n 次选择。第一次从 $a[0]\sim a[m-1]$ 中选出最大的元素,将它交换到 $a[0]$。第二次从 $a[1]\sim a[m-1]$ 中选出最大的元素,将它交换到 $a[1]$。以此类推,第 n 次从 $a[n-1]\sim a[m-1]$ 中选出最大的元素,将它交换到 $a[n-1]$。这个数就是数组中第 n 大的数。完整程序如代码清单 6-17。

代码清单 6-17 在一个 m 个元素的数组中找出第 n 大的元素

```
int findN(int a[], int size, int n)
{
    int i, j, max, index;

    for (i =0; i <n; ++i) {                    //执行 n 次选择
        max =a[i];
        for (j =i; j <size; ++j)               //执行第 i 次选择
            if (a[j] >max) { max =a[j]; index =j; }
        a[index] =a[i];
        a[i] =max;
    }

    return max;
}
```

本题也可以借鉴快速排序的思想。具体做法:首先对数组进行一趟划分,比标准元素大的放入左半部分,比标准元素小的放入右半部分;如果 mid 等于 $n-1$,下标为 mid 的元素是本题的解;如果 mid 大于或等于 n,在左半部分用同样的方法继续寻找第 n 大的元素;如果 mid 小于 $n-1$,在右半部分用同样的方法继续寻找第 $n-$mid-1 大的元素。读者可自己实现这个函数。

12. 编写一个函数,按如下格式打印“你的名字”。

```
**************************
*                        *
*      你的名字           *
*                        *
**************************
```

【解】相对而言,这个函数是一个比较简单的函数,没有什么算法。唯一比较麻烦的是打印时“你的名字”要居中。函数需要一个参数,即要打印的名字,没有返回值。前两行和后两行都只需要直接输出就可以了。将名字打印在中间也不是很复杂,只需要前后空格数相同。这可以计算一下空格数,平均分配一下。具体程序如代码 6-18。

代码清单 6-18　打印名字的函数

```
void printName(char name[])
{
    int len = strlen(name), i;

    cout << "*******************************" << endl;
    cout << "*                             *" << endl;
    cout << '*';
    for (i = 0; i < 14 - len / 2; ++i) cout << ' ';
    cout << name;
    for (i = 0; i < 14 - len + len / 2; ++i) cout << ' ';
    cout << '*' << endl;
    cout << "*                             *" << endl;
    cout << "*******************************" << endl;
}
```

13. 写一个将英寸转换为厘米的函数(1 英寸＝2.54 厘米)。

【解】这个函数只需要一个简单的算术表达式,如代码清单 6-19。

代码清单 6-19　英寸转换为厘米

```
double inchToCm(double inch)
{
    return inch * 2.54;
}
```

14. 编写一个函数,要求用户输入一个小写字母。如果用户输入的不是小写字母,则要求重新输入,直到输入一个小写字母,返回此小写字母。

【解】这是一个无参数有返回值的函数,返回值是最后得到的那个合法输入。函数首先要求用户输入一个字符。如果是小写字母,则返回输入的字母,否则要求重新输入,直到输入了一个小写字母。具体程序如代码清单 6-20。

代码清单 6-20　要求用户输入一个小写字母

```
char getLowerLetter()
{
    char ch;

    while (true) {
        cout << "请输入一个小写字母:";
        ch = cin.get();
        if (ch <= 'z' && ch >= 'a') return ch;
    }
}
```

15. 写三个函数,分别实现对一个双精度数向上取整、向下取整和四舍五入的操作。

【解】C++ 将 double 型转成整型时采用的是向下取整,所以向下取整只要执行一个从 double 到 int 的强制类型转换。向上取整稍微麻烦一些,如果小数点后是 0,只需要去掉“.0”即可;但只要小数点后面有值,则需要取整数部分,再加 1。四舍五入可以将双精度数加 0.5 后向下取整。按照这个思想实现的三个函数分别如代码清单 6-21、6-22 和 6-23。

代码清单 6-21　双精度数向上取整

```
int ceil(double x)
{
    int floor =x;
    return (x - floor >0 ? floor +1 : floor) ;
}
```

代码清单 6-22　双精度数向下取整

```
int floor(double x)
{
    return int(x);
}
```

代码清单 6-23　双精度数四舍五入

```
int round(double x)
{
    return int(x+0.5);
}
```

16. 编写一个递归函数 reverse,它有一个整型参数,reverse 函数按逆序打印出参数的值。例如,参数值为 12345 时,函数打印出 54321。

【解】用递归的思想解决这个问题可以如此考虑。把逆序打印一个正整数的问题分解成两个子问题:打印个位数和逆序打印除去个位数后的数字。第二个问题是原问题的再现,可以递归调用函数本身,递归的终止条件是 n 是个位数。reverse 函数的实现如代码清单 6-24。

代码清单 6-24　逆序打印整型数

```
void reverse(int n)
{
    cout <<n %10;
    if (n <10) return;
    reverse(n / 10);
}
```

读者也可以尝试用迭代的方法解决这个问题。

17. 编写一个函数 reverse,它有一个整型参数和一个整型的返回值,reverse 函数返回参数值的逆序值。例如,参数值为 12345 时,函数返回 54321。

【解】首先,取出参数的个位数。由于不知道参数有多少位,暂且把它当作返回值 rev。然后,再检查参数是否有十位数。如果有十位数,参数的十位数才是返回值的个位数,而原来的返回值是十位数。真正的返回值是 rev * 10,再加上参数的十位数。以此类推,直到处理参数的所有数字。具体实现如代码清单 6-25。

代码清单 6-25   返回整型数的逆序

```
int reverse(int n)
{
    int rev = 0;

    for (; n > 0; n /= 10 )
        rev = rev * 10 + n % 10;

    return rev;
}
```

18. 编写一个函数模板,判断两个一维数组是否相同。模板参数是数组的类型。

【解】两个数组的类型都是模板参数 T 类型的,数组规模都为 size。两个数组相同指的是两个一维数组对应的元素都相同,这需要一个重复 n 次的循环来判别。只要发现一个对应元素不相等,就可以断定两个数组不相等。如果比较所有元素,没有发现不相等的元素,可以断定两个数组相等。该函数模板适用于所以支持!=操作的类型的数组。具体实现如代码清单 6-26。

代码清单 6-26   判别数组是否相等

```
template <class T>
bool comp(T a[], T b[], int size)
{
    for (int i = 0; i < size; ++i)
        if (a[i] != b[i]) return false;

    return true;
}
```

19. 设计一个用直接选择排序法排序 n 个整型数的递归函数。

【解】直接选择排序是一种很简单的排序方法。它采用最原始的选择方法:首先,在所有元素中用逐个比较的方法选出最小元素,把它与第一个元素交换;然后,在剩下的元素中再次用逐个比较的方法选出最小元素,把它与第二个元素交换;执行了 $n-1$ 次选择后,所有元素都放入正确的位置。

这个问题也可以用递归解决。直接选择排序过程由两个阶段组成:第一阶段,选择最小元素并交换到第一个位置;第二阶段,排序第二个元素到最后一个元素。第二阶段与原问题相同,可以通过递归调用完成。因此可以将直接选择排序设计成一个递归过程。这个递归过程首先找出从第 k 个元素到第 size−1 个元素中的最小值,交换到第 k 个位置;然后递归调用这个过程找出从第 $k+1$ 个元素到第 size−1 个元素中的最小值,交换到

第 $k+1$ 个位置;递归终止条件是 k 等于 size-1。根据这个思想得到的递归函数如代码清单 6-27。

代码清单 6-27　直接选择法排序整型数组的递归函数

```
void sort(int a[], int size, int k)
{
    int min =a[k], index;

    if (k ==size -1) return;                //递归终止条件
    for (int j =k; j <size; ++j)
        if (a[j] <min) { min =a[j]; index =j; }
    a[index] =a[k];
    a[k] =min;
    sort(a, size, k+1);
}
```

由于代码清单 6-27 的函数存在原型不符合用户要求的问题,所以也需要一个如代码清单 6-28 的包裹函数。

代码清单 6-28　直接选择法递归函数的包裹函数

```
void sort(int a[], int size)
{
    sort(a, size, 0);
}
```

第 7 章将介绍指针与数组的关系,学习第 7 章后可以设计一个不需要包裹函数的递归函数,希望读者在学习第 7 章后可以重写这个函数。

20. 编写一个函数 int count(),使得第一次调用函数时返回 1,第二次调用函数时返回 2,即返回当前的调用次数。

【解】要返回当前的调用次数,函数必须能够记住这一信息,这可以通过静态局部变量来实现。设置一个初值为 0 的静态局部变量,每次调用函数都将此变量加 1,这个变量的值就是函数被调用的次数。具体实现如代码 6-29。

代码清单 6-29　记录函数调用次数的函数

```
int count()
{
    static int cnt =0;

    return ++cnt;
}
```

21. 假设系统只支持输出一个字符的功能,试设计一个函数 void print(double d)输出一个实型数 d,保留 8 位精度。如果 d 大于 10^8 或小于 10^{-8},则按科学记数法输出。

【解】这似乎是一个比较复杂的程序,先静下心来慢慢分析。实型数有正负之分,打印实型数可以分为打印符号位和后面的数字部分。数字部分按数字的范围分别选择按普通的十进制方式输出或按科学记数法输出。如果有两个函数：printFix 可以按十进制方式打印一个正实型数，printFloat 可以按科学记数法打印一个正实型数。print 函数的实现如代码清单 6-30。

代码清单 6-30　输出实型数的函数

```cpp
void print(double d)
{
    if (d < 0) { cout << '-'; d = -d; }        //打印符号位，将 d 设为 d 的绝对值

    if (d > 1e8 || d < 1e-8)                    //选择打印方式
        printFloat(d);
    else printFix(d);
}
```

以十进制方式输出一个实型数可以分成两个阶段：输出整数部分和输出小数部分。由于输出整数的工作在科学记数法输出指数时也要用到，所以将它独立出来，设计成一个函数 printInt。有了 printInt，以十进制方式输出一个实型数可以由下列步骤组成：①调用 printInt 打印 d 的整数部分；②统计整数部分的长度；③输出小数点；④打印除最后一位外的小数部分；⑤处理最后一位的四舍五入问题，并打印。最后形成的程序如代码清单 6-31。

代码清单 6-31　以十进制打印一个正实型数

```cpp
void printFix(double d)
{
    int scale = 1, digit;          //scale 是 d 的数量级，digit 是当前处理位的值
    int len = 0;                   //已打印位数
    double epsilon = 1e-8;

    printInt(d);                   //打印 d 的整数部分

    if ( d - int(d) <= 1e-8) return;    //d 没有小数部分

    //确定整数部分的长度 len
    while (scale < d) { scale *= 10; ++len; epsilon *= 10; }

    cout << '.';

    d = d - int(d);                //取 d 的小数部分

    //打印除最后一位外的小数部分
    while (len < 7 && d > epsilon) {
        digit = d *= 10;
        cout << char(digit + '0');
```

```
        d -=digit;
        ++len;
        epsilon *=10;
    }

    if (d >1e-8) {                      //处理最后一位的四舍五入问题
        digit =d * =10;
        if (d -digit >0.5) ++digit;
        cout <<char(digit +'0');
    }
}
```

printInt 函数的实现如代码清单 6-32,该函数能打印一个整数 n。函数首先检查 n 的符号。如果是负数,先输出一个 '—',再取 n 的绝对值。然后用递归的方法打印 n。递归打印整数分成两个阶段:调用递归函数打印 $n/10$,打印 n 的个位数。

代码清单 6-32　打印一个整数

```
void printInt(int n)
{
    if (n <0) { cout <<'-'; n =-n; }
    if (n <10) cout <<char(n +'0');
    else {
        printInt(n / 10);
        cout <<char(n %10 +'0');
    }
}
```

以科学记数法打印一个正实型数时,首先将实型数变成 $d.dddddddd * 10^{len}$ 的形式,然后调用 printFix 打印尾数部分,再打印 'e',最后调用 printInt 打印指数部分。具体实现如代码清单 6-33。

代码清单 6-33　以科学记数法打印一个正实型数

```
void printFloat(double d)
{
    int len =0;                      //已打印位数

    //求指数的值
    if (d >1)
        while (d >10) { d /=10; ++len;}
    else
        while (d <1) { d * =10; --len; }

    printFix(d);
    cout <<'e';
    printInt(len);
```

```
    }
```

22. 用级数展开法计算平方根。根据泰勒公式

$$f(x) \approx f(a) + f'(a)(x-a) + f''(a)\frac{(x-a)^2}{2!} +$$

$$f'''(a)\frac{(x-a)^3}{3!} + \cdots + f^{(n)}(a)\frac{(x-a)^n}{n!}$$

可求得

$$\sqrt{x} \approx 1 + \frac{1}{2}(x-1) - \frac{1}{4}\frac{(x-1)^2}{2!} + \frac{3}{8}\frac{(x-1)^3}{3!} - \frac{15}{16}\frac{(x-1)^4}{4!} + \cdots$$

设计一个函数计算 $\sqrt{x}$ 的值,要求误差小于 10^{-6}。

【解】根据泰勒公式求平方根是求一个无穷级数的和。求无穷级数的和涉及两个问题:如何表示级数的通项,如何判断结束。通过观察可知,通项的关键是求 $f^{(n)}(a)$。如果设 a 的值为1, $f^{(n)}(a)$ 的值是一个系数 item 和 a^{exp} 的乘积,则 $f^{(n+1)}(a) =$ item×exp× a^{exp-1}。由于 a 的值是1,所以 a^{exp} 恒等于1,即 $f^{(n)}(a) =$ item, $f^{(n+1)}(a) =$ item×exp。所以如果第 $n-1$ 项的值是 item,则第 n 项的值为 item×exp× $\frac{x-1}{n}$。初始时,item 的值为 1,exp 的值为0.5。问题要求误差小于 10^{-6},可以将它作为数列求和的终止条件。如果数列当前的和值是 s,则终止条件可以是 $x - s \times s$ 的绝对值小于 10^{-6}。这样可得代码清单 6-34 的函数。

代码清单 6-34　计算平方根的函数

```
double Sqrt(double x)
{
    double s =0, item =1, exp =0.5;
    int n =1;

    while (x -s * s >1e-6 || x -s * s <-1e-6) {
        s +=item;
        item =item * (x -1) / n * exp;
        ++n;
        --exp;
    }

    return s;
```

23. 可以用下列方法计算圆的面积:考虑 1/4 个圆,将它的面积看成是一系列矩形面积之和。每个矩形都有固定的宽度,高度是圆弧中点的 y 值。设计一个函数"double area (double r, int n);",用上述方法计算一个半径为 r 的圆的面积。计算时将 1/4 个圆划分成 n 个矩形。

【解】按上述方法求 1/4 个圆的面积是一个重复 n 次的循环。如果矩形中点的 x 坐标为 x,则矩形面积为 $r/n \times \sqrt{r^2 - x^2}$。每个循环周期将一个矩形面积加入到面积和 s,循

环结束时, s 的值是 1/4 圆的面积。$4s$ 就是整个圆的面积。具体实现如代码 6-35。

代码清单 6-35　计算圆的面积函数

```
double area(double r, int n)
{
    double s =0, delt =r / n, x;              //delt 是矩形的宽度

    for ( x =delt / 2; x <=r; x +=delt)
        s +=sqrt(r * r -x * x) * delt;

    return 4 * s;
}
```

24. 编写一个函数 Fib。每调用一次就返回 Fibonacci 序列的下一个值,即第一次调用返回 0,第二次调用返回 1,第三次调用返回 1,第四次调用返回 2,……

【解】要实现题目要求的功能,在第 n 次调用时,Fib 函数必须知道 F_{n-1} 和 F_{n-2}。这可以通过静态局部变量来实现。在 Fib 函数中,定义两个静态局部变量 f0 和 f1,分别存储 F_{n-2} 和 F_{n-1} 的值。f2 代表 F_n,$F_n = F_{n-2} + F_{n-1} = f0 + f1$,得到了最新的 F_n,即 f2。然后为下一次函数调用做准备,即执行 f0=f1,f1=f2。注意有两个特例:F_0 和 F_1 的计算。F_0 和 F_1 是固定值 0 和 1。如何获知本次调用是计算 F_0 和 F_1?这可以通过对 f0 和 f1 设置特殊的初始值解决。代码清单 6-36 设置 f0 的初值为 -1,f1 的初值为 0。函数首先检查 f0 是否为 -1。如果 f0 为 -1,表示第一次调用,将 f0 设为 0,并返回 0。如果 f0 不等于 -1,继续检查 f1 是否为 0。如果 f1 为 0,则表示第二次调用。将 f1 设为 1,并返回 1。如果不是这两种情况,则按常规处理。

代码清单 6-36　计算 Fibonacci 数列的函数

```
int Fib ()
{
    static int f0 =-1, f1 =0;                 //保存 Fn-1 和 Fn-2
    int f2;

    if (f0 ==-1) { f0 =0; return 0; }         //第一次调用,返回 0
    if (f1 ==0) { f1 =1; return 1; }          //第二次调用,返回 1
    f2 =f0 +f1;                               //计算 Fn
    f0 =f1; f1 =f2;                           //为下一次调用做准备

    return f1;
}
```

25. 设计一个基于分治法的函数,找出一组整型数中的最大值。

【解】按照分治法,将该问题分解成同类的小问题,即分解成找出前半部分和后半部分的最大值。按照这个思想,找出一组整型数中的最大值的工作可以分成 3 个步骤:递归调用当前函数找出数组前半部分的最大值;递归调用当前函数找出数组后半部分的最

大值;返回两个值中较大者。递归的终止条件是数组只剩下一个元素或两个元素。如只有一个元素,该元素就是数组的最大值;如果有两个元素,返回两个元素中的较大者。

递归函数必须包含与递归终止条件相关的参数。本题中,这个参数就是函数处理的数据范围,即表示起点和终点的两个下标。按照分治法实现的函数如代码清单 6-37。

代码清单 6-37 找一组整型数中的最大值的函数

```
int max(int data[], int start, int end)
{
    int max1, max2;

    if (start ==end) return data[start];
    if (end -start ==1) return (data[start] >data[end] ?data[start] : data[end]);

    max1 =max(data, start, (start +end) / 2);
    max2 =max(data, (start +end) / 2 +1, end);

    return (max1 >max2 ?max1 : max2);
}
```

26. 写一个函数

```
bool isEven(int n);
```

当 n 的每一位数都是偶数时,返回 true,否则返回 false。例如,n 的值是 1234,函数返回 false;n 的值为 2484,返回 true。用递归和非递归两种方法实现。

【解】解决这个问题可以检查数字的每一位。只要遇到奇数,立即返回 false;检查完所有数字后,返回 true。检查每一位数字的比较简单的方法是检查个位数,然后通过除 10 运算去掉个位数,让原来的十位数成为新的个位数。这就是非递归的解决方案,具体实现如代码清单 6-38。

代码清单 6-38 判断整数是否每一位都由偶数数字组成的非递归实现

```
bool isEven(int n)
{
    if (n <0) n =-n;
    while (n >0) {
        if ( n %2) return false;
        n /=10;
    }
    return true;
}
```

递归解决方案将解决过程分成两个阶段。

(1) 检查个位数是否为偶数。如果是偶数,执行第 2 步,否则直接返回 false。

(2) 检查去除个位数后的整数的每一位是否为偶数。这个问题与原问题相同,可以通过递归调用解决。这个子问题的解就是整个问题的解。完整的递归实现如代码清单 6-39。

代码清单 6-39　判断整数是否每一位都由偶数数字组成的递归实现

```
bool isEven(int n)
{
    if ( n ==0) return true;
    if (n <0) n =-n;
    if ( n %2) return false;
    return isEven(n/10);
}
```

27. 一组数是回文必须满足第一个数与最后一个数相同,第二个数与倒数第二个数相同,……。例如,数组元素值为{1,3,6,8,6,3,1},则是一个回文;而数组{1,2,2}不是回文。编写一个函数,判断作为参数传入的一个整型数组的内容是否是回文。

【解】判断回文只需判断第一个元素和最后一个元素、第二个元素和倒数第二个元素、……,一旦发现不同立即返回 false。判断完所有的元素后返回 true。具体实现如代码清单 6-40。

代码清单 6-40　判断回文

```
bool isPlalindrome(int a[], int size)
{
    for (int i =0; i <size/2; ++i)
        if (a[i] !=a[size-1-i]) return false;
    return true;
}
```

这个问题也可以用递归解决。一组数字是回文必须满足两个条件:第一个数字和最后一个数字相同,去除第一个数字和最后一个数字后的这组数也是回文。读者可自己编写解决这个问题的递归程序。

28. 已知华氏温度到摄氏温度的转换公式为

$$C = \frac{5}{9}(F - 32)$$

试编写一个将华氏温度转换到摄氏温度的函数。

【解】这个函数很简单,只需要按照转换公式计算就行。具体实现如代码清单 6-41。但有一个必须注意的地方:在计算 5/9 时,必须写成 5.0/9 或 5/9.0。想一想,为什么?

代码清单 6-41　华氏温度转摄氏温度

```
double convert(double f)
{
    return 5.0 / 9 * (f -32);
}
```

29. 设计一个递归函数,计算 Ackerman 函数的值。Ackerman 函数定义如下:

$$A(m,n) = \begin{cases} n+1 & m=0 \\ A(m-1,1) & m \neq 0, n=0 \\ A(m-1, A(m, n-1)) & m \neq 0, n \neq 0 \end{cases}$$

【解】Ackerman 函数是一个递归函数,用递归实现很自然,只要按函数定义分情况处理即可。具体实现如代码 6-42。

代码清单 6-42　Ackerman 函数的计算

```
int Ackerman(int m, int n)
{
    if (m ==0) return n+1;
    if (n ==0) return Ackerman(m-1, 1);
    return Ackerman(m-1, Ackerman(m, n-1));
}
```

6.3　进一步拓展

6.3.1　模拟计算机程序的运行

第 1 章介绍了计算机的组成。计算机由 5 大部分组成:运算器、控制器、存储器和输入装置和输出装置。这 5 大部分协同完成一个机器语言程序的执行。

程序的运行主要由控制器来控制。控制器中有一个称为指令计数器 program_counter 的寄存器,它保存当前运行的指令的地址。假设指令从 0 号单元开始存放,则执行程序时指令寄存器的初值为 0。然后重复下列过程,直到遇到停机指令。

(1) 从 program_counter 中读取指令的内存地址。

(2) 到内存中取出指令。

(3) 根据指令中的信息到内存中取出相应数据。

(4) 根据指令中的信息进行相应操作。

(5) 根据指令中的信息将结果存在相应位置。

(6) program_counter 指向下一条指令。

假设计算机中的每条指令由一个 4 位十进制编码组成。最高两位为操作码(opcode),表示操作的类型;最低两位为操作数(operand),表示操作的对象值或对象地址。如 1011,前两位 10 表示从控制台读数据指令,后两位 11 表示内存单元的编号,整个指令表示从控制台读一个整数存入内存 11 号单元内。完整的计算机指令系统如表 6-1 所示。

表 6-1　一个简单的计算机指令系统

指　　令		说　　明
输入 输出 指令	READ = 10	从控制台读一个整数放入指定的内存单元
	WRITE = 11	将指定的内存单元的内容输出到控制台

续表

指　　令		说　　明
存/取 指令	LOAD = 20	将一个指定单元中的整数存入运算器中的累加器
	STORE = 21	将累加器中的内容存入内存的指定单元
算数 指令	ADD = 30	将指定的内存单元的内容与累加器中的内容相加,结果存入累加器
	SUB = 31	从累加器中的内容减去指定的内存单元中的内容,结果存放在累加器中
	MUL = 32	将指定的内存单元的内容与累加器中的内容相乘,结果存入累加器
	DIV = 33	将累加器中的内容除以指定的内存单元中的内容,结果存放在累加器中
控制/ 传输 指令	BR = 40	将指令计数器设定为指定的内存地址
	BRZ = 41	当累加器内容为 0 时,指令计数器设定为指定的内存地址
	HALT = 43	终止程序执行

　　表 6-2 给出了一个机器语言的程序样例。该程序完成了两个整数的除法。程序存储在内存 00~10 的单元中。

表 6-2　一个机器语言的程序样例

内存单元	内容	动　　作
00	1007	从控制台读一个整数放入 07 号单元
01	1008	从控制台读一个整数放入 08 号单元
02	2007	将 07 号单元的内容存入运算器中的累加器
03	3308	将累加器中的内容除以 08 号单元的内容
04	2109	将累加器中的内容存入 09 号单元
05	1109	将 09 号单元的内容输出到控制台
06	4010	跳到内存 10 号单元
07	0000	
08	0000	
09	0000	
10	4300	终止程序执行

　　设计一个程序模拟计算机的执行过程。

6.3.2　模拟器的设计

　　设计一个模拟器就是设计一个程序模拟计算机执行一个程序的过程。程序的执行由控制器指挥各个部件共同完成。每个部件可以设为一个程序模块,即一个源文件。

　　控制器是一个模块,该模块仅包含一个模拟控制器工作的 cu 函数。cu 函数依次读取每条指令,通知各个部件完成相应的任务,直到读到 HALT 指令。

　　输入输出是一个模块,完成两条指令:READ 和 WRITE,每条指令由一个函数实现,

所以该模块包括两个函数。两个函数的原型分别为

```cpp
void read(int addr);
void write(int addr);
```

运算器模块任务最多,完成的指令包括 LOAD、STORE、ADD、SUB、MUL、DIV。每条指令对应一个函数。这些指令都涉及一个内存单元,所以都有一个表示内存地址的参数。这些指令都涉及运算器中的累加器,ADD 操作将某个内存单元的内容加到累加器中,STORE 指令将累加器的内容存入某个内存单元。因此,累加器是运算器的各个函数都要用到的一个存储单元,可设为运算器模块的全局变量。由于控制器有一条 BRZ 指令需要执行,而 BRZ 指令的执行用到了运算器的累加器值,因此控制器模块可以将表示累加器的变量设为外部变量。

存放代码和数据的内存是一块连续的空间,在程序中可以用一个数组来模拟。内存地址对应于数组的下标。计算机的各个部件都可以访问内存,因此模拟内存的数组可定义成模块中的全局变量。其他模块可以通过声明外部变量来访问表示内存的数组。

模拟器就是 main 函数,包括在主模块中。为简单起见,可将模拟内存的整型数组 memory 也定义在主模块中。main 函数实现两个功能:程序输入及调用控制器执行程序。主模块的实现如代码清单 6-43。main 函数的实现非常简单。首先调用 readProgram 输入一个机器语言的程序;然后将控制权交给控制器(cu 函数),让控制器指挥各部件完成程序的执行。

代码清单 6-43　主模块的实现

```cpp
#include <iostream>
using namespace std;

void readProgram();                    //程序输入
void cu();                             //控制器模拟

int memory[100];                       //代表内存

void readProgram()
{
    cout <<"请输入程序,以 99999 结束:" <<endl;

    for (int i =0; ; ++i) {
        cout <<i <<": ";
        cin >>memory[i];
        if (memory[i] ==99999) return;
    }
}


int main()
```

```
{
    readProgram();
    cu();

    return 0;
}
```

输入输出模块是最简单的模块。read 函数模拟从控制台输入一个整型数到内存，即存放到数组 memory。write 函数模拟将内存中的整数输出到控制台。由于输入输出都与内存有关，所以将 memory 设为模块的外部变量。模块的实现如代码清单 6-44。

代码清单 6-44　输入输出模块的实现

```
#include <iostream>
using namespace std;

extern int memory[100];

void read(int addr)
{
    cin >>memory[addr];
}

void write(int addr)
{
    cout <<memory[addr];
}
```

运算器模块实现所有与运算有关的指令。运算器包含一个存储单元——累加器，与运算有关的指令几乎都要用到累加器，所以它是运算器模块的全局变量。运算指令也会用到内存中的数据，所以运算器模块也将 memory 设为外部变量。运算器模块的实现如代码清单 6-45。

代码清单 6-45　运算器模块的实现

```
extern int memory[100];                        //内存
int accumulator;                               //累加器

void load(int addr)
{
    accumulator =memory[addr];
}

void store(int addr)
{
    memory[addr] =accumulator;
}
```

```
    void add(int addr)
    {
        accumulator +=memory[addr];
    }

    void sub(int addr)
    {
        accumulator -=memory[addr];
    }

    void mul(int addr)
    {
        accumulator *=memory[addr];
    }

    void div(int addr)
    {
        accumulator /=memory[addr];
    }
```

最关键的是控制器模块,它的实现如代码清单6-46。控制器在运行时要用到累加器和内存,所以将这两个变量设为控制器模块的外部变量。控制器从内存的0号单元开始取指令执行,所以程序计数器pc的初值为0。控制器重复执行以下过程,直到遇到HALT指令:从pc指定的单元中取一条指令,分析指令,指挥相应的部件工作,修正pc的值。这在程序中体现为一个while循环。

代码清单6-46　控制器模块的实现

```
extern accumulator;
extern int memory[100];
void read(int addr);
void write(int addr);
void load(int addr);
void store(int addr);
void add(int addr);
void sub(int addr);
void mul(int addr);
void div(int addr);

void cu()
{
    int pc =0, opcode, addr;

    while (memory[pc] !=4300) {
```

```
        opcode = memory[pc] / 100;
        addr = memory[pc] % 100;
        switch(opcode) {
            case 10: read(addr); break;
            case 11: write(addr); break;
            case 20: load(addr); break;
            case 21: store(addr); break;
            case 30: add(addr); break;
            case 31: sub(addr); break;
            case 32: mul(addr); break;
            case 33: div(addr); break;
            case 40: pc = addr; break;                        //BR 指令
            case 41: if (accumulator == 0) pc = addr; else ++pc;    //BRZ 指令
        }
        if (opcode != 40 && opcode != 41) ++pc;
    }
}
```

第 7 章

间接访问——指针

7.1 知识点回顾

7.1.1 指针的概念

指针是 C++ 中的重要概念。指针变量是保存内存地址的变量。在 C++ 语言中,指针有多种用途。指针可以增加变量的访问途径,使变量不仅能够通过变量名直接访问,也可以通过指针间接访问。此外,指针可以使程序中的不同部分共享数据,也可以通过指针在程序执行过程中动态申请空间。

定义指针变量要说明 3 件事:指针变量名,这个变量中存储的是一个指针以及指针指向的空间中存储的数据类型。因此,C++ 的指针变量定义格式如下:

```
类型名    * 指针变量名;
```

其中, * 表示后面定义的变量是一个指针变量;类型名表示该变量指向的地址中存储的数据的类型,也被称为指针的基类型。

指针变量最基本的操作是让它指向某一内存地址,以及访问它指向的地址中的内容,这通过 & 操作和 * 操作实现。& 运算符用于获取某个变量的内存地址。例如,定义

```
int * p, x;
```

可以用 $p = \&x$ 将变量 x 的地址存入指针变量 p。 * 运算符的运算对象是一个指针变量,表示这个指针指向的内存地址。

7.1.2 指针运算与数组

在 C++ 中,指针和数组关系密切,几乎可以互换使用。对一维数组来说,数组名是数组的起始地址,也就是第 0 个元素的地址。因此,数组名可以看成是一个指针,而且是一个常指针,永远指向这一地址。如果定义了整型指针 p 和整型数组 intarray,由于 p 的类型和 intarray 的值的类型一致,都是一个整型指针,因此,可以执行 $p = $ intarray。一旦执行了这个赋值,p 与 intarray 就是等价的,可以将 p 看成一个数组名。对 p 可以进行任何有关数组下标的操作。例

如，可以用 $p[3]$ 引用 intarray$[3]$。

指针保存的是一个内存地址,内存地址本质上是一个整数。对指针进行算术运算理所当然,但只能执行加减运算。C++ 对指针的加减考虑指针的基类型。对指针变量 p 加 1,p 的值增加了一个基类型的长度。如果 p 指向整型指针并且它的值为 1000,在 VC 6.0 中执行了 $++p$ 后,它的值为 1004。

对一个指向某个简单变量的指针执行加减运算没有意义。指针的运算与数组有关。如果指针 p 指向数组 arr 的第一个元素且 k 为整型数,下面的关系总是成立的:$p+k$ 等同于 $\&$arr$[k]$。换言之,如果在指针值上加上一个整数 k,则结果就是起始地址为原指针值的数组的下标值为 k 的元素的地址。

7.1.3　指针与动态内存分配

动态变量是指在写程序时无法确定它们的存在,只有当程序运行起来,随着程序的运行,根据程序的需求动态产生和消亡的变量。由于动态变量不能在程序中定义,也就无法给它们取名字。因此,对于动态变量的访问需要通过指向动态变量的指针变量来进行间接访问。

使用动态变量必须定义一个相应类型的指针,然后通过动态变量申请的功能向系统申请一块内存,将内存的地址存入该指针变量,这样就可以间接访问动态变量了。当程序运行结束时,系统会自动回收指针占用的内存,但并不会回收动态变量的空间,动态变量的空间需要程序员在程序中显式地释放。因此,要实现动态内存分配,C++ 必须提供 3 种功能。

(1) 定义指针变量。

(2) 动态申请空间。

(3) 动态回收空间。

申请动态变量用运算符 new。运算符 new 可以申请一个简单的动态变量或一个动态数组。申请一个简单的动态变量的格式:

```
new　类型名
```

这个操作从内存中称为堆的区域申请一块能存放相应类型的数据的空间,操作的结果是这块空间的首地址,可以将这个地址存放于一个指针,通过间接访问使用这个动态变量。

用 new 操作也可以申请一个一维数组。它的格式:

```
new 类型名 [元素个数]
```

这个操作在内存的堆区域申请一块连续的空间,存放指定类型的一组元素,操作的结果是这块空间的首地址,将这个地址存放到一个指针变量,这个指针变量就可以当作数组使用。

由于计算机内存的空间有限,堆空间最终也可能用完,此时 new 操作就会失败。为可靠起见,在 new 操作后最好检查一下操作是否成功。new 操作是否成功可以通过它的返回值来确定,当 new 操作成功时,返回申请到的堆空间的一个地址;如果不成功,则返回一个空指针。

在 C++ 程序运行期间，动态变量不会消亡。甚至在一个函数中创建一个动态变量，在该函数返回后，该动态变量依然存在，仍然可以使用。要回收动态变量的空间必须显式地使之消亡。回收某个动态变量的空间可以使用 delete 操作。对应于动态变量和动态数组，delete 也有两种用法。

回收一个动态变量的空间，可以用

delete 指针变量；

回收一个动态数组的空间，可以用

delete [] 指针变量；

但如果该动态数组是字符数组，delete 时可以不加方括号。

一旦释放了内存区域，堆管理器重新收回这些区域。虽然指针仍然指向这个堆区域，但已不能再使用指针指向的这些区域。如果再间接访问这块空间将导致程序异常终止。

7.1.4　字符串的指针表示

字符串除了可以用字符数组表示外，还可以用指向字符的指针表示。用指针表示字符串有 3 种用法。

（1）将一个字符串常量赋给一个指向字符的指针变量。如 string 是指向字符的指针，可以执行 string＝"abcde"。

（2）将一个字符数组名赋给一个指针，字符数组中存储的是一个字符串。

（3）申请一个动态的字符数组赋给一个指向字符的指针，字符串存储在动态数组中。

第 2 种和第 3 种情况比较好理解，字符串存储在一个数组中，让指针指向数组的第一个元素。第 1 种情况看起来有点奇怪，把一个字符串常量赋给一个指针！这个语句应该理解为将存储字符串"abcde"的内存的首地址赋给指针变量 string。字符串常量一般与静态变量存放在一个区域，在程序执行过程中始终存在。

7.1.5　指针、数组和字符串传递

函数的参数不仅可以是整型、实型、字符型等数据，也可以是指针变量。将指针变量作为参数称为指针传递。指针传递有两个作用：第一个作用是降低参数传递的代价。如果要传递的参数占用大量的空间，而值传递中形式参数和实际参数都要占用同样大的一块空间，在参数传递时还需要将实际参数的值复制给形式参数，既占用时间又占用空间。指针传递可以降低参数传递的代价，不管数据元素占用的空间有多大，参数传递时只是传递一个地址。第二个作用是使调用函数和被调用函数可以共享同一空间。指针传递将调用函数中的一个变量的地址传到被调用函数中，在被调函数中可以间接访问调用函数中的变量。

指针作为参数传递可以使函数有多个执行结果。除了通过函数的返回值返回外，还可以通过指针传递在被调函数中将某些执行结果直接存放在调用函数的变量中，这些参数称为输出参数。通常函数的输入可以用值传递，函数的输出可以用指针传递。在设计

函数原型时,一般将输入参数放在前面,输出参数放在后面。

　　数组传递实质上就是指针传递,因为数组名代表的是数组的首地址。如果将数组名作为函数的参数,在函数调用时是将数组的首地址(而不是数组的值)传给形式参数。例如,如果函数的形式参数是名为 arr 的数组,实际参数是名为 array 的数组,在参数传递时可以看成执行一个操作 arr＝array,这样数组 arr 和 array 的首地址相同,即两个数组共享一块空间。所以,数组传递的本质是地址传递。当数组名作为函数参数传递时,形式参数表示为数组或指针实质上是一样的。实际参数写成数组或指针也是一样的,只要作为实际参数的指针指向的数组空间存在。

　　尽管传递数组时,形式参数可以写成数组也可以写成指针,但作为一般规则,声明参数必须能体现出各个参数的用途。如果需要将一个形式参数作为数组使用,并从中选择元素,那么应该将该参数声明为数组;如果需要将一个形式参数作为指针使用,并且访问其指向的内存单元,那么应该将该参数声明为指针。当传递的是一个数组时,必须用另一个参数指出数组中的元素个数。

　　字符串本质上是用一个字符数组来存储。字符串作为函数参数传递与数组作为函数参数传递一样,形式参数和实际参数都可写成字符数组或指向字符的指针。但如果传递的是一个字符串,通常使用指向字符的指针。由于字符串有一个特定的结束标志'\0',因此与传递数组不同,传递一个字符串只需要一个参数,即指向字符串中第一个字符的指针,而不需要指出字符串的长度。

　　函数的返回值也可以是一个指针。表示函数的返回值是一个指针只需在函数名前加一个 ＊。当函数的返回值是指针时,返回地址对应的变量可以是全局变量、动态变量或调用程序中的某个局部变量,但不能是被调函数的自动局部变量。这是因为当被调函数返回后,自动局部变量已消亡,当调用者通过函数返回的地址去访问地址中的内容时,会发现已无权使用该地址。在 VS 中,编译器会给出一个警告。

7.1.6　引用与引用传递

　　指针类型提供了通过一个变量间接访问另一个变量的能力。特别是,当指针作为函数的参数时,可以使主调函数和被调函数共享同一块空间,同时也提高了函数调用的效率。但是指针也会带来一些问题,如它会使程序的可靠性下降以及书写比较烦琐等。

　　为了获得指针的效果,又要避免指针的问题。C++ 提供了另外一种类型——引用类型,它也能通过一个变量访问另一个变量,而且比指针类型安全。

　　引用就是给变量取一个别名,使一块内存空间可以通过几个变量名来访问。例如:

```
int i;
int &j =i;
```

其中,第二个语句定义了变量 j 是变量 i 的别名。当编译器遇到这个语句时,它并不会为变量 j 分配空间,而只是把变量 j 和变量 i 的地址关联起来。i 与 j 用的是同一个内存单元。

　　C++ 引入引用的主要目的是将引用作为函数的参数。如果在函数内部需要改变实际参数值时,可以将形式参数设计成引用类型。在参数传递时,形式参数作为实际参数的别名,函数中对形式参数的修改就是对实际参数的修改。

函数的返回值也可以是引用类型,它表示函数的返回值是函数内某一个变量的引用。当函数返回引用类型时,不需要创建一个临时变量存放返回值,而是直接返回 return 后的变量本身。由于函数返回的是一个引用,函数调用就是 return 后面的变量的别名,所以函数调用可以作为左值。

C++03 中引用类型的变量的初值只能是左值,除非声明的是 const 的引用,这类引用称为左值引用。而 C++11 可以引用右值,右值引用只能引用一个将要被销毁的临时值,接管了临时对象的空间。左值引用用 & 表示,右值引用用 && 表示。例如:

```
int   &&a =10;
int x =10;
int &&y =x+9;
```

其中,a 和 y 都是合法的右值引用。

7.1.7 多级指针与指向函数的指针

由于指针本身也是变量,所以一组同类指针也可以像其他变量一样形成一个数组。如果一个数组的元素均为某一类型的指针,则称该数组为指针数组。一维指针数组的定义形式如下:

```
类型名   *数组名[数组长度];
```

一维数组的名字是指向存储数组元素的空间的起始地址,也就是指向数组的第一个元素的指针。而在指针数组中每个元素本身又是一个指针,因此数组名本身指向一个存储指针的单元,它被称为指向指针的指针或多级指针。

定义指针变量是在变量名前加 1 个'*',二级指针加两个'*',三级指针加 3 个'*',以此类推。例如,下面定义中的变量 q 是二级指针。二级指针中保存的是一个一级指针变量的地址。

```
int x =15, * p =&x, * * q =&p;
```

在 C++ 中,指针可以指向一个整型变量、实型变量、字符串、数组等,也可以指向一个函数。指针指向一个函数是让指针保存这个函数的代码在内存中的存储地址,以后就可以通过这个指针调用某一个函数。这样的指针称为指向函数的指针。当通过指针去操作一个函数时,编译器不仅需要知道该指针是指向一个函数的,而且需要知道该函数的原型。因此,在 C++ 中指向函数的指针定义格式:

```
返回类型 (* 指针变量)(形式参数表);
```

注意,指针变量外的括号不能省略。如果没有这对括号,编译器会认为声明了一个返回指针值的函数,因为函数调用运算符()比表示指针的运算符 * 的优先级高。

为了让指向函数的指针指向某一个特定函数,可以通过赋值

```
指针变量名 =函数名
```

来实现。如果有一个函数 int f1(),有一个指向函数的指针 p,可以通过赋值 p = f1 将 f1 的入口地址赋给指针 p,以后就可以通过 p 调用 f1。例如,p()与 f1()等价。

7.1.8　main 函数的参数

如果使用过命令行界面,会发现在输入命令时经常在命令名后面跟一些参数。例如, DOS 中的改变当前目录的命令:

```
cd directory1
```

其中,cd 为命令的名字,即对应于改变当前目录命令的可执行文件名;directory1 为这个命令对应的参数。那么,这些参数是怎样传递给可执行文件的呢? 每个可执行文件对应的源程序必定有一个 main 函数,这些参数作为 main 函数的参数传入。

到目前为止,本书设计的 main 函数都没有参数,也没有用到它的返回值。事实上, main 函数和其他函数一样可以有参数,也可以有返回值。main 函数有两个形式参数:第一个形式参数习惯上称为 argc,是一个整型参数,它的值是运行程序时命令行中的参数个数;第二个形式参数习惯上称为 argv,是一个指向字符的指针数组,它的每个元素是指向一个实际参数的指针。每个实际参数都表示为一个字符串。

7.1.9　lambda 表达式

C++ 11 提供了一个新的工具,即 lambda 表达式,也称为 lambda 函数。lambda 表达式可以理解成一个未命名的内联函数。与任何函数类似,lambda 表达式具有一个返回类型、一个参数列表和一个函数体。但与函数不同,lambda 表达式可以定义在函数内部。一个 lambda 表达式具有如下形式:

```
[捕获列表](参数表)->返回类型{函数体}
```

其中,捕获列表是一个 lambda 表达式所在的函数中定义的局部变量列表(通常为空),参数表、返回类型和函数体与普通函数相同。但 lambda 函数与普通函数不同,必须使用尾置返回类型。例如

```
[](int x, int y) ->int { int z =x +y; return z; }
```

是一个合法的 lambda 函数。

```
[](int x, int y) { return x +y; }
[](int& x) { ++x; }
```

也是合法的 lambda 函数。没有 return 语句或只有一个 return 语句而且返回类型很明确时,lambda 函数可以不指定返回类型。

lambda 表达式可以赋值给一个函数指针,以后可以通过函数指针调用该函数。如定义:

```
auto f =[](int x, int y) { return x +y; };
```

则可通过 $f(3,6)$ 调用该 lambda 函数,可得结果 9。

lambda 表达式最重要的用途是作为函数的实际参数。

7.2   习题解答

7.2.1   简答题

1. 下面的定义所定义的变量类型是什么?

```
double * p1, p2;
```

【解】p1 是指向 double 类型的指针变量,p2 是一个 double 类型的变量。

2. 如果 arr 被定义为一个数组,描述以下两个表达式之间的区别。

```
arr[2]
arr +2
```

【解】arr[2]是数组 arr 的第 3 个元素,arr+2 是数组 arr 第 3 个元素的地址。

3. 假设 double 类型的变量在计算机内存中占用 8B。如果数组 doubleArray 的基地址为 1000,那么 doubleArray+5 的值是什么?

【解】由于 double 类型的变量在计算机在内存中占 8B,如果对 double 的指针加 1,指针中的实际值增加了 8。因此,doubleArray+5 的值是 1040。

4. 定义

```
int array[10], * p =array;
```

后,可以用 p[i]访问 array[i]。这是否意味着数组和指针是等同的?

【解】数组和指针是完全不同的,数组变量存放了一组同类元素,指针变量中存放了一个地址。由于在 C++中数组名代表的是数组的起始地址,因此在将一个数组名赋给一个指针后,该指针指向了数组的起始地址,可以和数组名有同样的行为。

5. 字符串用字符数组来存储。为什么传递一个数组需要两个参数(数组名和元素个数),而传递字符串只要一个参数(数组名)?

【解】数组传递的本质是地址传递,传递给形式参数的是数组的起始地址,数组元素的个数是通过另一个形式参数传递的,因此数组传递通常需要两个参数:数组名和元素个数。字符串在 C++中是存储在一个字符类型的数组中,所以传递一个字符串也是传递一个数组。但由于 C++规定每个字符串必须以'\0'结束,所以传递字符串时就不需要指出元素个数了。处理字符串时只要从存储字符串的起始地址开始,依次往后处理,直到遇到'\0'。

6. 值传递、引用传递和指针传递的区别是什么?

【解】值传递主要用作函数的输入。在值传递时,计算机为形式参数分配空间,将实际参数作为形式参数的初值。函数中对形式参数的修改不会影响实际参数的值。在引用传递中,形式参数是实际参数的一个别名,形式参数并没有自己的空间,它操作的是实际参数的空间。指针传递时,形式参数是一个指针变量。参数传递时,计算机为形式参数分配一块空间,即保存一个内存地址所需的空间,将实际参数的值(调用函数中的某个变量的地址)作为初值。函数中可以通过间接访问调用函数中的某个变量。引用传递和指针传递通常可将被调用函数中的运行结果传回调用函数。

7. 如何检查 new 操作是否成功?

【解】new 操作的作用是向系统申请一个动态变量。如果申请成功,new 操作返回该动态变量的内存地址;如果申请不成功,new 操作返回一个空指针,即 0。所以检查 new 操作是否成功,可检查其返回值是否为 0。

8. 返回引用的函数和返回值的函数在用法上有什么区别? 计算机在处理这两类返回时有什么区别?

【解】返回值的函数调用只能作为右值,而返回引用的函数可以作为左值。返回值的函数返回时,计算机用 return 语句中的表达式构造一个临时变量,用该临时变量替代调用函数中的函数调用,所以该函数的调用只能作为右值。返回引用的函数的 return 语句后面一定是一个左值,而且该左值在函数调用结束后依然还存在。函数返回时,将 return 后面的左值替代主函数中的函数调用。由于该函数调用等价于一个左值,所以可以放在赋值号左边,对其赋值。

另外,返回引用的函数返回时不需要构造临时变量,也节省了函数返回时所需的时间。

9. 如果 p 是指针变量名,下面表达式中哪些可以作为左值? 请解释。

(1) p　(2) $*p$　(3) $\&p$　(4) $*p+2$　(5) $*(p+2)$　(6) $\&p+2$

【解】左值必须有自己对应的内存空间,赋值时将赋值号右边的表达式的值存放在左值对应的内存空间中。因此,p、$*p$、$*(p+2)$ 是左值,其他不是左值。

10. 如果 p 是一个指针变量,p 指向的单元中的内容应如何表示? 变量 p 本身的地址应如何表示?

【解】p 指向的单元中的内容应表示为 $*p$,变量 p 本身的地址应表示为 $\&p$。

11. 如果一个 new 操作没有对应的 delete 操作会有什么后果?

【解】如果一个 new 操作没有对应的 delete 操作会造成内存泄漏,即这块内存空间成了三不管地带。执行 new 操作的程序已经不用这块空间,而堆管理器认为这块空间仍在被使用。如果一个程序有大量的内存泄漏,最终会耗完所有的内存。如果操作系统不支持虚拟内存,则后续的 new 操作都会失败;如果操作系统支持虚拟内存,系统运行速度会越来越慢。

7.2.2　程序设计题

1. 用原型

```
bool getDate(int &dd, int &mm, int &yy);
```

写一个函数从键盘读入一个形如 dd-mmm-yy 的日期。其中,dd 是一个 1 位或 2 位的表示日的整数,mmm 是月份的前 3 个字母的缩写,yy 是两位数的年份。函数读入这个日期,并将它们以数字形式传给 3 个参数。如果输入的是一个正确的年份,返回 true,否则返回 false。

【解】由于函数要返回 3 个信息,所以只能以输出参数的形式返回。函数原型中的 3 个引用传递的参数就用于实现输出。函数的返回值表示输入的日期是否是一个合法的日期,返回 true 表示日期合法,返回 false 表示日期非法。

键盘输入的字符串最长有 9 个字符,最短有 8 个字符(日期是个位数),存储输入字符串的字符数组 ch 的长度可定义成 10。为了避免 8 个字符和 9 个字符两种形式的处理方式,在转换之前将它们统一成 9 个字符的形式。这可以通过在字符串前插入一个 0 来实现。

取出日是取出 ch[0]和 ch[1],并将这两个字符组成的字符串转换成数字。取出月是将 ch 的第 3~5 个字符组成的字符串与字符串数组 month 的元素相比较,相同的元素的下标加 1 就是月份。年份的处理与日的处理相同,只不过处理的是 ch 的第 7 位和 8 位。完整的函数如代码清单 7-1。

代码清单 7-1　日期转换函数

```cpp
bool getDate(int &dd, int &mm, int &yy)
{
    char * month[12] ={"Jan", "Feb", "Mar", "Apr", "May", "Jun", "Jul", "Aug", "Sep",
                       "Oct", "Nov", "Dec"};
    char ch[10];
    int i;

    dd =mm =yy =0;
    cout <<"请输入日期: ";
    cin >>ch;

    if (ch[1] =='-')  {                             //将一位表示的日用两位表示
        for (i =9; i >0; --i) ch[i] =ch[i-1];
        ch[0] ='0';
    }

    //处理日
    if (ch[0] >='0' && ch[0] <='9') dd =ch[0] -'0'; else return false;
    if (ch[1] >='0' && ch[1] <='9') dd =10 * dd +ch[1] -'0';
    else return false;

    if (ch[2] !='-') return false;

    //处理月
    for (mm =0; mm <12; ++mm)
        if (strncmp(&ch[3], month[mm], 3) ==0) break;
    if (mm ==12) return false; else ++mm;

    if (ch[6] !='-') return false;
```

```
                                       //处理年
    if (ch[7] >='0' && ch[7] <='9') yy =ch[7] - '0'; else return false;
    if (ch[8] >='0' && ch[8] <='9') yy =10 * yy +ch[8] - '0'; else return false;

    if (ch[9] !='\0') return false; else return true;
}
```

2. 设计一函数

```
void deletechar(char * str1, const char * str2)
```

在 str1 中删除 str2 中出现的字符。用递归和非递归两种方法实现。

【解】最直接的方法是对 str2 中的每个字符检查在 str1 中是否出现，在 str1 中删除出现的字符。该实现方法如代码清单 7-2。

代码清单 7-2　非递归实现

```
void deletechar(char * str1, const char * str2)
{
    int i, j;

    while (* str2) {                               //对 str2 中的每个字符
        for (i =0, j =0; str1[j] !='\0'; ++j)      //在 str1 中删除 * str2
            if (str1[j] != * str2) str1[i++] =str1[j];
        str1[i] ='\0';
        ++str2;
    }
}
```

该问题也可以用递归的方法解决。解决该问题可以分成两个阶段：①在 str1 中删除与 str2 中第一个字符相同的字符；②在 str1 中删除 str2 中除第一个字符以外的所有字符。第二阶段的任务与原问题相同，只是 str2 中少了第一个字符，所以可以递归调用本函数。本问题的递归实现如代码清单 7-3。

代码清单 7-3　递归实现

```
void deletechar(char * str1, const char * str2)
{
    int i, j;

    if (* str2  =='\0') return;
    for (i =0, j =0; str1[j] !='\0'; ++j)          //完成第一阶段的任务
        if (str1[j] != * str2) str1[i++] =str1[j];
    str1[i] ='\0';
    deletechar(str1, ++str2);                      //完成第二阶段的任务
}
```

3. 设计一个原型为

```
char * itos(int n);
```

的函数，将整型数 n 转换成一个字符串。

【解】假设在 VS 2010 中实现此函数。由于在 VS 2010 中，整型数占用的空间是 4 位，最大的表示范围是 10 位十进制数，因而在代码清单 7-4 的程序中定义了一个长度为 12 个字符的动态字符数组 s 存放转换后的字符串。

在处理了 $n = 0$ 的特殊情况后，函数开始处理一般情况。首先处理正负数。由于负数与正数相比只是在前面多了一个"－"号，其他处理都相同。于是对于负数，先将 $s[0]$ 设为"－"，然后将 n 取反，接下去只需要考虑处理正整型数。处理正整型数时，首先假设 n 有十个数字，从高到低依次取出每一位放入字符串 s。取出第 10 位可以用 $n/1000000000$，取出第 9 位可以用 $n\%1000000000/100000000$，以此类推。代码清单 7-4 中用 scale 存储需要取出的是几位数。按惯例整型数前面的 0 是不需要出现的。例如－123 不应该写成－000000123，所以 scale 的初值不是 1000000000，而是根据参数 n 的值计算得到。每取出 1 位，执行 $n\%$＝scale，scale/＝10，直到 scale 等于 0，说明所有位都处理完了。

代码清单 7-4　整型数转换成字符串表示的函数

```cpp
char * itos(int n)
{
    char * s = new char[12];
    int i = 0, scale = 1000000000;

    if (n == 0) {                           //处理特殊情况 0
        s[0] = '0';
        s[1] = '\0';
        return s;
    }

    if (n < 0) {                            //处理"-"号
        s[0] = '-';
        n = -n;
        ++i;
    }

    while (n / scale == 0) scale /= 10;     //压缩整型数前面的 0

    while (scale > 0) {                      //从高到低处理每一位
        s[i] = n / scale + '0';
        n %= scale;
        ++i;
        scale /= 10;
    }
```

```
    s[i] ='\0';

    return s;
}
```

4. 用带参数的 main 函数实现一个完成整数运算的计算器。如果该函数对应的可执行文件名为 calc,在命令行界面输入

```
calc  5 * 3
```

可得到执行结果为 15。

【解】main 函数有两个参数:argc 和 argv。argc 是一个整型参数,表示本次程序的执行有几个参数。注意,可执行文件名本身也作为一个参数,如果输入 calc 5 + 3,则 argc 等于 4。命令行输入时,参数和参数之间用空格分开。argv 是一个字符串数组,它有 argc 个元素。argv 的每个元素是命令行中的一个参数。对于 calc 5＋3,argv[0]＝ "calc"、argv[1]＝"5"、argv[2]＝"＋"、argv[3]＝"3"。

如果不考虑用户输入有误,本程序实现并不难。首先将 argv[1] 和 argv[3] 中的字符串转换成数字,然后根据 argv[2] 的第一个字符分成 4 个分支,分别执行＋、－、＊、/运算。完整的程序如代码清单 7-5。

代码清单 7-5　计算器程序

```
int main(int argc, char * argv[])
{
    int num1 =0, num2 =0, i;

    for ( i =0 ; argv[1][i] !='\0'; ++i)          //转换左运算数
        num1 =num1 * 10 +argv[1][i] -'0';

    for ( i =0 ; argv[3][i] !='\0'; ++i)          //转换左运算数
        num2 =num2 * 10 +argv[3][i] -'0';

    switch(argv[2][0]) {                          //执行四则运算
        case '+': cout <<num1 +num2 <<endl; break;
        case '-': cout <<num1 -num2 <<endl; break;
        case '*': cout <<num1 * num2 <<endl; break;
        case '/': cout <<num1 / num2 <<endl; break;
        default: cout <<"error" <<endl;
    }

    return 0;
}
```

5. 编写一个函数,判断作为参数传入的一个整型数组是否为回文。回文就是第一个数与最后一个数相同,第二个数与倒数第二个数相同,以此类推。例如,若数组元素值为

10、5、30、67、30、5、10,则该数组是一个回文。要求用递归实现。

【解】判断一个整型数组是否构成回文,可以将第 0 个元素与第 size－1 个元素比较,将第 1 个元素与第 size－2 个元素比较,……,将第 i 个元素与第 size－1－i 个元素比较,直到 i 达到 size/2－1。如果每次比较都成功,表示数组是回文;只要有一次不成功,就不是回文。

这个问题也可以用递归的方法解决。一个数组是回文必须满足两个条件:①第一个和最后一个元素值相同;②除去第一个和最后一个元素后的数组也是回文。其中,第二个问题和原问题是同样的问题,可以通过递归调用实现。

函数的参数是一个整型数组,因此它有两个形式参数:数组名和数组规模。函数判别数组是否为回文,所以返回值是一个 bool 类型的值。当数组只有一个元素或 0 个元素时,如果是回文返回 true,这是递归终止条件。否则比较第一个和最后一个元素,如果不同,返回 false;如果相同,继续判断去除第一个和最后一个元素后的数组是否是回文,并将这个结果作为整个函数的结果值。具体程序如代码清单 7-6。

代码清单 7-6   判断整型数组是否为回文的递归函数

```
bool plalindrome(int a[], int size)
{
    if (size <2) return true;
    if (a[0] !=a[size -1])
        return false;
    return plalindrome(a+1, size -2);
}
```

6. Julian 历法是用年及这一年中的第几天来表示日期。设计一个函数将 Julian 历法表示的日期转换成月和日,如 Mar 8(注意闰年的问题)。函数返回一个字符串,即转换后的月和日,所以返回值是一个指向字符的指针。如果参数有错,如天数为第 370 天,返回 NULL。

【解】将 Julian 历法表示的日期转换成月和日表示,首先需要知道该日期是几月份,然后再算出是这个月的第几天。要知道这个日期对应的是几月份可以从一月份开始依次往后比较。如果日期小于 31,应该是 1 月份,否则至少应该是 2 月份。于是在日期中减去 31,再检查日期是否小于 28 或 29(对应于闰年)。如果小于,则日期是 2 月份。以此类推,直到日期小于某个月份的日期,就可将月份确定下来。剩余的天数就是对应的日。

函数实现中的另一个问题是返回值的问题。函数要求返回一个字符串,字符串通常用指向字符的指针表示,因此函数的返回值是指向字符的指针。返回的指针指向的空间必须在离开函数后依然可用,所以不能用函数局部变量来存放转换后的日期。代码清单 7-7 中采用了动态变量,定义了一个动态的字符数组 date 存放返回值。

代码清单 7-7   日期转换函数

```
char * Julian(int year, int day)
{
    char * date =new char[7];
```

```
int dayInMonth[12] ={31, 28, 31, 30, 31, 30, 31, 31, 30, 31, 30, 31};
char * month[12] ={ "Jan", "Feb", "Mar", "Apr", "May", "Jun", "Jul",
                    "Aug", "Sep", "Oct", "Nov", "Dec"};

if ((year %400 ==0) ‖ (year %4 ==0 && year %100 !=0))
                                        //如果是闰年,2月份的天数加 1
    ++dayInMonth[1];
for (int i =0; day >dayInMonth[i]; ++i) day -=dayInMonth[i];
                                        //获取月份 i

strcpy(date, month[i]);                 //将月份保存到字符数组 date
date[3] =' ';
if (day >9) {                           //将日转换成字符串存入字符数组 date
    date[4] =day / 10 +'0';
    date[5] =day %10 +'0';
    date[6] ='\0';
}
else {
    date[4] =day +'0';
    date[5] ='\0';
}

return date;
}
```

7. 编写一个魔阵生成的函数。函数的参数是生成的魔阵的阶数,返回的是所生成的魔阵。

【解】N 阶魔阵是一个 $N \times N$ 的由 $1 \sim N^2$ 的自然数构成的矩阵。它的每一行、每一列和对角线之和均相等。例如,一个 3 阶魔阵如下所示,它的每一行、每一列和对角线之和均为 15。

8	1	6
3	5	7
4	9	2

生成 N 阶的魔阵只需要将 $1 \sim N^2$ 填入矩阵,填入的位置由如下规则确定。

(1) 第一个元素放在第一行中间一列。

(2) 下一个元素放在当前元素的上一行、下一列。

(3) 如上一行、下一列已经有内容,则下一个元素的存放位置为当前列的下一行。

在找上一行、下一行或下一列时,必须把这个矩阵看成是回绕的。也就是说,如果当前一行是最后一行时,下一行为第 0 行;当前一列为最后一列时,下一列为第 0 列;当前一行为第 0 行时,上一行为最后一行。

　　显然魔阵的存储可以用一个二维数组。由于函数返回的是生成的魔阵,该二维数组在离开函数后依然要可访问,因此必须采用动态数组。要实现魔阵生成的程序,还有 3 个问题需要解决:①如何表示当前单元有空;②如何实现找新位置时的回绕;③如何定义一个动态二维数组。问题①可以通过对数组元素设置一个特殊的初值(如 0)来实现。问题②可以通过取模运算来实现。如果当前行的位置不在最后一行,下一行的位置就是当前行加 1。如果当前行是最后一行,下一行的位置是 0。这正好可以用一个表达式 (row+1)%N 来实现。在找上一行时也可以用同样的方法处理。如果当前行不是第 0 行,上一行为当前行减 1。如果当前行为第 0 行,上一行为第 N-1 行。这个功能可以用表达式(row-1+N)%N 实现。问题③稍微复杂一点。因为 C++ 只提供了动态一维数组,无法直接申请动态二维数组。但是可以根据二维数组与指针的关系设计一段程序实现动态二维数组的申请。

　　二维数组可以看成元素是一维数组的一维数组。二维数组的名字可以看成是指向一维数组的指针,而一维数组名本身又是一个指针,因此二维数组名可以看成是指向指针的指针,它是一个二级指针。申请动态二维数组可以由两个步骤组成:申请一个一维的指针数组保存每一行的首地址,申请存储每一行元素的空间。

　　解决了这些难点,就可以实现生成魔阵的函数。首先设计函数的原型。函数的参数是魔阵的阶数,因而函数有一个整型参数 scale。函数的返回值是生成的魔阵,是一个二维数组,而二维数组的名字是一个二级指针。所以函数的返回值可以设计成指向整型的二级指针。函数首先申请一个二维动态数组,并按照魔阵填写规则填写魔阵,最后返回保存魔阵的二维数组。完整的实现如代码清单 7-8。

代码清单 7-8　魔阵生成函数

```
int * * magicArray(int scale)
{
    int row, col, count, i, j;
    int * * magic;                          //存放魔阵的二维数组

    //申请动态二维数组
    magic =new int * [scale];
    for (i =0; i <scale; ++i) {
        magic[i] =new int[scale];
        for (j =0; j <scale; ++j) magic[i][j] =0;
    }

    //填写魔阵
    row=0; col =(scale -1) / 2; magic[row][col] =1;
    for (count =2; count <=scale * scale; count++) {
        if (magic[(row -1 +scale) %scale][(col +1) %scale] ==0) {
            row = ( row -1 +scale ) %scale;
            col = ( col +1 ) %scale;
        }
```

```
        else   row = ( row +1 )%scale;
        magic[row][col] =count;
    }

    return magic;
}
```

8. 在统计学中,经常需要统计一组数据的均值和方差。均值的定义为 $\bar{x} = \sum\limits_{i=1}^{n} x_i/n$,方差的定义为 $\sigma = \sum\limits_{i=1}^{n} (x_i - \bar{x})^2/n$。设计一个函数,对给定的一组数据返回它们的均值和方差。

【解】本题的难点是设计函数的原型,函数的实现很简单。调用函数时,需要给出一组数据,因此函数有一个数组参数。函数的执行结果是均值和方差。由于函数需要两个返回值,于是将这两个返回值设计成输出参数,用引用传递实现。均值和方差的计算只需按标准公式计算即可。具体程序如代码清单 7-9。

代码清单 7-9   计算均值和方差的函数

```
void statistic(double data[], int size, double &means, double &dev)
{
    int i;

    means =dev =0;

    //计算均值
    for (i =0; i <size; ++i)
        means +=data[i];
    means /=size;

    //计算方差
    for (i =0; i <size; ++i)
        dev += (data[i] -means) * (data[i] -means);
    dev /=size;
}
```

9. 设计一个用弦截法求函数根的通用函数。函数有 3 个参数:第一个是指向函数的指针,指向所要求根的函数;第二个和第三个参数指出根所在的区间。返回值是求得的根。

【解】弦截法是求函数 f 在某个区间 $[a, b]$ 中的根的一种方法。如果 $f(a)$ 和 $f(b)$ 异号,并且函数 f 是单调连续的,则可用下列步骤求出函数 f 在区间 $[a, b]$ 中的根。

(1) 令 $x_1 = a$,$x_2 = b$。

(2) 连接 $(x_1, f(x_1))$ 和 $(x_2, f(x_2))$ 的弦交与 x 轴的坐标点可用如下公式求出

$$x = \frac{x_1 * f(x_2) - x_2 * f(x_1)}{f(x_2) - f(x_1)}$$

（3）若 $f(x)$ 与 $f(x_1)$ 同符号,则方程的根在 (x,x_2),将 x 作为新的 x_1。否则根在 (x_1,x),将 x 设为新的 x_2。

（4）重复步骤（2）和（3）,直到 $f(x)$ 小于某个指定的精度为止。此时的 x 为方程 $f(x)=0$ 的根。

按照此过程的实现代码如代码清单 7-10。

代码清单 7-10 求函数根的函数

```
double root(double (* f)(double), double x1, double x2)
{
    double x, f2, f1, fx;

    do {
        f1 =f(x1);
        f2 =f(x2);
        x = (x1 * f2 -x2 * f1) / (f2 -f1);
        fx =f(x);
        if (fx * f1 >0) x1 =x;   else x2 =x;
    } while (fabs(fx) >1e-10);

    return x;
}
```

10. 设计一个计算任意函数的定积分的函数。函数有 3 个参数：第一个是指向函数的指针,指向所要积分的函数;第二个和第三个参数是定积分的区间。返回值是求得的积分值。定积分的计算方法是采用第 4 章程序设计题第 15 题介绍的矩形法。

【解】本题只需将第 4 章程序设计题第 15 题的程序改编成一个函数,但有精度问题。在求积分的过程中,将这块区间划分成多少个小矩形? 函数定义了一个符号常量 EPSILON 表示小区间宽度的默认值以及一个表示小矩形个数的符号常量 NUM。函数要求至少将积分区间划分成 NUM 个小矩形。具体程序如代码清单 7-11。

代码清单 7-11 计算定积分的函数

```
double integral(double (* f)(double), double x1, double x2)
{
    const double EPSILON =0.01;
    const int NUM =1000;
    double x, s =0, delt =EPSILON;

    if ((x2 -x1) / num <delt) delt = (x2 -x1) / num;        //决定小矩形的宽度

    for (x =x1 +delt / 2; x <=x2; x +=delt)
        s +=delt * f(x);

    return s;
}
```

第 8 章

数据封装——结构体

8.1 知识点回顾

8.1.1 记录的概念

程序设计语言可以将一组无序的、异质的数据看作一个整体,这个整体称为记录。在 C++ 中,记录又被称为结构体。例如,在程序中要处理一条学生信息,每条学生信息由学号、姓名、语文成绩、数学成绩和英语成绩组成,C++ 可以将这 5 个部分组合成一条记录,称为学生记录,这样就可以用一个变量表示一条学生信息。在 C++ 中使用记录需要执行如下两个步骤。

1. 定义一个新的结构体类型

记录是一个统称,此记录不同于彼记录,每条记录都有自己的组成内容。例如,学生记录可能由学号、姓名、班级、各门课程的成绩组成,而教师信息也是用一条记录来描述,它的组成部分可能由工号、部门、职称、专业和工资组成。因此,在定义结构体变量前,需要先定义一个新的结构体类型。类型定义指明了该结构体类型的变量由哪些分量组成,每个分量称为一个字段或成员,并指明字段的名称以及字段中信息的类型。结构体类型定义的格式如下:

```
struct 结构体类型名{
    字段声明;
};
```

例如,存储上述学生信息的结构体类型的定义如下:

```
struct studentT {
    char   no[10];
    char   name[10];
    int chinese;
    int math;
    int english;
};
```

2. 定义新类型的变量

完成了结构体类型的定义后,可以定义该类型的变量。在定义该类型的变量时,编译器会参照相应的结构体类型定义分配相应的空间。例如,有了 studentT 这个类型,就可以通过下列代码定义该类型的一个变量 student1:

```
studentT student1;
```

一旦定义了一个结构体类型的变量,系统在分配内存时会分配一块连续的空间,依次存放它的每一个分量。这块空间总的名字就是该变量的名字,每一小块还有自己的名字,即字段名。

结构体类型的变量与其他类型的变量一样,也可以在定义时为它赋初值。但是结构体类型的变量的初值不是一个,而是一组,即对应于每个字段的值。C++ 用一对花括号将这一组值括起来,表示一个整体,值与值之间用逗号分隔。例如:

```
studentT student1 = {"00001","张三", 89, 96, 77 };
```

与普通类型一样,也可以定义结构体类型的数组、指向结构体的指针或申请动态结构体变量。

8.1.2 结构体变量的使用

结构体类型是一个统称,程序员所用的每个结构体类型都是根据需求自己定义的,在 C++ 系统设计时无法预知程序员会定义什么样的结构体类型。因此,除了同类型的变量之间相互赋值之外,C++ 无法对结构体类型的变量进行整体操作,如加减乘除、比较或输入输出操作。结构体类型的变量的访问主要是访问它的某一个字段。字段的表示:

```
结构体变量名.字段名
```

例如,为表示 student1 的语文成绩,可以写成:

```
student1.chinese
```

引用指向结构体 studentT 类型的指针 sp 指向的结构体对象的 name 值,可以表示为

```
(*sp).name
```

注意,括号是必需的。因为点运算符的优先级比 * 运算符高,如果不加括号,编译器会理解成 sp 是一个结构体类型的变量,它的分量 name 是一个指针,然后访问该指针指向的内存空间。

这种表示方法显得太过笨拙。指向结构体的指针随时都在使用,使用者在每次选取时都使用括号会使结构体指针的使用变得很麻烦。为此,C++ 提出了另外一个更加简洁明了的运算符->。它的用法如下:

```
指针变量名->字段名
```

表示指针变量指向的结构体的指定字段。例如,sp 指向的结构体中的 name 字段,可表示

为 sp->name。C++ 的程序员一般都习惯使用这种表示方法。

8.1.3　结构体作为函数的参数

当把一个结构体传给函数时,形式参数和实际参数应具有相同的结构体类型。尽管结构体和数组一样也由许多分量组成,但结构体的传递和普通内置类型一样都是值传递。当调用一个形式参数是结构体的函数时,首先会为作为形式参数的结构体分配空间,然后将作为实际参数的结构体中的每个分量复制到形式参数的每个分量中,以后实际参数和形式参数就没有任何关系了。

由于结构体占用的内存量一般都比较大,值传递既浪费空间又浪费时间,所以常用指针传递或引用传递。由于指针使用时比较烦琐,所以 C++ 传递结构体时通常用引用传递。

指针传递和引用传递虽然能提高函数调用的效率,但也带来安全隐患。因为在指针传递和引用传递中,形式参数和实际参数共享了同一块空间,对形式参数的修改也就是对实际参数的修改,这违背了值传递的规则。要解决这个问题,使在函数中不能修改实际参数,可以在此形式参数前加 const 限定符,表示此形式参数是一个常量,在函数中只能引用不能修改。这样就可以用引用传递达到值传递的目的。

8.1.4　链表

链表是一种常用的数据结构,通常用来代替数组存储一组同类数据。它不需要事先为所有元素准备好一块空间,而是在需要新增加一个元素时,动态地为它申请存储空间,做到按需分配。但是这样就无法保证所有的元素是连续存储的,如何从当前的元素找到它的下一个元素呢?链表提供了一条"链",就是指向下一个结点的指针。图 8-1 给出了最简单的链表结构——单链表的结构。

图 8-1 中的每个结点存储一个元素。每个结点由两部分组成:存储数据元素值的部分和存储下一结点的地址的部分。变量 head 中存放存储第一个元素的结点的地址,从 head 可以找到第一个结点,第一个结点中存放第二个结点的地址,因此从第一个结点可以找到第二个结点。以此类推,可以找到第三个结点、第四个结点,一直到最后一个结点。最后一个结点的第二部分存放一个空指针,表示其后没有元素了。

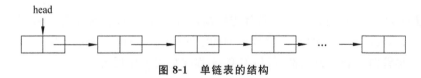

图 8-1　单链表的结构

在一个单链表中,每个数据元素被存放在一个结点中。存储一个单链表只需要存储第一个结点的地址,因此当程序用到一个单链表时,只需要定义一个指向结点的指针。每个结点由两部分组成:数据元素本身和指向下一结点的指针。描述这样一个结点的最合适的数据类型就是结构体。可以把结点类型定义为

```
struct linkNode {
```

```
    datatype   data;
    linkNode * next;
};
```

其中,datatype 表示任意一种数据类型,第二个成员是指向自身类型的一个指针。

8.2 习题解答

8.2.1 简答题

1. 判断:数组中的每个元素类型都相同。

【解】数组是一组同类元素的有序集合,所以数组中的每个元素类型都相同。

2. 判断:结构体中每个字段类型都必不相同。

【解】结构体用于需要多个元素描述一个对象的情况,它并不在乎字段类型是否一致。例如,在学生记录中,每条学生的信息包括学号、姓名、各科成绩,这时各字段的类型就不一致。如果要描述的记录是二维平面上的一个点,描述二维平面上的一个点需要两个字段,即 x 坐标和 y 坐标,这两个字段的类型是一样的,都是 double 类型。

3. 使用结构体类型的必要步骤是什么?

【解】首先,定义结构体类型,告诉 C++ 结构体变量是如何构成的;然后,定义该结构体变量。这样 C++ 就可以根据所定义的结构体类型为结构体变量分配空间。

4. 从结构体类型的变量中选取某个字段使用哪个运算符?

【解】从结构体类型的变量中选取某个字段使用".”运算符。如从结构体变量 person 中选取 name 字段可表示为 person. name。

5. 判断:C++ 语言中结构体类型的变量本身是左值。

【解】C++ 语言中结构体类型的变量本身是左值,因为可以将一个同类的结构体变量赋给另外一个结构体变量。例如,p1 和 p2 都是结构体类型 personT 的变量,p1 = p2 是合法的赋值表达式。

6. 如果变量 p 被定义为一个结构体指针,结构体中包括字段 cost,要通过指针 p 选取 cost 字段时,表达式 * p. cost 有何错误? 在 C++ 语言中完成该操作应该用什么表达式?

【解】因为".”运算符比 * 运算符优先级高,因此 * p. cost 会被认为 cost 是一个指针,该表达式取结构体变量 p 的 cost 字段指向的空间的值。正确的表示方法:(* p). cost 或 p->cost。尽管两种表示方法都可以,但 C++ 程序员习惯用后者。

7. 引入结构体有什么好处?

【解】引入结构体可以将一组逻辑上相关的变量组合成一个有机的整体,用于表达更复杂的对象。

8. 单链表中为什么要引入头结点?

【解】在单链表中插入和删除一个结点都需要知道它前面的一个结点是谁,而单链表中的第一个结点前面是没有结点的,因此将一个结点插入为链表的第一个结点或删除链表中的第一个结点的处理方式与其他结点的处理方式不同。为了统一这两种情况的处理过程,单链表在第一个结点前面加了一个头结点,头结点不存放任何数据,只是使第一个结点的前面也有一个结点。这样就消除了插入或删除第一个结点的特殊情况。

9. 结构体类型定义的作用是什么? 结构体类型的变量定义的作用是什么?

【解】结构体类型定义是告诉 C++ 这种类型的变量是如何组成的,需要多少空间。结构体类型的变量定义是告诉 C++ 程序中需要存储和处理某个结构体类型的变量,这时 C++ 根据结构体类型的定义为这个变量分配空间。

8.2.2　程序设计题

1. 用结构体表示一个复数,编写实现复数的加法、乘法、输入和输出的函数,并测试这些函数。

加法规则: $(a+bi)+(c+di)=(a+c)+(b+d)i$。

乘法规则: $(a+bi)\times(c+di)=(ac-bd)+(bc+ad)i$。

输入规则: 分别输入实部和虚部。

输出规则: 如果 a 是实部,b 是虚部,输出格式为 $a+bi$。

【解】复数由两部分组成:实部和虚部。每一部分都是一个实数,存放复数的结构体类型 complex 包括两个分量,它的定义如代码清单 8-1。本题要求完成 4 个功能,每个功能被抽象成一个函数。输入功能对应的函数是 input,它不需要参数,返回输入的复数,即一个 complex 类型的值。输入一个复数是分别输入它的实部和虚部。输出功能对应的函数是 output,它有一个 complex 类型的参数,即需要输出的复数。输出一个复数就是分别输出它的实部和虚部。加法对应的函数是 add,它有两个 complex 类型的参数,即两个加数。两个复数相加的结果是一个复数,它作为函数的返回值。乘法对应的函数是 multi,它将两个复数作为参数。两个复数相乘的结果还是一个复数,它作为函数的返回值。

代码清单 8-1　复数的处理

```
struct complex {                        //复数类型的定义
    double real;
    double imag;
};

complex input()                         //输入复数
{
    complex data;

    cout <<"请输入实部:";
    cin >>data.real;

    cout <<"请输入虚部:";
    cin >>data.imag;

    return data;
```

```
    }

    void output(complex data)                      //输出复数
    {
        cout <<"(" <<data.real <<" +" <<data.imag <<"i )";
    }

    complex add(complex d1, complex d2)            //两个复数相加
    {
        complex result;

        result.real =d1.real +d2.real;
        result.imag =d1.imag +d2.imag;

        return result;
    }

    complex multi(complex d1, complex d2)          //两个复数相乘
    {
        complex result;

        result.real =d1.real * d2.real -d1.imag * d2.imag;
        result.imag =d1.imag * d2.real +d1.real * d2.imag;

        return result;
    }
```

输入一个复数的函数也可以设计成

```
void input(complex &data);
```

即将要输入的复数作为函数的输出参数。想一想，两个 input 函数哪个效率高？

2. 编写函数 Midpoint(p_1, p_2)，返回线段 $p_1 p_2$ 的中点。函数的参数及结果都应该为 pointT 类型，pointT 的定义如下：

```
struct pointT {
    double x, y;
};
```

【解】如果 p_1 的坐标是 (x_1, y_1)，p_2 的坐标是 (x_2, y_2)，线段 $p_1 p_2$ 的中点的坐标是 $((x_1+x_2)/2, (y_1+y_2)/2)$。代码清单 8-2 的函数实现了这个计算过程。

代码清单 8-2　计算线段中点

```
pointT mid(pointT p1, pointT p2)
{
    pointT p;
```

```
        p.x = (p1.x +p2.x) / 2;
        p.y = (p1.y +p2.y) / 2;

        return p;
    }
```

3. 可以用两个整数的商表示的数称为有理数。因此,1.25 是一个有理数,它等于 5 除以 4。很多数不是有理数,如 π 和 2 的平方根。在计算时,使用有理数比使用浮点数更有优势:有理数是精确的,而浮点数不是。因此,设计一个专门处理有理数的工具非常有必要。

(1) 试定义结构体类型 RationalT,用来表示一个有理数。

(2) 函数 CreateRational(num,den),返回一个分子为 num、分母为 den 的 RationalT 类型的值。

(3) 函数 AddRational(r1,r2),返回两个有理数的和。两个有理数的和可以用下面的公式来表示

$$\frac{num1}{den1}+\frac{num2}{den2}=\frac{num1\times den2+num2\times den1}{den1\times den2}$$

(4) 函数 MultiplyRational(r1,r2),返回两个有理数的乘积。两个有理数的乘积可以用下面的公式来表示

$$\frac{num1}{den1}\times\frac{num2}{den2}=\frac{num1\times num2}{den1\times den2}$$

(5) 函数 GetRational(r),返回有理数 r 的实型表示。

(6) 函数 PrintRational(r),以分数的形式将数值显示在屏幕上。

关于有理数的所有计算结果都应是最简形式,如 1/2 乘以 2/3 的结果应该是 1/3 而不是 2/6。

【解】有理数是一个分数,表示一个有理数可以分别表示它的分子和分母。因此,一个有理数可以用两个整数表示。结构体 RationalT 的定义及函数的实现如代码清单 8-3。几个函数的实现很简单,这里就不再详述。只是在乘法和加法中,按照本题给出的公式得到的计算结果不一定是最简分式,所以还有个化简过程。

代码清单 8-3　有理数的处理

```
struct RationalT {                              //有理数类型的定义
    int num;                                    //分子
    int den;                                    //分母
};

RationalT CreateRational(int num, int den)      //创建一个有理数
{
    RationalT r;

    r.num =num;
```

```
        r.den =den;

        return r;
}

RationalT AddRational(RationalT r1, RationalT r2)          //有理数加法
{
        RationalT r;
        int fac;

        r.num =r1.num * r2.den +r2.num * r1.den;
        r.den =r1.den * r2.den;

        //将结果化简成最简分式
        fac =r.num <r.den ? r.num : r.den;
        while (r.num % fac !=0 || r.den % fac !=0) --fac;
        r.num /=fac;
        r.den /=fac;

        return r;
}


RationalT MultiplyRational(RationalT r1, RationalT r2)  //有理数乘法
{
        RationalT r;
        int fac;

        r.num =r1.num * r2.num;
        r.den =r1.den * r2.den;

        //将结果化简成最简分式
        fac =r.num <r.den ? r.num : r.den;
        while (r.num % fac !=0 || r.den % fac !=0) --fac;
        r.num /=fac;
        r.den /=fac;

        return r;
}

double GetRational(RationalT r)                          //以小数形式输出有理数
{
        return double(r.num) / r.den;
}
```

```
void PrintRational(RationalT r)                        //以分数形式输出有理数
{
    cout <<r.num <<" / " <<r.den;
}
```

由于这些处理函数都不会修改作为参数的有理数的值,所以这些参数都设计成值传递。事实上也可以设计成 const 的引用传递。

4. 编一个程序用数组解决约瑟夫环的问题。

【解】约瑟夫环问题:n 个人围成一圈,从第一个人开始报数 1、2、3,凡报到 3 者退出圈。找出最后留在圈中的人的序号。如果将 n 个人用 $0 \sim n-1$ 编号时,则当 $n=5$ 时,最后剩下的是编号为 3 的人。

存储约瑟夫环的最佳结构是单循环链表,用数组略有些麻烦。首先,需要一个存放约瑟夫环的数组。由于在编写程序时并不知道 n 的值是多少,于是函数根据输入的参数申请了一个动态数组 arr。初始时,arr[i] 的值为 i,表示第 i 个人在第 i 个位置。在报数阶段,报到 3 的人被删除,后面的人往前移,直到最后剩下一个人。因此,必须用一个变量 size 记住目前还剩多少人。报数阶段另一个要解决的问题是如何模拟一个圈,当报到最后一个人时,下一个人是在 0 号位置。如果报数为 1 的人在位置 i,则报到 3 的人在位置 "$(i+2)\%size$"。根据这个思想实现的函数如代码清单 8-4。函数的参数是初始时的人数,返回值是最后剩下的人的编号。

代码清单 8-4　约瑟夫环

```
int josephus(int n)
{
    int * arr =new int[n];
    int i, j, size =n;

    for (i =0; i <n ; ++i) arr[i] =i ;

    i =0;                                           //第一个报数的人的位置
    while (size >1) {                               //剩下的人数大于 1 时继续报数
        i =(i+2) % size;                            //报到 3 的人的位置
        --size;
        for (j =i; j <size; ++j) arr[j] =arr[j +1]; //删除报到 3 的人
    }

    i =arr[0];                                      //最后一个人的编号
    delete [] arr;

    return i;
}
```

5. 模拟一个用于显示时间的电子时钟。该时钟以时、分、秒的形式记录时间。试编写 3 个函数:setTime 函数用于设置时钟的时间;increase 函数模拟时间过去了 1 秒;

showTime 显示当前时间,显示格式为 hh：mm：ss。

【解】按照题意,时间用时、分、秒 3 个信息来表示,可以用一个结构体表示。代码清单 8-5 中定义的 clockT 就是时间类型。setTime 函数需要 4 个参数:第 1 个是被设置的时间变量 c,后面 3 个分别表示时、分、秒。函数用后面 3 个参数设置 c 的时、分、秒,因此 c 是引用传递。showTime 函数的实现也很简单,直接按格式输出 c 的时、分、秒。稍微复杂一点的是 increase 函数。由于时间增加了 1 秒,所以 ss 被修改。但如果修改后的 ss 达到 60,mm 要加 1,ss 将被设为 0。而 mm 的修改可能引起 hh 的修改。因此,在将 ss 加 1 后,需要检查是否引起 mm 增加;mm 修改后,需要检查是否会引起 hh 的修改。

代码清单 8-5　时间处理程序

```cpp
struct clockT {
    int hh;
    int mm;
    int ss;
};

void setTime(clockT &c, int h, int m, int s)
{
    c.hh =h;
    c.mm =m;
    c.ss =s;
}

void increase(clockT &c)
{
    ++c.ss;
    if ( c.ss ==60) {                        //ss 的修改引起了 mm 的变化
        ++c.mm;
        c.ss =0;
    }
    if ( c.mm ==60) {                        //mm 的变化引起了 hh 的变化
        ++c.hh;
        c.mm =0;
    }

    if ( c.hh ==24) c.hh =0;                 //hh 的变化使时间进入第二天
}

void showTime(clockT c)
{
    cout <<c.hh <<" : " <<c.mm <<" : " <<c.ss;
}
```

6. 在动态内存管理中,假设系统可供分配的空间被组织成一个单链表,链表的每个结点表示一块可用的空间,用可用空间的起始地址和终止地址表示。初始时,链表只有一个结点,即整个堆空间的大小。当遇到一个 new 操作时,在链表中寻找一个大于 new 操作申请的空间的结点。从这个结点中扣除所申请的空间。当遇到 delete 操作时,将归还的空间形成一个结点,连入链表。经过一段时间的运行,链表中的结点会越来越多。设计一个函数完成碎片的重组工作,即将一系列连续的空闲空间组合成一块空闲空间。

【解】可用内存用一个单链表组织在一起,于是需要定义一个单链表的结点类。每个结点保存一块内存信息,一块内存用起始和终止地址表示。结点的类型由 3 部分组成:起始地址、终止地址和后继指针,它的定义见代码清单 8-6 中的 memo。为实现方便,假设采用带头结点的单链表。

整理工作分成两个阶段。首先将链表中的内存块按起始地址的递增次序排列,然后检查相邻两结点的内存块是否连续,如果连续则合并成一个结点。排序链表采用了直接选择排序。首先,从整个链表中找出起始地址最小的结点,插入到链表的第一个结点。然后,在剩余的结点中找起始地址最小的结点,插入成链表的第二个结点,以此类推。完整的实现如代码清单 8-6。

代码清单 8-6　动态内存的模拟

```cpp
struct memo {                                    //单链表的结点类
    int start;
    int finish;
    memo * next;
};


void arrage(memo * head)
{
    memo * insPos =head, * curPos, * minPos;
    //insPos:插入位置的前一个结点。minPos:起始地址最小的结点的前一个结点
    //curPos:当前正在检查的结点的前一个结点

    while (insPos->next !=NULL) {                 //直接插入排序
        curPos =minPos =insPos;
        while (curPos->next !=NULL) {             //找起始地址最小的结点
            if (curPos->next->start <minPos->next->start)
                minPos =curPos;
            curPos =curPos->next;
        }
        //插入最小的结点
        curPos =minPos->next;
        minPos->next =curPos->next;
        curPos->next =insPos->next;
        insPos->next =curPos;
        insPos =insPos->next;
    }
```

```
    for (curPos =head->next; curPos->next !=NULL; curPos =curPos->next) {
                                        //合并连续的内存块
        while (curPos->finish +1 ==curPos->next->start) {
                                        //当前块与下一块连续,执行合并
            minPos =curPos->next;
            curPos->finish =minPos->finish;
            curPos->next =minPos->next;
            delete minPos;
            if (curPos->next ==NULL) return;
        }
    }
}
```

7. 主教材的代码清单 8-2 的程序有内存泄漏的问题,因为链表的每个结点都是动态
变量。动态变量的空间必须通过 delete 操作释放。试修改代码清单 8-2 的程序,解决内
存泄漏的问题。

【解】可以用两种方法修改代码清单 8-2。一种是在输出链表的同时删除结点,另一
种是专门用一个循环删除链表的结点。具体实现如代码清单 8-7、8-8。

代码清单 8-7   解决内存泄漏(方法一)

```cpp
#include <iostream>
using namespace std;

struct  linkRec {
    int   data;
    linkRec * next;
};

int main()
{
    int x;                      //存放输入的值
    linkRec * head, * p, * rear; //head 为表的头指针,rear 指向创建链表时的表尾结点
                                //p 是创建和读链表时指向被操作结点的指针

    head =rear =new linkRec;    //创建空链表,头结点也是最后一个结点

    //创建链表的其他结点
    while (true) {
        cin >>x;
        if (x ==0) break;
        p =new linkRec;         //申请一个结点
        p->data =x;             //将 x 的值存入新结点
        rear->next =p;          //将 p 链到表尾
```

```
        rear =p;                    //p 作为新的表尾
    }

    rear->next =NULL;               //设置 rear 为表尾,其后没有结点

    //读链表
    cout <<"链表的内容为\n";
    p =head->next;                  //p 指向第一个结点
    while (p !=NULL) {
        cout <<p->data <<'\t';
        rear =p;
        p =p->next;                 //使 p 指向下一个结点
        delete rear;
    }
    delete head;
    cout <<endl;

    return 0;
}
```

代码清单 8-8 解决内存泄漏(方法二)

```
#include <iostream>
using namespace std;

struct  linkRec {
    int   data;
    linkRec * next;
};

int main()
{
    int x;                          //存放输入的值
    linkRec * head, * p, * rear;    //head 为表的头指针,rear 指向创建链表时的表尾结点
                                    //p 是创建和读链表时指向被操作结点的指针

    head =rear =new linkRec;        //创建空链表,头结点也是最后一个结点

    //创建链表的其他结点
    while (true) {
        cin >>x;
        if (x ==0) break;
        p =new linkRec;             //申请一个结点
        p->data =x;                 //将 x 的值存入新结点
        rear->next =p;              //将 p 链到表尾
```

```
        rear =p;                    //p 作为新的表尾
    }

    rear->next =NULL;               //设置 rear 为表尾,其后没有结点

    //读链表
    cout <<"链表的内容为\n";
    p =head->next;                  //p 指向第一个结点
    while (p !=NULL) {
        cout <<p->data <<'\t';
        p =p->next;                 //使 p 指向下一个结点
    }
    cout <<endl;

    while (head) {
        p =head ->next;
        delete head;
        head =p;
    }

    return 0;
}
```

8.3 进一步拓展

第 2 章介绍了位运算,它可以对内存中的某些位进行操作。例如,设置某一位或多个位的值,读取某一位或多个位的值。但位运算操作比较麻烦。例如,要将 1 字节的最高位设置成 1,可以定义一个字符类型的变量 ch 存储该字节,然后执行 ch 与二进制值 10000000 的"按位或"运算,就可将 ch 的最高位设为 1。

另一种方法是采用位段。位段就是在结构体中用位作为单位指定其成员所占的内存。利用位段可以用较少的位数存储数据,并且对位进行操作不需要用位运算。例如,第 2 章中介绍了需要得到一个 Internet 中 C 类地址的网络号,必须将 IP 地址与子网掩码进行"按位与"运算;一个 C 类地址为 202.120.33.220,已知该 C 类地址进一步被划分成 16 个子网,则子网掩码是 255.255.255.240,所以该 IP 地址对应的子网号为 202.120.33.200,主机号是 12。

但如果采用位段就不需要用位运算。我们可以定义一个位段存储 IP 地址的最后 1 字节:

```
struct  IP {
    unsigned char host :4;
    unsigned char subnet :4;
};
```

其中,字段 subnet 占 1 字节中的 4 位;字段 host 占 1 字节中的剩余 4 位。然后定义一个
IP 类型的变量 lastByte,将 IP 地址的最后 1 字节存入 lastByte。访问 lastByte. subnet 可
得到网络号的最后 1 字节的值。访问 lastByte. host 可以得到主机号。

同理,第 2 章代码清单 2-19 中的电灯开关控制也可以改用位段实现,如代码清单
8-9。

代码清单 8-9　电灯开关设置

```
#include <iostream.h>
struct data {
unsigned char n1: 1;
unsigned char n2: 1;
unsigned char n3: 1;
unsigned char n4: 1;
unsigned char n5: 1;
unsigned char n6: 1;
unsigned char n7: 1;
unsigned char n8: 1;
};

int main()
{
    int n1, n2, n3, n4, n5, n6, n7, n8;
    data flag;

    cout <<"请输入第 1～8 盏灯的初始状态 (0 代表关,1 代表开):";
    cin >>n1 >>n2 >>n3 >>n4 >>n5 >>n6 >>n7 >>n8;

    //设置初始状态
    flag.n1 =n1;
    flag.n2 =n2;
    flag.n3 =n3;
    flag.n4 =n4;
    flag.n5 =n5;
    flag.n6 =n6;
    flag.n7 =n7;
    flag.n8 =n8;

    cout <<int(flag.n1) <<int(flag.n2) <<int(flag.n3) <<int(flag.n4) <<
int(flag.n5)
        <<int(flag.n6) <<int(flag.n7) <<int(flag.n8) <<endl;
    return 0;
}
```

结构体 data 表示一组开关,每个开关占 1b,一共占 1B。修改某个开关的状态可以直

接对相应的字段进行赋值。

关于位段的使用,有几点要注意。

(1) 位段中的空间分配方向因计算机而异,可能从左分配到右,也可能从右分配到左。

(2) 位段成员的类型必须是 unsigned char 或各类无符号整型。

(3) 一个位段必须存储在同一个指定的类型的变量中,不能跨变量。

模块化开发

9.1 知识点回顾

9.1.1 自顶向下分解

处理大程序的最重要的技术是逐步细化策略。当遇到一个较大的、复杂的问题时,可以把问题分解成更容易解决的几个小问题,然后解决每一个问题;如果解决某个小问题还比较复杂,则再用同样的方法进一步分解。这个过程称为自顶向下的分解,或逐步细化。解决每一个小问题的程序用一个函数来表示。

9.1.2 模块划分

把大问题分解成小问题的方法在程序设计的许多阶段都会用到。然而,当程序很复杂或由很多函数组成时,要在一个源文件中处理如此众多的函数会变得很困难。最好的办法就是把程序分成几个小的源文件,每个源文件包含一组相关的函数。由于源文件规模比原来的小,保证它的正确性相对比较容易。由整个程序的一部分组成的较小的源文件称为模块。如果在设计的时候考虑得非常仔细,还可以把同一模块作为许多不同应用程序的一部分,达到代码重用的目的。

当面对一组函数时,如何把它们划分成模块是一个问题。模块划分没有严格的规则,但有一个基本原则,即同一模块中的函数功能较类似,联系较密切,不同模块中的函数联系很少。当把一个程序分成模块的时候,选择合适的分解方法来减少模块之间相互依赖的程度很重要。

9.1.3 设计自己的库

现代程序设计中,编写一个有意义的程序不可能不调用库函数。例如,本书前面提到的所有程序基本上都用到了库 iostream。如果编程工作经常要用到一些特殊的工具,程序员可以设计自己的库。

每个库有一个主题。一个库中的函数应该是处理同一类问题的。例如,iostream 是处理输入输出问题的库。程序员自己设计的库也要有一个主题。设计一个库还要考虑到它的通用性。库中的函数应来源于某一应用,但不应该局限于该应用,而且要高于该应用。在某一应用中提取库内容时应尽量考虑兼容更多的应用,使其他应用也能共享这个库。

当库的内容选定后,设计和实现库还有两个工作:设计库的接口,设计库中函数的实现。

使用库的目的是减少程序设计的复杂性,使程序员可以在更高的抽象层次上构建功能更强的程序。对库的用户来讲,他只需要知道库提供了哪些函数,这些函数的功能以及如何使用这些函数。至于这些函数是如何实现的,库的用户不必知道。按照这个原则,库被分成了两部分:库的用户需要知道的部分和库的用户不需要知道的部分。库的用户需要知道的部分包括库中函数的原型、这些函数用到的符号常量和自定义类型,这部分内容称为库的接口,在 C++ 中库的接口被表示为头文件(.h 文件)。库的用户不需要知道的部分包括库中函数的实现,在 C++ 中被表示成源文件。库的这种实现方法称为实现隐藏,把库的实现细节对库用户隐藏起来。

9.2　习题解答

9.2.1　简答题

1. 判断题:每个模块对应于一个源文件。

【解】对,一个模块就是由若干个函数定义组成的一个源文件。

2. 描述逐步细化的过程。

【解】逐步细化是将一个大问题分成若干个小问题,小问题分解成小小问题,直到一个问题可以用一段小程序实现为止。每个问题的解决过程是一个函数,实现小问题的函数通过调用解决小小问题的函数来实现。解决大问题的函数通过调用解决小问题的函数来实现。在解决一个较大的问题时,只需要知道有哪些可供调用的解决小问题的函数,而不必关心这些解决小问题的函数是如何实现的。这样可以在一个更高的抽象层次上解决大问题。

3. 为什么库的实现文件要包含自己的头文件?

【解】库的实现文件中必须包含自己的头文件。库的头文件中包含了库中所有函数的原型声明,以及库中定义的符号常量和类型。这些符号常量和类型在库函数的实现中都会被用到,所以实现文件必须包含自己的头文件。另外,包含自己的头文件也可以让编译器检查实现文件中的函数原型和提供给程序员用的函数原型是否完全一致。

4. 为什么头文件要包含 ♯ifndef… ♯endif 这对编译预处理指令?

【解】这对编译预处理指令表示:如果 ♯ifndef 后的标识符已经定义过,则跳过中间的所有指令,直接跳到 ♯endif。一个程序可能由很多源文件组成,每个源文件都可能调用到库中的函数,因此每个源文件都需要包含库的头文件。如果没有 ♯ifndef… ♯endif 这对编译预处理指令,头文件中的内容在整个程序中可能出现很多遍,将造成链接错误。有了 ♯ifndef… ♯endif 这对编译预处理指令可以保证头文件的内容在整个程序中只出现一遍。

5. 什么是模块的内部状态？内部状态是怎样保存的？

【解】模块的内部状态是模块内多个函数需要共享的信息,这些信息与其他模块中的函数无关。内部状态通常被表示为源文件中的全局变量,以方便模块中的函数共享。

6. 为什么要使用库？

【解】库可以实现代码重用。某个项目中各个程序员需要共享一组工具函数时,可以将这组函数组成一个库,这些函数的代码在项目中得到了重用。如果另一个项目中也需要这样的一组工具函数,那么这个项目的程序员就不必重新编写这些函数而可以直接使用这个库,这样这组代码在多个项目中得到了重用。C++ 标准库中的 iostream 几乎是所有的程序员都要用到的工具。

9.2.2　程序设计题

1. 哥德巴赫猜想指出：任何一个大于 6 的偶数都可以表示成两个素数之和。编写一个程序,列出指定范围内的所有偶数的分解。

【解】本题可用枚举法解决。主程序先请用户输入范围,然后枚举该范围中的每一个偶数 i。由于偶数中只有 2 是素数,所以满足和值是大于 6 的偶数的两个素数只能是奇数。列出指定范围内的所有偶数的分解需要对每一个范围内的偶数 i,尝试把它分成两个 3 以上的奇数：j 和 $i-j$。检查 j 和 $i-j$ 是否为素数,直到找到一对都为素数的 j 和 $i-j$,输出这一对数。

枚举某个范围中的每一个偶数,可以用一个 for 语句实现。枚举每一对 j 和 $i-j$ 也可以用一个 for 语句实现。接下来需要细化的是如何检验某个数是否为素数,这个功能可以被设计成一个函数 isPrime。在第 6 章程序设计题第 1 题中已经实现了 isPrime 函数。至此,自顶向下的分解过程就完成了。完整的程序如代码清单 9-1。

代码清单 9-1　验证哥德巴赫猜想

```cpp
#include<iostream>
#include <cmath>
using namespace std;

bool isPrime(int n);                    //判别 n 是否为素数

int main()
{
    int start, end, i, j;

    cout <<"请输入一个 6 以上的偶数范围:";
    cin >>start >>end;

    for ( i =start; i <=end; i +=2)         //枚举范围内所有的偶数
        for (j =3; j <=i / 2; j +=2)          //枚举 i 的每一种分解
            if (isPrime(j) && isPrime(i-j)) {
                cout <<i <<" ="<<j <<" +" <<i-j <<'\t';
```

```
            break;
        }

    return 0;
}

bool isPrime(int n)
{
    if (n <=1) return false;
    if ( n ==2) return true;

    for (int i =3; i <=sqrt(n); i +=2)
        if (n %i ==0) return false;

    return true;
}
```

2. 在每本书中,都会有很多图或表。图要有图号,表要有表号。图号和表号都是连续的,如一本书的图号可以编号为图 1、图 2、图 3、……设计一个库 seq,它可以提供这样的标签系列。该库提供给用户 3 个函数:void SetLabel(const char *)、void SetInitNumber(int) 和 char * GetNextLabel()。第一个函数设置标签,如果为 SetLabel("图"),则生成的标签为图 1、图 2、图 3……;如果为 SetLabel("表"),则生成的标签为表 1、表 2、表 3、……;如不调用此函数,则默认的标签为"label"。第二个函数设置起始编号,如 SetInitNumber(0),则编号从 0 开始生成;SetInitNumber(9),则编号从 9 开始生成。第三个函数是获取标签号,如果一开始设置了 SetLabel("图")和 SetInitNumber(0),则第一次调用 GetNextLabel()返回"图 0",第二次调用 GetNextLabel()返回"图 1",以此类推。

【解】设计一个库包括两个方面:设计接口文件(.h 文件)和设计实现文件(.cpp 文件)。头文件的内容包含库中所有函数原型的声明及库中定义的符号常量和其他自定义类型。本题的库无须定义符号常量和任何其他自定义类型,因而只有库的函数原型声明。根据题意,库包含 3 个函数:void SetLabel(const char *)、void SetInitNumber(int)和 char * GetNextLabel(),其定义如代码清单 9-2。

代码清单 9-2   seq 库的接口文件 seq.h

```
#ifndef _SEQ
#define _SEQ

//设置标签
void SetLabel(const char * s);

//设置起始编号
void SetInitNumber(int);
```

```
//获取标签号
char * GetNextLabel();

#endif
```

接下来,设计库的实现文件。SetLabel 函数设置标签,设定的标签必须保存。保存标签值的变量需要被库中的两个函数共享,因此可设为库的内部状态。保存标签的变量名为 label,它是一个字符串且初值为"label"。函数 SetLabel 用实际参数值设置标签值。

SetInitNumber 函数设置起始编号。保存序号的变量也被两个函数共享,而且每次调用 GetNextLabel 函数的返回值都与上一次调用该函数的返回值有关,因此也被设为内部状态 no。函数 SetInitNumber 将实际参数赋给这个内部状态。内部状态通常定义为源文件的全局变量。代码清单 9-3 中的全局变量 label 和 no 就是这两个内部状态。

GetNextLabel 函数是获取标签号,它是 3 个函数中实现最复杂的函数,它将 label 的内容和 no 的内容组合成一个字符串返回,将 no 加 1,为下一次调用做准备。该函数的实现有两个难点:第一个是函数的返回值。该函数的返回值是一个指针,它指向的空间必须在离开函数后依然可以访问,因此不能是一个自动局部变量,可以是一个动态变量、静态局部变量或全局变量。如采用动态变量,则用户程序必须删除这个空间,否则会造成内存泄漏。让用户程序每次调用完该函数后要执行删除不太合理。采用全局变量不会有内存泄漏的问题,但全局变量是程序中所有函数都可访问的变量,会使得程序的正确性难以保证。本题采用了一个静态局部变量 result,可保证函数调用结束时这块空间依旧可用,又可将变量的管理限制在函数 GetNextLabel 中。假设标签长度不会超过 20 个字符,该变量是一个长度为 21 个字符的数组。第二个问题是如何将一个数字转换成一个字符串。将一个数字转换成一个字符串可以按从高到低的次序依次取出数字的每一位转换成字符后放入一个字符数组。取出数字的最高位比较复杂,但取出数字的最低位比较容易,只要对该数字执行模 10 的操作。于是程序采用了从低到高位的次序处理 no 的每一位。首先定义了一个字符数组 tmp 存放转换后的数字。假设序号最长是 10 位(VS 中整数的最大值),于是定义 tmp 的长度是 11 位。将 tmp[10] 置为'\0',表示字符串结束。然后取出个位数放入 tmp[9],取出十位数放入 tmp[8],以此类推,直到所有有位的数字都处理完毕。如果最高位的数字放在下标 i 中,则从 i 开始的字符串就是序号的字符串表示。最后,将两部分拼接起来存于 result。具体实现如代码清单 9-3。

代码清单 9-3　seq 库的实现文件 seq. cpp

```
#include "seq.h"
#include <cstring>

static char label[6] ="label";              //保存标签
static int no =0;                           //保存序号

void SetLabel(const char * s)
{
    strcpy(label, s);
```

```
    }

    //设置起始编号
    void SetInitNumber(int num)
    {
        no =num;
    }

    //获取标签号
    char * GetNextLabel()
    {
        char tmp[11] ={'\0'};
        int i, tmpNo =no;
        static char result[21];                 //保存返回值

        if (no ==0) {
            tmp[9] ='0';
            i =8;
        }
        else for (i =9; tmpNo !=0; --i, tmpNo /=10)
            tmp[i] =tmpNo %10 +'0';

        int len =strlen(label) +10 -i;
        strcpy(result, label);
        strcat(result, tmp +i +1);
        result[len -1] ='\0';
        ++no;

        return result;
    }
```

3. 试将第 8 章程序设计题的第 1 题改写成一个库,即实现一个支持复数运算的库,库的功能:复数的加法、乘法、输入和输出的函数。

(1) 加法规则:$(a+bi)+(c+di)=(a+c)+(b+d)i$。

(2) 乘法规则:$(a+bi)\times(c+di)=(ac-bd)+(bc+ad)i$。

(3) 输入规则:分别输入实部和虚部。

(4) 输出规则:如果 a 是实部,b 是虚部,输出格式为 $a+bi$。

【解】实现一个支持复数运算的库,首先需要定义存储复数的类型。一个复数有两部分组成:实部和虚部,实部和虚部都是实型数。因此,存储一个复数可以用一个结构体,结构体有两个实型的成员,分别表示实部和虚部。

设计一个库首先设计接口文件。接口文件包括库定义的符号常量、类型和函数原型的声明。复数库的接口文件定义了 1 个结构体类型 complex 以及 4 个函数,其接口文件的设计如代码清单 9-4。

代码清单 9-4　复数库的接口文件 complex. h

```
#ifndef _COMPLEX
#define _COMPLEX

struct complex {
    double real;
    double imag;
};

complex input();
void output(complex data);
complex add(complex d1, complex d2);
complex multi(complex d1, complex d2);

#endif
```

复数库的实现文件如代码清单 9-5，其中包含 4 个函数的实现。input 函数实现了复数的输入。输入一个复数需要分别输入它的实部和虚部，将输入值构成一个复数返回。output 函数实现了复数的输出。输出一个复数是将其实部 a 和虚部 b 组成 $a+bi$ 的形式输出。add 函数实现了两个复数相加。参数是两个加数，返回值是加的结果，也是一个复数。复数相加是实部和实部相加，虚部和虚部相加。multi 函数实现了两个复数相乘。参数是两个加数，返回值是乘的结果，也是一个复数。如果两个复数是 $a+bi$ 和 $c+di$，相乘后的实部是 $ac-bd$，虚部是 $bc+ad$。

代码清单 9-5　复数库的实现文件 complex. cpp

```
#include "complex.h"
#include <iostream>
using namespace std;

complex input()
{
    complex data;

    cout <<"请输入实部:";
    cin >>data.real;

    cout <<"请输入虚部:";
    cin >>data.imag;

    return data;
}

void output(complex data)
```

```
{
    cout <<"(" <<data.real <<" +" <<data.imag <<"i )";
}


complex add(complex d1, complex d2)
{
    complex result;

    result.real =d1.real +d2.real;
    result.imag =d1.imag +d2.imag;

    return result;
}



complex multi(complex d1, complex d2)
{
    complex result;

    result.real =d1.real * d2.real -d1.imag * d2.imag;
    result.imag =d1.imag * d2.real +d1.real * d2.imag;

    return result;
}
```

4. 试将第 8 章程序设计题的第 2 题改写成一个库，即实现一个支持二维平面上点类型的库。支持的功能有设置点的值、输出点的值以及返回线段 p1p2 的中点。

【解】实现一个支持二维平面上点运算的库，首先需要定义存储点的类型。二维平面上的点由 x 坐标和 y 坐标两部分组成，坐标值都是实型数。因此，存储一个二维平面上的点可以用一个结构体，结构体有两个实型的成员，分别表示 x 坐标值和 y 坐标值。该结构体类型的定义如代码清单 9-6 中的结构体类型 point。

设计一个库首先设计接口文件。接口文件包括库定义的符号常量、类型和函数原型的声明。支持二维平面上点运算的库定义了 1 个结构体类型 point 以及 3 个函数：设置点的值 setPoint 函数、输出点的值 printPoint 函数以及求线段 p1p2 的中点 midPoint 函数。完整的接口文件的设计如代码清单 9-6。

代码清单 9-6   二维平面上点运算库的头文件 point. h

```
#ifndef _POINT
#define _POINT

struct point {
    double x;
    double y;
```

```
};

void setPoint(point &p, double xx, double yy);
void printPoint(point p);
point midPoint(point p1, point p2);

#endif
```

支持二维平面上点类型的库的实现文件如代码清单 9-7,其中包含 3 个函数的实现。
setPoint 函数设置一个点的值。设置一个点需要给它的 x 坐标、y 坐标以及所需设置
的点,因此该函数有 3 个参数。前两个对应于两个坐标值,第 3 个是所需设置的点。
printPoint 函数实现了点的输出。输出一个点就是将其 x 坐标和 y 坐标组成"(x, y)"的
形式输出。midPoint 函数实现了求线段 p1p2 中点的功能,因此有两个点类型的参数,返
回值是中点。线段 p1p2 中点的坐标是($(p1.x + p2.x) / 2$,$(p1.y + p2.y) / 2$)。

代码清单 9-7　二维平面上点运算库的实现文件 point.cpp

```
#include "point.h"
#include <iostream>
using namespace std;

void setPoint( double xx, double yy, point &p)
{
    p.x =xx;
    p.y =yy;
}

void printPoint(point p)
{
    cout <<"(" <<p.x <<", " <<p.y <<")";
}

point midPoint(point p1, point p2)
{
    point p;

    p.x = (p1.x +p2.x) / 2;
    p.y = (p1.y +p2.y) / 2;

    return p;
}
```

5. 试将第 8 章程序设计题的第 3 题改写成一个库,即实现一个支持有理数运算的
库。支持的功能如下。

(1) 函数 CreateRational(num,den),返回一个分子为 num、分母为 den 的 rationalT

类型的值。

（2）函数 AddRational(r1,r2)，返回两个有理数的和。两个有理数的和可以用下面的公式计算：

$$\frac{num1}{den1}+\frac{num2}{den2}=\frac{num1\times den2+num2\times den1}{den1\times den2}$$

（3）函数 MultiplyRational(r1,r2)，返回两个有理数的乘积。两个有理数相乘可以用下面的公式计算：

$$\frac{num1}{den1}\times\frac{num2}{den2}=\frac{num1\times num2}{den1\times den2}$$

（4）函数 GetRational(r)，返回有理数 r 的实型表示。

（5）函数 PrintRational(r)，以分数的形式将数值显示在屏幕上。

【解】要实现一个支持有理数运算的库，首先需要定义存储有理数的类型。一个有理数可以用一个分数来表示，存储一个有理数可以分别存储它的分子和分母。分子和分母都是整型数。因此，存储一个有理数可以用一个结构体，结构体有两个整型的成员，分别表示分子和分母。

设计一个库首先设计接口文件。接口文件包括库定义的符号常量、类型和函数原型的声明。有理数库定义了 1 个结构体类型 rational 以及 5 个函数，其接口文件的设计如代码清单 9-8。

代码清单 9-8　有理数运算库的接口文件 rational.h

```
#ifndef _RATIONAL
#define _RATIONAL

struct rational {
    int num;                              //分子
    int den;                              //分母
};

rational CreateRational(int num, int den);
rational AddRational(rational r1, rational r2);
rational MultiplyRational(rational r1, rational r2);
double GetRational(rational r);
void PrintRational(rational r);

#endif
```

有理数库的实现文件如代码清单 9-9，其中包含 5 个函数的实现。CreateRational 函数创建一个有理数。创建一个有理数需要给出它的分子和分母，所以它有两个整型参数，函数的返回值是所创建的有理数。AddRational 函数实现了有理数的相加，两个参数分别是两个加数，返回值是加的结果，也是一个有理数。两个有理数 r1、r2 相加，其结果的分子是 r1.num * r2.den + r2.num * r1.den，分母是 r1.den * r2.den。但相加后的结果可能不是最简分式，所以还必须化简。MultiplyRational 函数实现了两个有理数相乘。两个参数分别是两个乘数,返回值是乘的结果,也是一个有理数。两个有理数 r1、r2 相乘,其结果的分子是 r1. num ＊ r2. num,分母是 r1. den ＊ r2. den。与有理数加法一样,相乘后的结果可能不是最简分式,所以还必须化简。GetRational 函数返回一个有理数的实型数表示。它有一个有理数的参数,返回的是该有理数对应的实型数。有理数对应的实型数表示就是将分子除以分母,但需注意分子和分母都是整型数,在 C++ 中将得到一个整型的结果。要得到实型的结果,必须将分子或分母强制转换成 double 型。PrintRational 函数以"分子/分母"的形式输出一个有理数,所以它有一个有理数类型的参数,无返回值。

代码清单 9-9　有理数运算库的实现文件 rational. cpp

```cpp
#include "rational.h"
#include <iostream>
using namespace std;

rational CreateRational(int num, int den)
{
    rational r;
    int fac;

    r.num =num;
    r.den =den;

    //化简
    fac =r.num < r.den ? r.num : r.den;
    while (r.num % fac !=0 || r.den % fac !=0) --fac;
    r.num /=fac;
    r.den /=fac;

    return r;
}

rational AddRational(rational r1, rational r2)
{
    rational r;
    int fac;

    r.num =r1.num * r2.den +r2.num * r1.den;
    r.den =r1.den * r2.den;

    //化简
    fac =r.num < r.den ? r.num : r.den;
    while (r.num % fac !=0 || r.den % fac !=0) --fac;
    r.num /=fac;
```

```
        r.den /=fac;

        return r;
    }

    rational MultiplyRational(rational r1, rational r2)
    {
        rational r;
        int fac;

        r.num =r1.num * r2.num;
        r.den =r1.den * r2.den;

        //化简
        fac =r.num <r.den ? r.num : r.den;
        while (r.num % fac !=0 ‖ r.den % fac !=0) --fac;
        r.num /=fac;
        r.den /=fac;

        return r;
    }

    double GetRational(rational r)
    {
        return double(r.num) / r.den;
    }

    void PrintRational(rational r)
    {
        cout <<r.num <<" / " <<r.den;
    }
```

在加法和乘法函数中都需要化简。一个更好的实现方法是将化简过程抽取出一个函数。加法和乘法函数中的化简过程可以用调用化简函数替代,这种实现方法更加简洁。

6. 设计一个类似于 cstring 的字符串处理库,该库提供一组常用的字符串的操作,包括字符串复制、字符串拼接、字符串比较、求字符串长度和取字符串的子串。

【解】 首先设计字符串处理库的接口文件。字符串处理库没有定义任何符号常量和类型,只有一组函数原型的声明,库实现 7 个函数。字符串处理库的头文件的设计如代码清单 9-10。

代码清单 9-10　字符串处理库的头文件 string. h

```
#ifndef _STRING
#define _STRING
```

```
void stringCopy(char * des, const char * src);
void stringNCopy(char * des, const char * src, int len);
void stringCat(char * des, const char * src);
void stringNCat(char * des, const char * src, int len);
int stringCmp(const char * s1, const char * s2);
int stringLen(const char * s);
char * stringSub(const char * s, int start, int len);

#endif
```

字符串处理库的实现代码清单 9-11。stringCopy 函数将字符串 src 的内容复制到字符串 des。由于字符串的本质是一个字符数组,复制数组内容必须用循环依次赋值每一个下标变量,直到遇到'\0'。stringNCopy 函数类似于 stringCopy 函数,区别在于仅复制了 src 的前 len 个字符。stringCat 函数是字符串连接,将 src 的内容连接在 des 后面。函数先找到 des 的结尾处,然后用循环依次将 src 的内容复制到该位置。stringNCat 函数类似于 stringCat 函数,区别在于仅将 src 的前 len 个字符连接到 des 后面。stringCmp 函数比较字符串 s1 和 s2 的大小。如果 s1 等于 s2,返回 0。如果 s1 大于 s2,返回一个正整数,否则返回一个负整数。比较字符串的大小需要从前往后依次比较对应的字符。如果相等,比较下一个字符,直到能分出大小。这两个字符的比较结果就是两个字符串的比较结果。如果直到某个字符串结束还没分出大小,则长的字符串大于短的字符串。stringLen 函数返回字符串 s 的长度,即字符个数。这需要从头到尾一个个往下数,直到遇到'\0'。最后一个是取子串函数 stringSub,从字符串 s 中取出从 start 开始的 len 个字符,组成一个字符串返回。该函数实现时必须注意,存放返回子串的变量必须是动态变量。

代码清单 9-11 字符串处理库的实现文件 string.cpp

```cpp
#include "string.h"
#include <iostream>
using namespace std;

void stringCopy(char * des, const char * src)
{
    while ( * src != '\0') {                    //复制 src 到 des,直到 src 结束
        * des = * src;
        ++des;
        ++src;
    }
    * des = '\0';
}


void stringNCopy(char * des, const char * src, int len)
{
    int i;
```

```
        for (i = 0; i < len && * src != '\0'; ++i) {
            * (des+i) = * src;
            ++src;
        }
        * (des+i) = '\0';
    }


    void stringCat(char * des, const char * src)
    {
        char * p1 = des;

        while (* p1 != '\0') ++p1;                    //找 des 结尾处
        while (* src != '\0') {
            * p1 = * src;
            ++p1;
            ++src;
        }
        * p1 = '\0';
    }


    void stringNCat(char * des, const char * src, int len)
    {
        char * p1 = des;

        while (* p1 != '\0') ++p1;
        for (int i = 0; i < len && * src != '\0'; ++i)
            * (p1++) = * (src++);
        * p1 = '\0';
    }


    int stringCmp(const char * s1, const char * s2)
    {
        while (* s1 != '\0' && * s2 != '\0') {        //比较 s1 和 s2 的对应元素
            if (* s1 == * s2) { ++s1; ++s2; }
            else return * s1 - * s2;
        }
        if (* s1 == * s2) return 0;                   //s1 和 s2 长度相同,且对应字符完全相同
        if (* s1 == '\0') return -1; else return 1;   //s1 比 s2 长
    }


    int stringLen(const char * s)
    {
        int len = 0;
```

```
    while ( * (s++) !='\0') ++len;

    return len;
}

char * stringSub(const char * s, int start, int len)
{
    int length =0;

    if (len <=0) return NULL;

    while ( * (s+length) !='\0') ++length; //求字符串 s 的长度

    if (start >length) return NULL;          //检查参数的合法性

    int subLen = (length -start <len? length -start : len);
    char * result =new char[subLen +1];      //存放取出的子串

    for (int i =start; i <subLen; ++i) result[i-start] =s[i];
    result[i-start] ='\0';

    return result;
}
```

注意 stringSub 函数有内存泄漏问题。函数返回一个动态变量的地址,如果调用此函数的函数没有释放此动态变量,这块内存就被泄漏了。想一想,有什么更好的解决方案。

7. π 的近似值的计算有很多种方法,其中之一是用随机数。对于图 9-1 中的圆和正方形,如圆的半径为 r,它们的面积之比有如下关系:

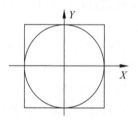

$$\frac{圆面积}{正方形面积}=\frac{\pi r^2}{4r^2}=\frac{\pi}{4}$$

从中可得

$$\pi=\frac{4\,倍的圆面积}{正方形面积}$$

图 9-1　正方形和它的内切圆

可以通过如下方式计算 π 的近似值:假设圆的半径为 1,产生 $-1\sim1$ 的两个随机实数 x 和 y。这个点是正方形中的一个点。如果 $x^2+y^2\leqslant1$,则点落在圆内。重复 n 次上述动作,并记录点落在圆内的次数 m。则通过 $\pi=4m/n$ 可得 π 的近似值。重复的次数越多,得到的 π 值越精确。这种技术被称为蒙特卡洛积分法。用主教材实现的随机函数库实现该程序。

【解】完整的程序实现如代码清单 9-12。实现思想和过程如题中所述。某次运行模拟了 5000 个点,得到 PI 的值为 3.1304。

代码清单 9-12　π 值的计算

```cpp
#include<iostream>
#include "random.h"
using namespace std;

int main()
{
    int num, inCircle =0;
    double x, y;

    cout <<"输入模拟的点数:";
    cin >>num;

    RandomInit();
    for (int i =0; i <num; ++i) {
        x =RandomDouble(-1, 1);
        y =RandomDouble(-1, 1);
        if (x * x +y * y <=1) ++inCircle;
    }

    cout <<"PI =" <<4.0 * inCircle / num <<endl;

    return 0;
}
```

8. 设计一个工资管理系统。实现的功能：添加员工、删除员工、修改员工工资、输出员工的信息（工资单）。每个员工包含的信息：工号、姓名、工资。用单链表保存员工信息。

【解】由于采用单链表保存员工信息，所以需要定义一个单链表中的结点类型。每个结点保存一个员工的信息以及一个后继指针，即该结构体由 4 个字段组成：工号、姓名、工资以及后继指针。

在设计一个较大的软件时，一般将每个独立的功能抽取成一个函数。据此可抽取出 4 个函数：add 函数添加一个员工，remove 函数删除一个员工，modify 函数修改某个员工工资，print 函数输出所有员工的信息。每个函数都是对单链表进行操作，因此都有一个指向单链表头结点的指针作为参数。

单链表中结点类型的定义以及所有函数原型的声明被定义在头文件 salary.h 中，具体程序如代码清单 9-13。

代码清单 9-13　工资管理系统的头文件 salary.h

```cpp
#ifndef _SALARY_H
#define _SALARY_H
struct Employee {
```

```
    int no;
    char name[10];
    int salary;
    Employee * next;
};

void add(Employee * head);
void remove(Employee * head);
void modify(Employee * head);
void print(Employee * head);

#endif
```

接下来研究一下 4 个函数的实现。

add 函数用于添加一个员工,即在单链表中添加一个结点。该函数首先输入员工的工号、姓名和工资,然后将这些信息组织成一个结点插入单链表的表头。这个函数有一个需要注意的地方,就是在输入姓名前有一个 cin.get 函数的调用。为什么需要调用一次 cin.get 函数? 如果没有这个 cin.get 函数的调用,会发现程序跳过了输入姓名,直接要求输入工资。因为姓名中可能包含空格,因此不能用>>输入,而必须用 get 或 getline 函数。get 或 getline 函数可以输入任意空白字符,包含空格符,也包含换行符。getline 函数会读入输入工号时的换行符,并认为输入结束了。

remove 函数删除特定工号的员工。该函数首先要求输入被删除员工的工号,然后遍历单链表,寻找特定工号的结点,并删除该结点。注意,在单链表中删除某个结点必须知道它的前一个结点的地址,因此在遍历单链表时,指针指向被检查结点的前一个结点。

modify 函数修改指定员工的工资。该函数首先要求输入被修改的员工工号,然后遍历单链表寻找相应的结点,显示该员工的信息。接着要求输入新的工资值,将新的工资值存入该结点。

最后一个函数是 print。该函数遍历单链表,显示每一个员工的信息。

这 4 个函数的实现如代码清单 9-14。

代码清单 9-14　工资管理系统的实现文件 salary. cpp

```
#include "salary.h"
#include <iostream>
using namespace std;

void add(Employee * head)
{
    Employee * emp =new Employee;

    cout <<"请输入工号:";
    cin >>emp->no;
    cin.get();
```

```cpp
        cout <<"请输入姓名:";
        cin.getline(emp->name, 10);
        cout <<"请输入工资:";
        cin >>emp->salary;
        emp->next =head->next;
        head->next =emp;
    }

    void remove(Employee * head)
    {
        Employee * p;
        int no;

        cout <<"请输入被删除员工的工号:";
        cin >>no;

        for (p =head; p->next && p->next->no !=no; p =p->next);
        if (p->next) {
            Employee * tmp =p->next;
            p->next =tmp->next;
            delete tmp;
        }
    }

    void modify(Employee * head)
    {
        Employee * p;
        int no;

        cout <<"请输入被修改员工的工号:";
        cin >>no;

        for (p =head->next; p && p->no !=no; p =p->next);
        if (p) {
            cout <<p->no <<"  " <<p->name <<"   " <<p->salary<<endl;
            cout <<"请输入新的工资:";
            cin >>p->salary;
            cout <<p->no <<"  " <<p->name <<"   " <<p->salary<<endl;
            cout <<"修改成功!" <<endl;
        }
        else cout <<"该员工不存在!" <<endl;
    }
```

```
void print(Employee * head)
{
    for (Employee * p =head->next; p ; p =p->next)
        cout <<p->no <<"  " <<p->name <<"   " <<p->salary<<endl;
}
```

main 函数首先定义了一个空的单链表,主体由一个死循环构成。该循环显示功能菜单,接收用户的选择,根据选择调用不同的函数。main 函数的实现如代码清单 9-15。

代码清单 9-15　工资管理系统的 main 函数的实现文件 main. cpp

```
#include "salary.h"
#include <iostream>
using namespace std;

int main()
{
    Employee * head =new Employee;
    int select;
    void (* fun[4])(Employee * ) ={add, remove, modify, print};

    head->next =NULL;
    while (true) {
        cout <<"0 —— 退出 \n";
        cout <<"1 —— 添加员工\n";
        cout <<"2 —— 删除员工\n";
        cout <<"3 —— 修改员工工资\n";
        cout <<"4 —— 输出所有员工的信息 \n";
        cout <<"请输入您的选择:";
        cin >>select;

        if (select <0 ‖ select >4) continue;
        if (select ==0) return 0;
        fun[select-1](head);
    }
}
```

9.3　进一步拓展

9.3.1　软件危机

在计算机发展的早期(20 世纪 60 年代中期以前),软件基本上都是为每个具体应用量身定做的,而且规模较小。编写者和使用者往往是同一个(或同一组)人。这种个体化的软件开发环境常常使得软件设计成为人们头脑中进行的一个隐含过程。所谓的软件也就是一份源代码清单。

20世纪60年代中期到70年代中期是软件发展的第二个时代。这个时代出现了通用的软件产品,但软件开发还是沿用早期的开发方法。通用软件用户量大,而且不同的用户可能会有一些不同的要求,这就需要对程序的某些地方进行修改。而修改程序首先必须读懂程序,这使得软件维护耗费了大量的人力和物力。甚至很多程序的个体化特性使得它们最终成为不可维护的。于是人们惊呼"软件危机"了。

1968年,北大西洋公约组织的计算机科学家召开国际会议,讨论软件危机问题。在这次会议上正式提出并使用了"软件工程"这个名词,一门新兴学科就此诞生了。

软件工程的主要思想就是把软件看成是一个产品,开发软件就是制造一个产品。在现代化工业中,生产一个产品需要先对产品进行总体设计,再设计每一个零件,所有的设计都要有设计文档。然后可以根据设计文档生产零件。每个生产出来的零件都要经过质量检验,然后再把这些零件组装成一个最终产品。产品出厂前,还需要对产品进行质量检验。软件生产也是如此。

在软件工程时代,软件不再是一份源代码,还要包括软件的各类设计文档、测试文档。这些文档给软件的维护带来了很大的便利。

9.3.2　软件工程

软件工程用现代化大工业的生产管理方法管理软件从定义、开发到维护的完整过程。软件工程将软件的生命周期分成7个阶段:问题定义、可行性分析、需求分析、概要设计、详细设计、编码和单元测试、总体测试。

每个阶段都要给出这个阶段的总结性的文档。每个阶段的文档是下个阶段的工作基础。每个阶段的工作评审通过后,才能开展下个阶段的工作。当软件出现问题或需要增加功能时,可以先阅读这些文档得到修改的思路,而不是直接读那些难懂的源代码。下面简单介绍一下每个阶段的任务以及得到的成果。

1. 问题定义

问题定义阶段必须回答的关键问题:要解决的问题是什么? 在这个阶段,系统分析员会走访用户。在与用户讨论的基础上,写出一份关于问题性质、工程目标、工程规模的报告。这份报告必须得到客户的确认。

2. 可行性分析

在确定了基本要求后,可行性分析阶段研究这个问题是否可解以及是否值得去做。可行性分析一般从3个方面去论证。

(1) 技术可行性。现有的技术能实现用户的要求吗?

(2) 经济可行性。有足够的开发经费吗? 系统的经济效益能超过开发成本吗?

(3) 操作可行性。系统的操作方式在这个用户组织内行得通吗?

必要时还可能需要从法律、社会效益等更广泛的方面研究是否可行。

3. 需求分析

这个阶段的任务仍然不是寻求具体的解决方案,而是准确地确定目标系统应该是什么样子。需求分析明确定义系统需要做什么,而不关心系统如何实现这些功能。

这个阶段仍然需要系统分析员与用户密切沟通。用户了解自己需要解决什么问题,但通常不能准确地表达他们的需求,更不知道如何利用计算机解决这个问题。软件开发人员知道如何编程解决某个问题,但往往不了解用户的具体要求。因此在这个阶段,系统分析员与用户需要密切配合,充分交流信息,得出双方一致认可的逻辑模型,包括系统工作过程、输入输出数据的要求等。

需求分析阶段最终的成果是软件规格说明书,它准确地记录了目标系统的需求。这份文档是后期系统设计阶段的依据。

4. 概要设计

概要设计阶段是产品的总体设计阶段。在这个阶段,系统设计师首先需要设计出实现这个系统的几个可能方案。通常应该设计出低成本、中成本和高成本 3 种方案,分析每种方案的优缺点,并推荐一个最佳方案。此外还应该制订出实现最佳方案的详细计划。

概要设计阶段需要确定解决问题的策略以及目标系统中应该包含的程序模块,给出程序的总体结构,也就是程序由哪些模块组成,每个模块应该完成哪些功能以及模块与模块之间的关系。

5. 详细设计

详细设计阶段相当于设计组成产品的每个零件。概要设计阶段以抽象概括的方法给出问题的解决方案,详细设计阶段的任务是将这些解法具体化即回答应该怎样具体实现这个系统。

这个阶段的任务还不是编写程序,而是设计出每个程序的详细规格说明,相当于其他工程领域的设计图纸。程序的规格说明应该给出每个程序详细的功能要求以及实现这些要求的数据结构和算法。

6. 编码和单元测试

编码和单元测试阶段是生产阶段,即根据程序的规格说明书写出一个个程序,并测试每一个程序。

程序员自己测试程序时,一般可采用白盒法。白盒法是将程序看成一个透明的白盒子,测试人员知道程序的内部结构和处理算法,并按照程序的逻辑设计测试案例和测试数据。

质量检验人员可以用黑盒法测试。黑盒法是将程序看成一个黑盒子,完全不考虑程序的内部结构和处理算法,只检查程序的功能是否符合程序的规格说明书的要求。

7. 总体测试

总体测试是对由各个模块组装起来的完整的程序进行测试,测试软件是否达到预定的功能、性能等。总体测试一般以需求分析阶段给出的软件规格说明书为标准。作为整个软件的组成部分,所有的测试方案、测试案例、测试结果都应该作为文档保存。

第 10 章

创建新的类型

10.1　知识点回顾

10.1.1　面向对象的思想

当程序员编写解决一个问题的程序时,必须要在程序设计语言提供的功能和实际需要解决的问题模型之间建立联系。计算机的结构本质上还是为了支持计算,各种高级语言提供的工具都是对数值的处理。如果需要解决一个计算问题,这个联系的建立非常容易。但如果需要解决一些非计算问题,这个联系的建立就很困难。在过程化程序设计中,通常采用的是逐步细化的过程。对需要解决的问题的功能进行分解,直到能用程序设计语言提供的工具解决为止。

面向对象程序设计方法为程序员提供了创建工具的功能。在解决一个问题时,程序员首先考虑的是需要哪些工具,然后创建这些工具,用这些工具解决问题。有了合适的工具,问题的解决就自然而然了。这些工具就是对象。事实上,整型数是一个对象,实型数也是一个对象,这些是解决计算问题的基本工具,所有的高级语言都包含这些工具。

面向对象程序设计允许程序员根据所要解决的问题创建新的数据类型,用这种类型的变量(对象)完成指定的工作。因此,采用面向对象程序设计方法解决问题时的思考方式与过程化程序设计方法不同。例如,对于计算圆的面积和周长的问题。采用过程化程序设计方法,可以从功能着手,把解决这个问题的过程罗列出来。解决这个问题首先要输入圆的半径或直径,然后利用 $S=\pi r^2$ 和 $C=2\pi r$ 计算圆的面积和周长,最后输出计算结果。但是采用面向对象程序设计方法,首先考虑需要什么工具。如果计算机能提供一个称为圆的工具,它可以以某种方式保存一个圆,并能告诉程序员有关这个圆的一些特性,如它的半径、直径、面积和周长,那么解决这个问题就简单多了。程序只需要定义一个圆类型的变量,以它提供的方式将一个圆保存在该变量中,然后让这个变量告诉程序员这个圆的面积和周长是多少。这样,程序员就不必知道圆是如何保存的,也不必知道如何计算圆的面积和周长。

10.1.2　面向对象程序设计的特点

面向对象程序设计的一个重要的特点是代码重用。定义了圆这样一个类型后,不仅程序员自己可以用这个类型的对象完成所需的功能,还可以把这个类型提供给那些也需要处理圆的程序员使用。这样就使处理圆的这些代码重用。

面向对象程序设计的另一个特点是实现隐藏。在面向对象程序设计中,程序员被分成了两类:类的创建者和类的使用者。类的创建者创造新的工具,而类的使用者则收集已有的工具快速地解决要解决的问题。类的使用者不需要知道这些工具是如何实现的,只需要知道如何使用这些工具。这种工作方式称为实现隐藏,它能减少程序员开发某一应用程序的复杂性,使程序员能在更高的抽象层次上考虑解决问题的方案。

有了一些工具之后,可以在这些工具的基础上加以扩展,形成一个功能更强的工具。在原有类的基础上再扩展一个新类称为类的继承或派生。原有类称为基类或父类,新建类称为派生类或子类。有了继承,代码又可以进一步得到重用。在创建派生类时,基类已有的这些功能就不用再重写了。

处理层次结构的类型时,程序员可能不希望把对象看成是一类特殊的成员,而是想把它看成是一类普通的成员,即基类成员。对不同的派生类对象发出同一个指令,不同的对象有不同的行为,这种行为称为多态性。多态性的一个好处是程序功能扩展比较容易。

从编程的角度而言,面向对象程序设计的重点就是研究如何定义一个类和如何使用类的对象。

10.1.3 类的定义

定义一个类就是定义一组属性和一组对属性进行操作的函数。属性称为类的数据成员,而函数称为类的成员函数。类定义的一般形式如下:

```
class 类名{
private:
    私有数据成员和成员函数;
public:
    公有数据成员和成员函数;
};
```

其中,class是定义类的关键字;类名是正在定义的类的名字,即类型名;后面的大括号表示类定义的内容;最后的分号表示类定义结束。

private和public用于访问控制。列于private下面的每一行,无论是数据成员还是成员函数都称为私有成员;列于public下面的每一行,都称为公有成员。私有成员只能被自己类中的成员函数访问,不能被全局函数或其他类的成员函数访问。这些成员被封装在类的内部,不为外界所知。公有成员能被程序中的其他函数访问,它们是类对外的接口。在使用系统内置类型时,程序员并不需要了解该类型的数据在内存是如何存放的,而只需要知道对该类型的数据可以执行哪些操作。与系统内置类型一样,在定义自己的类型时,一般将数据成员定义为private,而类的用户必须知道的操作则定义为public。private和public的出现次序可以是任意的,也可以反复多次出现。关键字private也可以省略。

类的定义相当于库的接口,通常被写成一个头文件。成员函数的定义是写在一个实现文件(.cpp)中。

10.1.4　对象的使用

一旦定义了一个类,就相当于有了一种新的类型,就可以定义这种类型的变量了。在面向对象程序设计中,这类变量称为对象。

与普通的变量定义一样,也可以定义局部对象、全局对象、静态对象、动态对象和对象数组等。定义一个对象时,系统会为对象分配空间,用于存储对象的数据成员。类的成员函数在内存中只有一份副本,所有对象共享这一份副本。

对象的操作与结构体变量的操作类似,是对它的成员的操作。引用对象的成员也是用"."运算符。如果通过对象指针,可以用->运算符引用指针指向对象的某个成员。由于成员有公有和私有之分,在一般的全局函数中,只能引用对象的公有成员,只有在成员函数中才能引用同类对象的私有成员。

由于同一类的所有对象共享一份成员函数的副本,那么成员函数体中涉及的数据成员是哪个对象的数据成员? 由于成员函数是通过"对象名.成员函数名"或"对象指针->成员函数名"调用,成员函数中提到的成员都是当前调用该函数的对象的成员。在调用成员函数时,C++ 传递了一个隐含的指向当前调用函数的对象的指针 this。成员函数中提到的成员都是 this 指针指向的对象的成员。

10.1.5　对象的构造与析构

系统内置类型的变量可以在定义时赋初值,某些类的对象也需要在定义时赋初值,也就是说,定义对象时不仅要给对象分配空间,还需要将某些数据保存在这块空间中。为对象赋初值的方法可以写成一个函数,该函数称为构造函数。

因为构造函数是系统在定义对象时自动调用的,所以系统必须知道每个类对应的构造函数是哪一个函数。为此,C++ 规定构造函数的名字必须与类名相同。类的对象可以有多种构造方法,因此构造函数可以是一组重载函数。构造对象时也可以用另一个同类对象的值作为初值,这时构造函数的参数是一个同类对象的常量引用。这个构造函数有个特殊的名字——复制构造函数。

构造函数是在定义对象时自动调用的,因此在定义对象时必须给出构造函数的实际参数。有了构造函数后,对象定义的一般形式如下:

类名 对象名(实际参数表);

其中,实际参数表必须与该类的某一个构造函数的形式参数表相对应。除非这个类有一个没有参数的构造函数,才可以用

类名 对象名;

来定义。不带参数的构造函数称为默认构造函数。一个类通常应该有一个默认构造函数。

每个类必须有构造函数和复制构造函数。如果类的设计者没有定义构造函数和复制构造函数,C++ 会自动生成一个默认构造函数和一个默认复制构造函数。默认构造函数

的函数体为空，即只为对象分配空间，但不赋初值。默认复制构造函数将参数对象的数据成员值对应赋给当前正在构造的对象，构造一个与参数对象完全一样的对象。

与普通的成员函数一样，构造函数具有名字、形式参数表和函数体，但没有返回类型。它的名字必须与类名完全相同。与普通的成员函数不同，它可以包含一个构造函数初始化列表。构造函数初始化列表位于函数头和函数体之间。它以一个"："开头，接着是一个以"，"分隔的数据成员列表，每个数据成员的后面跟着一个放在括号中的对应于该数据成员的构造函数的实际参数表。

数据成员赋初值完全可以在构造函数的函数体内完成，为什么还要使用构造函数初始化列表？从概念上讲，构造一个对象由两个阶段组成：首先，按照数据成员的定义次序依次构造每个数据成员，执行每个数据成员对应类的构造函数；然后，执行当前类的构造函数为数据成员赋初值。不管构造函数是否指定初始化列表，都要执行数据成员的构造函数。如果没有指定初始化列表，则对数据成员调用它默认的构造函数。如果指定了初始化列表，则根据初始化列表中给出的实际参数调用数据成员对应的构造函数。有了初始化列表，可以使数据成员的初始化和赋初值同时进行。因此，采用初始化列表可以提高构造函数的效率，使数据成员在构造的同时完成初值的设置。

与构造函数类似，析构函数是系统在回收对象前自动调用的。因此，它也必须有一个特殊的名字。在 C++ 中，析构函数的名字是"～类名"。它没有参数也没有返回值。

每个类必须有一个析构函数。如果类的设计者没有定义析构函数，编译器会自动生成一个默认析构函数。该函数的函数体为空，即什么事也不做。

10.1.6   C++ 11 对构造的扩展

1. 生成默认的构造函数

如果在类定义中定义了构造函数，编译器不再生成默认构造函数。如果希望保留编译器默认的构造行为，可以使用关键字"＝default"要求编译器生成一个默认构造函数或复制构造函数。例如，希望编译器为类 CreateAndDestroy 提供这个默认的构造函数，可以在类定义中用

```
class CreateAndDestroy {
    ⋮
public:
    CreateAndDestroy()=default;
    ⋮
};
```

2. 阻止复制

如果不希望类支持复制构造函数，可以使用关键字"类名＝delete"禁用这个功能。例如，如果 DoubleArray 类不允许复制构造函数，可以在类中声明

```
DoubleArray(const DoubleArray &)=delete;
```

3. 委托构造

如果某个构造函数的一部分工作与另外一个构造函数完成相同,可以在一个构造函数中调用另一个构造函数。调用其他构造函数的构造函数称为委托构造函数。

委托构造函数有一个初始化列表和一个函数体。初始化列表只有唯一的一项内容,即另一个构造函数。函数体完成额外的初始化工作。

例如,在 DoubleArray 类中增加一个构造方法,即在定义对象时同时给出数组元素的初值,可以设计一个原型为

```
DoubleArray(int lh, double a[], int size)
```

的构造函数,表示生成一个下标下界为 lh,数组元素的初值为 a,一共有 size 个元素,即下标的上界为 lh+size−1 的数组。该构造函数的定义如下:

```
DoubleArray(int lh, double a[], int size):DoubleArray(lh,lh+size-1) {
    for (int i =0; i <size; ++i) storage[i] =a[i];
}
```

4. 初始化列表

C++ 11 允许使用大括号括起来的一组值,称为初始化列表,作为赋值表达式的右运算对象。如果左边对象是内置类型,那么初始化列表只能包含一个值。例如,x 是整型变量,则可以通过

```
x ={9};
```

为 x 赋值。对于类类型,是将初始化列表中的值依次赋给数据成员。例如,对于主教材中代码清单 10-16 中定义的复数类对象 obj,可以用

```
obj ={1,3};
```

将对象 obj 的实部置为 1,虚部置为 3。

5. 类内初始化

类内初始化可以在类定义时为数据成员指定初值。如果构造函数没有为这个数据成员赋初值,该数据成员的初值即为类定义时指定的初值。

类内初始化可以使用"="的初始化形式,也可以使用大括号括起来的直接初始化,但不能使用圆括号。例如,使用 DoubleArray 类时,常用的还是从下标 0 开始,所以在类定义中可以为 low 指定初值:

```
class DoubleArray{
    int low =0;
    int high;
    double * storage;
```

```
public:
    ⋮
};
```

其中,low＝0 也可以写为 low {0}。在定义对象时希望只指定一个数组规模,则可以增加一个构造函数:

```
DoubleArray(int size) {
    high =size -1;
    storage =new double[size];
}
```

6. 移动构造

很多情况下都会发生对象复制。在某些情况下,被复制的对象在复制结束后立即销毁。如函数执行结束时,会用 return 后的值构造一个临时对象,返回到调用函数后,临时对象会被析构。再如,执行 $x＝y＋z$ 时,$y＋z$ 的结果形成一个临时对象。当把它赋给 x 后,该临时对象就消亡了。C++ 11 提出了一个"移动"的概念,即让左值直接接管右值的空间。如果这类对象复制是发生在对象构造时,则由移动构造函数完成;如果发生在赋值时,则可由移动赋值运算符重载函数完成。

移动构造函数的参数是一个同类对象的右值引用,即实际参数在完成参数传递后立即会消亡。除了完成资源的移动,移动构造函数必须确保被移动的对象在销毁时不会有问题。特别是,一旦完成资源移动,被移动对象不再占有被移动的资源,因为这些资源已经归属于新定义的对象。例如,可以为 DoubleArray 类定义一个移动构造函数。该函数的定义如下:

```
DoubleArray(DoubleArray &&other):low(other.low),high(other.high),storage
(other.storage)
{other.storage=nullptr;}
```

移动构造函数不分配任何新内存,它接管了对象 other 的空间。在接管了内存之后,将 other 的 storage 置为空指针。这样就完成了对象的移动。

10.1.7　常量对象和常量成员函数

自定义类型和内置类型一样,都可以定义常量。一旦定义后,常量对象的数据成员值是不能修改的。常量对象的定义方式和普通常量的定义方式完全一样:

const 类名 对象名(实际参数表);

定义常量对象时必须指定初值,因为常量对象只能初始化,不能赋值。如果不做初始化,就无法指定常量的值。

对象的操作一般是调用它的成员函数,编译器如何知道哪些成员函数会改变数据成员?它又如何知道哪些成员函数的访问对常量对象是安全的呢?

在 C++ 中可以把一个成员函数定义为常量成员函数,它告诉编译器该成员函数是安全的,不会改变对象的数据成员值,可以被常量对象所调用。一个没有明确声明为常量成员函数的成员函数认为是危险的,它可能会修改对象的数据成员值。因此,当把某个对象定义为常量对象后,该对象只能调用常量成员函数。

常量成员函数的定义是在函数头后面加一个保留字 const。保留字 const 是函数原型的一部分。说明一个函数是常量,必须在类定义中的成员函数声明时声明它为常量,同时在成员函数定义时也要说明它是常量。如果仅在类定义中说明,而在函数定义时未说明,编译器会把这两个函数看成是两个不同的函数,即重载函数。

10.1.8　常量数据成员

类的数据成员也可以定义为常量。常量数据成员表示它在某个对象生存期内是常量,即在对象生成时给出常量值,而在此对象生存期内,它的值是不能改变的。但对于该类的不同的对象,其常量数据成员的值可以不同。常量数据成员的声明是在数据成员声明前加保留字 const。

因为常量只能在构造时初始化,即调用构造函数,不能执行赋值操作。所以,常量数据成员的值只能在构造函数的初始化列表中通过成员的构造函数设定。

10.1.9　静态数据成员与静态成员函数

有时,类的所有对象可能需要共享一些信息。共享信息一般用全局变量表示,但如果用全局变量表示这个共享数据,则缺乏对数据的保护。因为全局变量不受类的访问控制的限定,除了类的对象可以访问它以外,其他类的对象以及全局函数也能存取这些全局变量。同时,也容易与其他的名字相冲突。如果希望把一个数据当作全局变量去存储,但又被隐藏在类中,并且清楚地表示与这个类的联系,可以用类的静态数据成员来实现。类的静态数据成员拥有一块单独的存储区,而不管创建了多少个该类的对象。所有这些对象的静态数据成员都共享这一块空间。这就为这些对象提供了一种互相通信的机制。但静态数据成员属于类,它的名字只在类的范围内有效,并且可以是公有的或私有的,这又使它免受其他全局函数的干扰。将一些数据成员说明为静态的,需要在此数据成员前加一个保留字 static。

类定义只给出了对象构成的说明,真正的存储空间是在对象定义时分配。但由于静态数据成员属于类而不属于对象,因此系统为对象分配空间时并不包括静态数据成员的空间。静态数据成员的空间必须单独分配,而且必须只分配一次。为静态数据成员分配空间称为静态数据成员的定义。静态数据成员的定义一般放在类的实现文件中。

静态数据成员属于类,因此可以直接用类名调用。即"类名::静态数据成员名"的形式。但从每个对象的角度,它似乎又是对象的一部分,因此,又可以和普通的成员一样用对象引用它。

专门处理静态数据成员的成员函数称为静态成员函数。静态成员函数的声明需要在类定义中的函数原型前加上保留字 static。与普通的成员函数一样,静态成员函数的定义可以写在类定义中,也可以写在类定义的外面。在类外定义时,函数定义中不用加 static。

静态成员函数可以用对象来调用。然而,更典型的方法是通过类名来调用,即"类名::

静态成员函数名()"的形式。

　　静态成员函数是为类服务的,它的最大特点就是没有隐含的 this 指针。因此,静态成员函数不能访问非静态的数据成员,而只能访问静态数据成员或其他静态成员函数。

　　有时整个类的所有对象需要共享一个常量,此时可以把这个成员设为静态常量数据成员。静态常量数据成员用关键词 static const 声明。

10.1.10　友元

　　根据数据保护的要求,类外面的函数不能访问该类的私有成员。对私有成员的访问需要通过类的公有成员函数来进行,而这会降低对私有成员的访问效率。在 C++ 中,可以对某些经常需要访问类的私有成员的函数开一扇"后门",这就是友元。友元可以在不放弃私有成员安全性的前提下,使得全局函数或其他类的成员函数能够访问类中的私有成员函数。

　　在 C++ 的类定义中,可以指定允许某些全局函数、某个其他类的所有成员函数或某个其他类的某一成员函数直接访问该类的私有成员,它们分别被称为友元函数、友元类和友元成员函数,统称为友元。

　　将函数声明为友元需要在类定义中声明此函数或类,并在声明前加上关键字 friend。此声明可以放在公有部分,也可以放在私有部分。

　　尽管友元关系可以写在类定义中的任何地方,但一个较好的程序设计习惯是将所有友元关系的声明放在最前面的位置,并且不要在它的前面添加任何访问控制说明。

　　友元为全局函数或其他类的成员函数访问类的私有成员函数提供了方便,但它也破坏了类的封装,给程序的维护带来一定的困难,因此要慎用友元。

10.2　习题解答

10.2.1　简答题

　　1. 用 struct 定义类与用 class 定义类有什么区别?

　　【解】C++ 中,类和结构体都可以用来定义一个类,它们的主要区别在于成员的访问控制。在结构体中,默认的访问特性是公有的;在类中,默认的访问特性是私有的。

　　2. 构造函数和析构函数的作用是什么? 它们各有什么特征?

　　【解】构造函数和析构函数是类的成员函数。但与普通的成员函数不同,构造函数和析构函数不是使用类的程序通过对象调用的,而是编译器自动调用的。构造函数是在对象定义时自动执行,析构函数是对象销毁时自动调用。由于构造函数和析构函数是编译器自动调用的,因此编译器必须知道每个类的构造函数和析构函数的名字。C++ 规定,构造函数名是类名,析构函数名是"~"加类名。例如,类 A 的构造函数名是 A,析构函数名是~A。构造函数和析构函数都没有返回值,在写函数原型时,为了与普通的成员函数有所区别,构造函数和析构函数都不允许写函数的返回类型。对象可能有不同的构造方法,所以类可以有一组重载的构造函数,但析构函数只能有一个。另一个与普通成员函数不同之处是构造函数还可以有一个初始化列表。

3. 友元的作用是什么？

【解】在设计类时，一般将数据成员设为私有成员。只有自己的成员函数可以访问私有数据成员。但在某些情况下，某些全局函数或某个与当前设计的这个类关系非常密切的类经常需要访问当前类的数据成员。如果都通过公有成员函数来操作数据成员会使时间性能下降。在这种情况下，可以将这些全局函数或其他类的成员函数，甚至是某个类定义成当前类的友元。这意味着这些函数可以直接访问当前类的私有成员。

4. 静态数据成员有什么特征？有什么用途？

【解】静态数据成员逻辑上属于每个对象，物理上并不属于每个对象，而属于整个类。不管这个类有多少个对象，静态数据成员都只有一份副本。静态数据成员一般用来保存整个类所有对象共享的信息。

5. 在定义一个类时，哪些部分应放在头文件(.h 文件)中？哪些部分应放在实现文件(.cpp 文件)中？

【解】在定义类时，类的定义放在头文件中，类中成员函数的实现和静态数据成员的定义放在实现文件中。一般头文件和实现文件的名字是一样的。例如，sample 类的头文件名是 sample.h，实现文件名是 sample.cpp。

6. 什么情况下类必须定义自己的复制构造函数？

【解】在定义类时，C++ 会自动生成一个复制构造函数。该函数将作为参数的对象的数据成员对应赋给当前正在构造的对象的数据成员。一般情况下，复制构造的含义就是如此。但如果类的数据成员中含有指针，而指针指向的是一个动态变量，系统自动生成的复制构造函数就会造成两个对象共用了一个动态变量，这时必须定义自己的复制构造函数。

7. 什么样的成员函数应设为公有的成员函数？什么样的成员函数应设为私有的成员函数？

【解】在设计类时，一般根据对象行为提取成员函数，这些函数应该设为公有的成员函数。某些公有函数的实现可能比较复杂，可以分解出一些小函数。某些公有成员函数实现中可能有一些共同的小功能，这些小功能应该设计成一个个函数，在这些公有成员函数实现中可以调用这些小函数。在实现公有成员函数时进一步分解出来的这些函数被称为工具函数。工具函数是被其他成员函数调用的，它不是对象的某个行为，通常被设为私有成员函数。

8. 常量数据成员和静态常量数据成员有什么区别？如何初始化常量数据成员？如何初始化静态常量数据成员？

【解】常量的数据成员指的是那些在对象生成时给定了初值，在整个对象的生命周期中它的值不能改变的数据成员。由于常量不能执行赋值操作，所以常量数据成员的值必须在构造函数的初始化列表中对该常量成员进行初始化。静态常量数据成员是整个类所有对象共享的一个常量。对整个类而言，不管定义了多少个对象，该成员永远只有一份副本。如果静态常量数据成员的类型是整型，它的值可以在类定义时直接指定；如果是非整型，必须和静态数据成员一样在类外定义并指定初值。

9. 什么是 this 指针？为什么要有 this 指针？

【解】每个对象包含两部分内容：数据成员和成员函数。不同的对象有不同的数据成员值，因此每个对象都拥有一块保存自己数据成员值的空间。但同一类所有对象的成员函数的实现都是相同的，因此所有对象共享了一份成员函数的代码。这又带来另一个问题：成员函数中涉及的数据成员是哪个对象的数据成员？为此 C++ 让每个成员函数都包含了一个隐含的参数 this，该参数是一个指针，指向当前调用该成员函数的对象。成员函数中涉及的数据成员都是 this 指针指向的对象的数据成员。

10. 下面程序段有什么问题？

```
int main()
{
    Rational  r1;
    r1.num =1;
    r1.den =3;
        ⋮
}
```

其中，Rational 是主教材中代码清单 10-9 定义的有理数类。

【解】在有理数类中，数据成员被声明成私有的数据成员。所以除了有理数类的成员函数和友元外，其他函数都不能直接访问它的数据成员。main 函数也不例外。

11. 复制构造函数的参数为什么一定要用引用传递，而不能用值传递？

【解】在设计函数原型时，如果函数体中不修改参数值，参数可设计成值传递或常量的引用传递。按照这条规则，复制构造函数中的参数似乎可以被设计成值传递。但是值传递的参数在参数传递时有一个构造过程，即用实际参数的值构造形式参数，这个构造过程由复制构造函数完成。由此可见，如果将复制构造函数的参数设计成值传递，会引起复制构造函数的递归调用。

12. 下面哪个类必须定义复制构造函数？

(1) 包含 3 个 int 类型的数据成员的 point3 类。

(2) 处理动态二维数组的 Matrix 类。其中，存储二维数组的空间在构造函数中动态分配，在析构函数中释放。

(3) 主教材中定义的有理数类。

(4) 处理一段文本的 word 类。所处理的文本存储在一个字符数组中。

【解】

(1) 不需要定义复制构造函数。

(2) 需要定义复制构造函数，因为数据成员中包含指针，而且指针指向的空间是在构造函数中动态申请的。默认的复制构造函数会使多个对象共享存储空间。

(3) 不需要定义复制构造函数。

(4) 不需要定义复制构造函数。

13. 静态成员函数不能操作非静态数据成员，那么非静态成员函数能否操作静态数据成员？为什么？

【解】静态成员函数不能操作非静态数据成员,因为静态成员函数没有隐含的 this 指针,当涉及非静态数据成员时,无法指明是哪一个对象的数据成员;非静态成员函数可以操作静态数据成员,因为静态数据成员是所有对象共享的数据成员,在逻辑上属于每一个对象。

14. 构造函数为什么要有初始化列表?

【解】构造函数的初始化列表可以将数据成员的构造和赋初值一起完成,提高对象构造的时间性能。除此之外,还有两种情况必须用初始化列表:第一种情况是数据成员中含有一些不能用赋值操作进行赋值的数据成员,如常量数据成员或对象数据成员,这时必须在初始化列表中调用数据成员所属类型的构造函数来构造它们。第二种情况是在用派生的方法定义一个类时,派生类对象中的基类部分必须在构造函数的初始化列表中调用基类的构造函数完成。

15. 某个程序员利用主教材的代码清单 10-20 中的 Goods 类写了如下一段程序。分析这段程序有什么问题。

```
void print (Goods obj)
{
    cout <<obj.weight() <<'\t' <<obj.totalweight() <<endl;
}
int main()
{
    Goods g1(30), g2(50), g3(70);
    print(g1);
    cout <<Goods::totalweight() <<endl;
    return 0;
}
```

【解】Goods 类对象保存了某货物的质量 weight 及所有货物的总质量 totalweight。这段程序将会使得 totalweight 中保存的总质量有误。在调用 print 函数时,由于形式参数是一个 Goods 类的对象,实际参数也是一个 Goods 类的对象,因此会调用复制构造函数。由于 Goods 没有定义复制构造函数,C++调用的是默认的复制构造函数,即将实际参数的 weight 赋给形式参数的 weight,totalweight 的值不变。但 print 函数结束时,会析构形式参数 obj,此时会调用析构函数。析构函数将会从 totalweight 中减去 obj 的 weight 值。

10.2.2 程序设计题

1. 编写一个程序,验证对象的空间中不包括静态数据成员。

【解】为了验证对象的空间中不包括静态数据成员,可以定义一个简单的类 Test。Test 类有两个数据成员:一个是普通的字符类型的数据成员,另一个是静态整型数据成员。在 main 函数中直接用 sizeof 运算获得 Test 类对象所占的字节数输出。程序运行的结果是 1,表示 Test 类的对象只占 1B,即数据成员 id 占用的空间。具体程序如代码清单 10-1。

代码清单 10-1　验证对象的空间中不包括静态数据成员

```
#include <iostream>
using namespace std;

class Test {
    char id;
    static int global;
public:
    Test(char t) {id = t;}
};

int Test::global = 0;
int main()
{
    cout << sizeof(Test) << endl;
    return 0;
}
```

2. 创建一个处理任意大的正整数的类 LongLongInt，用一个动态的字符数组存放任意长度的正整数。数组的每个元素存放整型数的一位。例如，整数 123 被表示为字符串 "321"。注意，数字逆序存放，这样可以使整型数的运算比较容易实现。提供的成员函数有构造函数（根据一个数字组成的字符串创建一个 LongLongInt 类的对象）、输出函数、加法函数、赋值函数（把一个 LongLongInt 类的对象赋给另一个对象）。为了比较 LongLongInt 类的对象，提供了等于比较、不等于比较、大于比较、大于或等于比较、小于比较和小于或等于比较。

【解】LongLongInt 类的定义如代码清单 10-2。LongLongInt 类将数字以字符串形式存储，所以有一个指向字符的指针的数据成员。根据题意，LongLongInt 类应该有构造函数、输出函数、加法函数、赋值函数和比较函数，这些都是 LongLongInt 类的公有成员函数。由于 LongLongInt 类含有一个指针的数据成员，还必须增加复制构造函数和析构函数。

代码清单 10-2　LongLongInt 类的定义

```
#include <cstring>
#include <iostream>
using namespace std;

class LongLongInt {
private:
    char * num;
public:
    LongLongInt(const char * n = "");
    LongLongInt(const LongLongInt &);
```

```
    ~LongLongInt() {delete num; }
    void print() const;
    void add(const LongLongInt &, const LongLongInt &);
    void assign(const LongLongInt &);
    bool equal(const LongLongInt &) const;
    bool unEqual(const LongLongInt &) const;
    bool greater(const LongLongInt &) const;
    bool greaterOrEqual(const LongLongInt &) const;
    bool less(const LongLongInt &) const;
    bool lessOrEqual(const LongLongInt &) const;
};
```

构造函数和复制构造函数的实现如代码清单 10-3。构造函数有一个指向字符的指针参数 n，表示一个字符串，该字符串存储的是所要处理的数字。构造函数根据数字的长度为数据成员 num 申请空间，将 n 中的数字存储到 num 中。但要注意，num 中表示的数字是逆序的，不能直接将 n 复制到 num。

复制构造函数根据参数 other 的 num 的长度为当前正在构造的对象的数据成员 num 申请空间，并将 other 的 num 的内容复制到当前正在构造的对象 num 中。

代码清单 10-3　构造函数和复制构造函数的实现

```
LongLongInt::LongLongInt(const char * n )
{
    int len = strlen(n);

    num = new char[len+1];
    for (int i = 0; i < len; ++i)
        num[len - i - 1] = n[i];
    num[len] = '\0';
}


LongLongInt::LongLongInt(const LongLongInt &other)
{
    num = new char[strlen(other.num) + 1];
    strcpy(num, other.num);
}
```

输出函数的实现如代码清单 10-4。输出函数实现时有两点要注意：①num 中保存的数字是逆序的，所以输出时要从字符串的最后一个数字开始往前，依次输出每一个字符；②有一个特殊情况，num 可能是一个空串，这时保存的数字应该是 0。

代码清单 10-4　输出函数的实现

```
void LongLongInt::print() const
{
    for (int i = strlen(num); i >= 0; --i)
```

```
        cout <<num[i];
    if (strlen(num) ==0) cout <<0;
}
```

加法函数的实现如代码清单 10-5。加法函数可能是 LongLongInt 类中最复杂的一个函数。加法函数的两个参数是两个运算数,加的结果存放在当前对象中。加法函数模拟手工的加法过程,从个位开始将两个运算数的对应位及上一位的进位相加。相加的过程可以分成两个阶段:第一个阶段是两个运算数的对应位都存在,第二个阶段是一个运算数已经结束。

函数首先分别找出两个运算数的长度,将较小的数字的长度存入变量 minLen。结果值的长度可能比较大的运算数的长度还多 1 位(可能有进位),把这个可能的长度存入变量 len,为 num 申请存储空间。在第一个阶段,从个位数开始到 minLen,将两个运算数的对应位相加,再加上上一位的进位。判断结果是否超过 10,如果超过 10 就需要处理进位。第二个阶段对较大的运算数剩余的每一位处理进位。判断最后一位有没有进位,如有进位,则设置进位;如果没有,将 num 的存储空间缩短一字节。

代码清单 10-5　加法函数的实现

```cpp
void LongLongInt::add(const LongLongInt &n1, const LongLongInt &n2)
{
    int len1 =strlen(n1.num), len2 =strlen(n2.num);
    int minLen = (len1 >len2 ?len2 : len1) ;
    int len = (len1 >len2 ?len1 : len2) +1;
    int carry =0, result;                  //carry 是进位

    num =new char[len +1];
    for (int i =0; i <minLen; ++i) {       //n1 和 n2 都有数字
        result =n1.num[i] -'0' +n2.num[i] -'0' +carry;
        num[i] =result %10 +'0';
        carry =result / 10;
    }

    while (i <len1) {                      //n2 已结束
        result =n1.num[i] -'0' +carry;
        num[i] =result %10 +'0';
        carry =result / 10;
        ++i;
    }

    while (i <len2) {                      //n1 已结束
        result =n2.num[i] -'0' +carry;
        num[i] =result %10 +'0';
        carry =result / 10;
        ++i;
```

```
    }

    if (carry !=0) num[i++] =carry +'0';   //处理最高位的进位
    num[i] = '\0';

    if (i !=len)  {                         //最高位无进位处理
        char * tmp =num;
        num =new char[len];
        strcpy(num, tmp);
        delete tmp;
    }
}
```

赋值函数的实现如代码清单 10-6。赋值函数比较简单。检查 right 是否就是当前对象，如果是则不用赋值，直接返回；否则先释放被复制对象的空间，按照 right 中保存的数字重新申请适当大小的空间，将 right 中的数字复制到当前对象。

代码清单 10-6　赋值函数的实现

```
void LongLongInt::assign(const LongLongInt &right)
{
    if (this ==&right) return;

    delete num;
    num =new char[strlen(right.num) +1];
    strcpy(num, right.num);
}
```

比较函数的实现如代码清单 10-7。6 个比较函数的实现思想基本类似。两个数相等，则两个对象的 num 中保存的字符串相同，否则就不相等。据此可以设计出 equal 和 unEqual 函数。大于比较可以先比较两个字符串的长度，较长的数一定较大。如果长度相等，则从高位到低位比较对应位，直到能分出大小。大于或等于比较与大于比较基本类似。区别在于当两个数字相等时，greater 返回 false，而 greaterOrEqual 返回 true。less 和 lessOrEqual 可以分别用 greaterOrEqual 和 greater 实现。即 less 就是!greaterOrEqual，lessOrEqual 就是!greater。

代码清单 10-7　比较函数的实现

```
bool LongLongInt::equal(const LongLongInt &n) const
{
    return strcmp(num, n.num) ==0;
}

bool LongLongInt::unEqual(const LongLongInt &n) const
{
    return strcmp(num, n.num) !=0;
```

```
    }

    bool LongLongInt::greater(const LongLongInt &n) const
    {
        int len1 = strlen(num), len2 = strlen(n.num);

        if (len1 > len2) return true;
        else if (len1 < len2) return false;

        for (int i = len1 - 1; i >= 0; --i) {
            if (num[i] > n.num[i]) return true;
            else if (num[i] < n.num[i]) return false;
        }

        return false;
    }

    bool LongLongInt::greaterOrEqual(const LongLongInt &n) const
    {
        int len1 = strlen(num), len2 = strlen(n.num);

        if (len1 > len2) return true;
        else if (len1 < len2) return false;

        for (int i = len1 - 1; i >= 0; --i) {
            if (num[i] > n.num[i]) return true;
            else if (num[i] < n.num[i]) return false;
        }

        return true;
    }

    bool LongLongInt::less(const LongLongInt &n) const
    {
        return !greaterOrEqual(n);
    }

    bool LongLongInt::lessOrEqual(const LongLongInt &n) const
    {
        return !greater(n);
    }
```

3. 用单链表实现本章程序设计题第 2 题中的 LongLongInt 类。

【解】用单链表实现的 LongLongInt 类的定义如代码清单 10-8。用单链表实现首先

需要定义一个结点类型 Node,存放一个字符表示的数字。保存单链表就是保存一个指向
结点的指针,所以 LongLongInt 类有一个数据成员 num,本题采用带头结点的单链表,所
以 num 是指向头结点的指针。根据题意,LongLongInt 类应该有构造函数、输出函数、加
法函数、赋值函数和比较函数,这些都是 LongLongInt 类的公有成员函数。由于
LongLongInt 类含有一个指针的数据成员,还必须增加复制构造函数和析构函数。在公
有成员函数的实现过程中,进一步分解出了 4 个工具函数 remove、copy、print 和
compare。

代码清单 10-8   用单链表实现的 LongLongInt 类的定义

```
class LongLongInt {
private:
    struct Node{
        char data;
        Node * next;

        Node(char c = ' ', Node * n =NULL) : data(c), next(n) {}
    };
    Node * num;

    void remove();
    void copy(const LongLongInt &other);
    void print(Node * p) const;
    int compare(const Node * n1, const Node * n2) const;

public:
    LongLongInt(const char * n ="");
    LongLongInt(const LongLongInt &);
    void print() const;
    void add(const LongLongInt &, const LongLongInt &);
    void assign(const LongLongInt &);
    bool equal(const LongLongInt &) const;
    bool unEqual(const LongLongInt &) const;
    bool greater(const LongLongInt &) const;
    bool greaterOrEqual(const LongLongInt &) const;
    bool less(const LongLongInt &) const;
    bool lessOrEqual(const LongLongInt &) const;
    ~LongLongInt();
};
```

先看一下构造函数和复制构造函数的实现。构造函数根据一个字符串构造一个单链
表。构造的方法是依次取出字符串的每一个字符,构造一个结点,插入在单链表的表头
(因为数字是逆序存储)。

复制构造函数复制一个单链表。由于复制单链表在其他函数中也会遇到,于是把它

抽取出来作为一个工具函数 copy。有了 copy 函数，复制构造一个单链表只需两个简单的步骤：先申请一个头结点，然后调用 copy 函数复制 other 的单链表。

copy 函数将 other 的单链表中的结点复制到当前对象的头结点后。这 3 个函数的实现如代码清单 10-9。

代码清单 10-9　构造函数、复制构造函数和 copy 函数的实现

```
LongLongInt::LongLongInt(const char * n )
{
    num =new Node;

    while (* n) {
        num->next =new Node(* n, num->next);
        ++n;
    }
}


LongLongInt::LongLongInt(const LongLongInt &other)
{
    num =new Node;
    copy(other);
}

void LongLongInt::copy(const LongLongInt &other)
{
    Node * p =other.num->next, * tail =num;

    while (p !=NULL) {
        tail->next =new Node(p->data);
        tail =tail->next;
        p =p->next;
    }
}
```

用单链表存储时，整型数的输出有些麻烦。由于数字是逆序存储，单链表的第一个结点保存的是个位数。输出整型数必须逆序访问单链表。这个操作在单链表中不太方便。但如果用递归的观点看待这个问题就很容易解决。打印一个数字，可以先打印出十位数以上的数字，再输出个位数。如果有一个 print 函数可以打印某个以逆序方式存储为单链表的数字，该函数的实现由两个步骤组成：先打印出从第二个结点开始的数字，然后打印第一个结点中的数字。前者可以通过递归调用来实现。按照该思想实现的函数如代码清单 10-10 中的第二个 print 函数，即私有的 print 函数。公有的 print 函数是一个包裹函数，对单链表的头结点调用递归的 print 函数即可。

代码清单 10-10 输出函数的实现

```
void LongLongInt::print() const
{
    if (num->next ==NULL) cout <<0;
    else print(num->next);
}


void LongLongInt::print(Node * p) const
{
    if (p !=NULL) {
        print(p->next);
        cout <<p->data;
    }
}
```

加法函数的实现与用数组表示的实现方法类似,将相加的过程分成 3 个阶段。首先将当前对象的单链表清空,为存放结果做好准备。由于清空操作在其他函数中也会用到,所以将它设计为一个工具函数 remove。然后开始第一阶段。第一阶段是两个运算数对应位数都存在,则将对应位的两个数字相加,再加上前一位的进位存入变量 result,构造一个新的结点连到当前对象的链表的表尾,将 result 的个位数存入该结点,十位数作为下一位的进位。第二阶段是某个运算数已经结束,对另一个运算数的剩余位数进行处理。将剩余位数的每一位加上前一位的进位存入变量 result。构造一个新的结点连到当前对象的链表的表尾,将 result 的个位数存入该结点,十位数作为下一位的进位。第三阶段是两个数字都结束了,这时再检查前一位有无进位。如果有进位,将进位构造一个新结点连入表尾。这样就完成了加法过程。

remove 函数清空单链表,这个过程在前几章中已经出现过多次,这里不再详述。add 函数和 remove 函数的实现如代码清单 10-11。

代码清单 10-11 加法函数的实现

```
void LongLongInt::add(const LongLongInt &n1, const LongLongInt &n2)
{
    Node * num1 =n1.num->next, * num2 =n2.num->next, * tail;
    int carry =0, result;

    remove();
    tail =num;
    while (num1 !=NULL && num2 !=NULL) {               //两个运算数对应位数都存在
        result =num1->data -'0' +num2->data -'0'  +carry;
        tail->next =new Node(result %10 +'0' );
        tail =tail->next;
        carry =result / 10;
        num1 =num1->next;
```

```
            num2 =num2->next;
    }

    while (num1 !=NULL) {                              //n2 结束
        result =num1->data -'0' +carry;
        tail->next =new Node(result %10 +'0');
        tail =tail->next;
        carry =result / 10;
        num1 =num1->next;
    }

    while (num2 !=NULL) {                              //n1 结束
        result =num2->data -'0' +carry;
        tail->next =new Node(result %10 +'0');
        tail =tail->next;
        carry =result / 10;
        num2 =num2->next;
    }

    if (carry !=0)                                    //最后有进位
        tail->next =new Node(carry +'0');
}


void LongLongInt::remove()
{
    Node * p =num->next, * q;

    num->next =NULL;
    while (p !=NULL) {
        q =p->next;
        delete p;
        p =q;
    }
}
```

由于有了一个私有的 copy 函数，赋值函数的实现就变得非常简单。首先检查 right 是否就是当前对象，如果不是，先清空当前对象，然后调用 copy 函数实现赋值。具体程序实现如代码 10-12。

代码清单 10-12　赋值函数的实现

```
void LongLongInt::assign(const LongLongInt &right)
{
    if (this ==&right) return;
```

```
    remove();
    copy(right);
}
```

为了方便实现比较函数，LongLongInt 类定义了一个私有成员函数 compare，比较两个以逆序保存数字的单链表 n1 和 n2。函数的参数是两个单链表的第一个结点，返回值是比较结果。如果返回值为 1，表示 n1 大于 n2；返回值等于 0，表示两个数字相等；返回值等于－1，表示 n1 小于 n2。

由于单链表是以逆序保存数字，第一个结点是个位数。而比较两个数字应该从最高位开始比较，这在单链表中较难实现。但如果以递归的观点考虑这个问题，个位数的大小只有在高位数字完全相等时才有意义。如果高位数字的比较已经能比出大小，就不需要比较个位数了。如何比较高位数？这正好是原问题的再现。于是可得出如代码清单 10-13 的比较函数的实现。比较两个整型数，首先递归调用 compare 函数比较十位以上的数字。如果比较结果不等于 0，则已分出大小，直接返回递归调用的结果。如果比较结果为 0，表示十位以上的数字完全相同，则比较个位数。如果 n1 的个位数大于 n2 的个位数，返回 1。如果 n1 的个位数小于 n2 的个位数，返回－1。如果这两个条件都不满足，表示两个数字相等，返回 0。该递归函数的终止条件有 3 个：第一种情况是两个链表都为空，返回 0；第二种情况是 n1 非空而 n2 为空，则 n1 大于 n2，返回 1；第三种情况是 n1 为空而 n2 为非空，则 n1 小于 n2，返回－1。

有了 compare 函数，两个数字的比较函数可以直接调用 compare 函数完成比较。

代码清单 10-13　比较函数的实现

```
int LongLongInt::compare(const Node * n1, const Node * n2) const
{
    int result;

    if (n1 !=NULL && n2 !=NULL) {
        result =compare(n1->next, n2->next);
        if (result !=0) return result;
        if (n1->data >n2->data) return 1;
        if (n1->data <n2->data) return -1;
        return 0;
    }

    if (n1 ==NULL && n2 ==NULL) return 0;
    if (n1 !=NULL) return 1;
    else return -1;
}

bool LongLongInt::equal(const LongLongInt &n) const
{
    return compare(num->next, n.num->next) ==0;
```

```
        }

        bool LongLongInt::unEqual(const LongLongInt &n) const
        {
            return compare(num->next, n.num->next) !=0;
        }

        bool LongLongInt::greater(const LongLongInt &n) const
        {
            return compare(num->next, n.num->next) >0;
        }

        bool LongLongInt::greaterOrEqual(const LongLongInt &n) const
        {
            return compare(num->next, n.num->next) >=0;
        }

        bool LongLongInt::less(const LongLongInt &n) const
        {
            return compare(num->next, n.num->next) <0;
        }

        bool LongLongInt::lessOrEqual(const LongLongInt &n) const
        {
            return compare(num->next, n.num->next) <=0;
        }
```

析构函数释放单链表的所有结点。由于有了一个私有的 remove 函数可以将单链表表示的数字清空，即将单链表恢复成空表。因此，析构函数可以由两个步骤完成：先调用 remove 函数清空单链表，再释放头结点。析构函数的实现如代码清单 10-14。至此，整个 LongLongInt 类已全部完成。

代码清单 10-14　析构函数的实现

```
LongLongInt::~LongLongInt()
{
    remove();
    delete num;
}
```

4. 完善本章提到的 savingAccount 类。该类的属性有账号、存款金额和月利率。账号自动生成，第一个生成的对象账号为 1,第二个生成的对象账号为 2,以此类推。所需的操作有修改利率、每月计算新的存款金额(原存款金额＋本月利息)和显示账户存款金额。

【解】根据题意,savingAccount 类有 4 个数据成员：账号、存款金额、月利率及当前的账户总数。月利率是所有账户共享的信息,是静态数据成员。账户总数是为了自动生成对象账号,也是整个类共享的信息,所以也是静态数据成员。根据对象的行为,可以抽取出 3 个公有成员函数:修改利率 setRate,每月计算新的存款金额 updateMonthly 和显示账户金额 print。其中,修改利率函数不涉及对象的非静态成员,是一个静态成员函数。一般每个类必须有一个构造函数。最后为了自动生成对象账号,还必须提供一个静态成员函数 generateNo。完整的 savingAccount 类的定义如代码清单 10-15。

代码清单 10-15　savingAccount 类的定义

```
class savingAccount {
private:
    int no;
    double balance;
    static double rate;
    static int totalNo;

public:
    savingAccount(double deposit);
    void updateMonthly();
    void print() const;
    static void setRate(double);
    static int generateNo();
};
```

用户在开银行账户时都要存入一定的金额,所以构造函数有一个表示存入金额的参数。构造函数首先调用 generateNo 为账户生成一个账号存入 no,再记录存入的金额。

银行每个月都要为账户加上这个月的利息。updateMonthly 函数只需将账户本月所得的利息加入到账户余额中。

print 函数输出账户的账号和余额。setRate 函数设置新的月利率。generateNo 函数将 totalNo 的值加 1。所有函数的实现如代码清单 10-16。

代码清单 10-16　成员函数的实现

```
int savingAccount::totalNo =0;
double savingAccount::rate =0;

savingAccount::savingAccount(double deposit)
{
    no =generateNo();
    balance =deposit;
}

void savingAccount::updateMonthly()
{
    balance +=balance * rate;
}
```

```
void savingAccount::print() const
{
    cout <<no <<"\t" <<balance <<endl;
}

void savingAccount::setRate(double newRate)
{
    rate =newRate;
}

int savingAccount::generateNo()
{
    return ++totalNo;
}
```

5. 试定义一个 string 类,用于处理字符串。它有两个数据成员:字符串的内容和长度。提供的操作有显示字符串,求字符串长度,在原字符串后添加一个字符串等(不能用cstring 库)。

【解】保存一个字符串需要一个指向字符的指针。但由于对 string 类的对象有求长度的需求,为提高效率,另外提供了一个保存长度的数据成员。因此,string 类有两个数据成员:data 和 len。根据题意,字符串类的对象必须有显示字符串,求字符串长度、添加字符串,以及最基本的字符串复制的功能,于是设计了 4 个成员函数:Print、Len、Cat 和Copy。Print 函数显示当前对象保存的字符串。Len 函数返回当前对象中保存的字符串的长度。Cat 函数将参数对象的字符串与当前对象的字符串相连,结果存于当前对象。Copy 函数将参数对象的字符串复制到当前对象。由于保存字符串是用一个动态的字符数组,因此必须有构造函数、复制构造函数和析构函数。完整的 string 类的定义如代码清单 10-17。其中,Len 函数、Print 函数和析构函数的实现非常简单,因此它们直接被定义在类定义中。

代码清单 10-17   string 类的定义

```
class String {
private:
    int len;
    char * data;

public:
    String(const char * s ="");
    String(const String &s);
    void Copy(const String &src);
    void Cat(const String &src);
    int Len() const { return len; };
    void Print() const { cout <<data; }
    ~String() { delete data; }
```

```
};
```

构造函数根据参数字符串 *s* 的长度申请一个动态数组 data,将 *s* 中的字符对应存入 data,将长度记录在 len。复制构造函数根据参数 *s* 中保存的字符串的长度申请一个动态数组 data,将 s.data 中的字符对应赋给 data,将 *s* 的长度赋给 len。copy 函数的实现与复制构造函数类似,只是先要释放当前对象原来的动态数组的空间。Cat 函数先将当前对象的字符串保存在局部变量 tmp 中。然后根据连接后的字符串长度重新申请 data 的空间。先将 tmp 的内容复制到 data,再继续复制参数 *s* 中保存的字符串。完整的实现如代码清单 10-18。

代码清单 10-18　string 类的成员函数的实现

```
String::String(const char * s)
{
    for (len =0; s[len] !=0; ++len);

    data =new char[len +1];
    for (int i =0; i <len; ++i)
        data[i] =s[i];
    data[len] ='\0';
}


String::String(const String &s)
{
    len =s.len;

    data =new char[len +1];
    for (int i =0; i <len; ++i)
        data[i] =s.data[i];
    data[len] ='\0';
}


void String::Copy(const String &s)
{
    delete data;

    len =s.len;
    data =new char[len +1];
    for (int i =0; i <len; ++i)
        data[i] =s.data[i];
    data[len] ='\0';
}


void String::Cat(const String &s)
{
```

```
        char * tmp =data;
        int i;

        data =new char[len +s.len +1];
        for (i =0; i <len; ++i)
            data[i] =tmp[i];
        for (i =0; i <s.len; ++i)
            data[len +i] =s.data[i];
        len +=s.len;
        data[len] ='\0';
    }
```

6. 为学校的教师提供一个工具,使教师可以管理自己所教班级的信息。教师所需了解和处理的信息包括课程名、上课时间、上课地点、学生名单、学生人数、期中考试成绩、期末考试成绩和平时的课堂练习成绩。每位教师可自行规定课堂练习次数的上限。考试结束后,该工具可为教师提供成绩分析,统计最高分、最低分、平均分及优、良、中、差的人数。

【解】一个工具是某个类型的对象。为教师服务的类被命名为 Teacher。每位教师所需了解和处理的信息可分成两部分:课程总体信息和每个学生信息。课程总体信息包括课程名、上课时间、上课地点、学生人数。每个学生信息包括姓名、期中考试成绩、期末考试成绩和平时的课堂练习成绩。为了逻辑上更加明确,可以将学生信息组成一个结构体 Student,并作为 Teacher 类的私有内嵌类。选修本课程的学生信息可以用一个 Student 类型的动态数组存储。这样 Teacher 类有如代码清单 10-19 的 7 个数据成员。教师需要成绩分析,统计最高分、最低分、平均分及优、良、中、差的人数,据此可知要有一个能够提供成绩分析的工具 analysis。教师还需要输入本班的学生名单和每次考试的成绩,为此再抽取出两个成员函数 inputStudent 和 inputScore。由于 Teacher 类中有一个保存学生信息的动态数组,于是需要一个构造函数,也需要析构函数。完整的 Teacher 类的定义如代码清单 10-19。

代码清单 10-19   Teacher 类的定义

```
class Teacher {
private:
    char className[30];
    char time[20];
    char place[20];
    int numOfStudent;                       //学生人数
    int totalQuiz;                          //总的小测验次数
    int curQuiz;                            //已进行的小测验次数

    struct Student {
        char name[10];
        int scoreMid;
        int scoreFinal;
```

```
        int * scoreQuiz;                            //保存每次测验成绩的数组
    };
    Student * sInfo;

public:
    enum Type {MID, FINAL, QUIZ };

    Teacher(char * cName, char * cTime, char * cPlace, int noS, int noQuiz);
    ~Teacher();
    void inputStudent();
    void inputScore(Type);
    void analysis(Type);
};
```

构造函数构造某位教师教授的某一门课的信息，它有 5 个参数：课程名称、课程时间、上课地点、学生人数以及本学期拟举行的小测验次数。构造函数根据学生人数申请保存学生信息的动态数组，根据小测验次数决定每个学生保存的小测验分数的数组规模。析构函数先释放保存每个学生小测验分数的动态数组，最后释放保存学生信息的动态数组。构造函数和析构函数的实现如代码清单 10-20。

代码清单 10-20　Teacher 类的构造函数和析构函数的实现

```
Teacher::Teacher(char * cName, char * cTime, char * cPlace, int noS, int noQuiz)
    :numOfStudent(noS), totalQuiz(noQuiz), curQuiz(0)
{
    strcpy(className, cName);
    strcpy(time, cTime);
    strcpy(place, cPlace);
    sInfo =new Student[noS];
    for (int i =0; i <noS; ++i)
        sInfo[i].scoreQuiz =new int[noQuiz];
}

Teacher::~Teacher()
{
    for (int i =0; i <numOfStudent; ++i)
    delete [] sInfo[i].scoreQuiz;
    delete [] sInfo;
}
```

学生名单输入处理需要一个 for 循环，每个循环周期输入一个学生名字存入学生信息中。完整程序如代码清单 10-21。

代码清单 10-21　inputStudent 函数的实现

```
void Teacher::inputStudent()
{
```

```
    for (int i = 0; i < numOfStudent; ++i) {
        cout << "请输入第" << i << "个学生姓名:";
        cin >> sInfo[i].name;
    }
}
```

成绩输入函数 inputScore 输入各类成绩,函数的参数是成绩的类别。成绩的类别有期中成绩、期末成绩和某次测验成绩。期中成绩、期末成绩的处理过程基本类似,依次输入每个学生的成绩存入学生信息中。如果是小测验成绩,先要检查是否超过了构造时规定的小测验次数。如果超过次数,直接返回;如果没有超过,则输入每个学生的测验成绩记入学生信息中。完整的实现如代码清单 10-22。

代码清单 10-22　inputScore 函数的实现

```
void Teacher::inputScore(Type scoretype)
{
    int i;

    switch (scoretype) {
    case MID:
        for (i = 0; i < numOfStudent; ++i) {
            cout << "请输入" << sInfo[i].name << "的期中成绩:";
            cin >> sInfo[i].scoreMid;
        }
        break;
    case FINAL:
        for (i = 0; i < numOfStudent; ++i) {
            cout << "请输入" << sInfo[i].name << "的期末成绩:";
            cin >> sInfo[i].scoreFinal;
        }
        break;
    case QUIZ:
        if (curQuiz > totalQuiz) {
            cout << "所有测验都已完成!无法输入。" << endl;
            return;
        }
        for (i = 0; i < numOfStudent; ++i) {
            cout << "请输入" << sInfo[i].name << "的测验成绩:";
            cin >> sInfo[i].scoreQuiz[curQuiz];
        }
        ++curQuiz;
    }
}
```

analysis 函数统计某次考试的最高分、最低分、平均分以及优、良、中、差的人数。90

分以上（包括 90 分）是优，75 分以上（包括 75 分）是良，60 分以上（包括 60 分）是中，60 分
以下是不及格。函数的参数是成绩类别，可能是期中成绩、期末成绩或小测验成绩。如果
是小测验成绩，则还需指出是哪一次小测验成绩。具体实现见代码清单 10-23。

代码清单 10-23　analysis 函数的实现

```cpp
void Teacher::analysis(Type scoretype)
{
    int i;
    int high =0, low =100, total =0, excellent =0, good =0, pass =0, fail =0;

    switch (scoretype) {
        case MID:
            for (i =0; i <numOfStudent; ++i) {
                total +=sInfo[i].scoreMid;
                if (sInfo[i].scoreMid >high)
                        high =sInfo[i].scoreMid;
                if (sInfo[i].scoreMid <low)
                        low =sInfo[i].scoreMid;
                if (sInfo[i].scoreMid >=90) ++excellent;
                else if (sInfo[i].scoreMid >=75) ++good;
                    else if (sInfo[i].scoreMid >=60) ++pass;
                        else ++fail;
            }
            break;
        case FINAL:
            for (i =0; i <numOfStudent; ++i) {
                total +=sInfo[i].scoreFinal;
                if (sInfo[i].scoreFinal >high)
                    high =sInfo[i].scoreFinal;
                if (sInfo[i].scoreFinal <low)
                    low =sInfo[i].scoreFinal;
                if (sInfo[i].scoreFinal >=90) ++excellent;
                else if (sInfo[i].scoreFinal >=75) ++good;
                    else if (sInfo[i].scoreFinal >=60) ++pass;
                        else ++fail;
            }
            break;
        case QUIZ:
            int no;

            cout <<"要统计第几次测验成绩?";
            cin >>no;
            if (no >=curQuiz||no< 0) {
                cout <<"还没有进行测验,无法统计。" <<endl;
```

```
            return ;
        }
        for (i =0; i <numOfStudent; ++i) {
            total +=sInfo[i].scoreQuiz[no];
            if (sInfo[i].scoreQuiz[no] >high)
                high =sInfo[i].scoreQuiz[no];
            if (sInfo[i].scoreQuiz[no] <low)
                low =sInfo[i].scoreQuiz[no];
            if (sInfo[i].scoreQuiz[no] >=90) ++excellent;
            else if (sInfo[i].scoreQuiz[no] >=75) ++good;
            else if (sInfo[i].scoreQuiz[no] >=60) ++pass;
                else ++fail;
        }
    }
    cout <<"本次考试的最高分是 " <<high <<endl;
    cout <<"本次考试的最低分是 " <<low <<endl;
    cout <<"本次考试的平均分是 " <<total / numOfStudent <<endl;
    cout <<"共有 " <<excellent <<"个同学得优," <<good <<"个同学得良," <<pass
        <<"个同学及格,"  <<fail <<"个同学不及格。" <<endl;
}
```

7. 将第8章的第1题改成用类实现,即实现一个复数类,复数类对象必须具有加法、乘法、输入和输出的功能。

(1) 加法规则: $(a+bi)+(c+di)=(a+c)+(b+d)i$。

(2) 乘法规则: $(a+bi) \times (c+di)=(ac-bd)+(bc+ad)i$。

(3) 输入规则: 分别输入实部和虚部。

(4) 输出规则: 如果 a 是实部,b 是虚部,输出格式为 $a+bi$。

【解】复数由两部分组成:实部和虚部。每一部分都是一个实数,因此复数类有两个 double 类型的数据成员。本题要求完成4个功能,每个功能被抽象成一个成员函数。一般在类设计时都要有构造函数,所以完整的复数类有5个函数:构造函数、输入函数 input、输出函数 output、加法函数 add 和乘法函数 multi。加法函数和乘法函数有两个参数,即加和乘的运算数,运算结果存于当前对象。完整的复数类的定义及成员函数的实现如代码清单 10-24。

代码清单 10-24   复数类的定义及成员函数的实现

```
class complex {
private:
    double real;
    double imag;

public:
    complex(double r =0, double i =0): real(r), imag(i) {}
    void input();
```

```
    void output() const;
    void add(const complex &d1, const complex &d2);
    void multi(const complex &d1, const complex &d2);
};

void complex::input()
{
    cout <<"请输入实部:";
    cin >>real;

    cout <<"请输入虚部:";
    cin >>imag;
}

void complex::output() const
{
    cout <<"(" <<real <<" +" <<imag <<"i )";
}

void complex::add(const complex &d1, const complex &d2)
{
    real =d1.real +d2.real;
    imag =d1.imag +d2.imag;
}

void complex::multi(const complex &d1, const complex &d2)
{
    real =d1.real * d2.real -d1.imag * d2.imag;
    imag =d1.imag * d2.real +d1.real * d2.imag;
}
```

8. 设计并实现一个解决约瑟夫环问题的类 Joseph。当需要解决一个 n 个人的约瑟夫环问题,可以定义一个对象

```
Joseph obj(n);
```

然后调用 obj. simulate()输出删除过程。

【解】约瑟夫环最合适的存储方案是单循环链表,存储约瑟夫环需要一个指向存储第 0 个人的结点的指针。约瑟夫环只有一个行为就是输出最后一个人是谁,这个过程由成员函数 simulate 完成。由于约瑟夫环是用一个单循环链表保存,所以应该有构造函数和析构函数。构造函数根据输入的人数构造一个环,析构函数释放环上所有结点的空间。解决约瑟夫环问题的 Joseph 类的定义及构造函数、析构函数的实现如代码清单 10-25。

代码清单 10-25　Joseph 类的定义及构造函数、析构函数的实现

```
#include <iostream>
```

```cpp
using namespace std;

class  Joseph{
private:
    struct node {
        int data;
        node   * next;

        node(int d, node * n =NULL):data(d),next(n) {}
    };

    node * head;

public:
    Joseph(int n);
    void simulate();
    ~Joseph();
};

Joseph::Joseph(int n)
{
    node * tail;

    //建立链表
    head =tail =new node(0);                  //创建第一个结点,head 指向表头,p 指向表尾
    for (int i =1; i <n; ++i) {
        tail->next =new node(i);
        tail =tail->next;
    }
    tail->next =head;                         //头尾相连
}

Joseph::~Joseph()
{
    node * p;

    if (head ==NULL) return;
    while (head->next !=head) {
        p =head->next;
        head->next =p->next;
        delete p;
    }
    delete head;
}
```

关键的函数是模拟删除过程的 simulate 函数,该函数的实现如代码清单 10-26。如果 head 指针指向报数为 1 的人,那么 head 往后移一下就是指向报数为 2 的人,head 后面的人即为要被删除的人,删除 head 后面的人。重复这个过程,直到单循环链表中只剩下一个结点,这就是最后剩下的人。

代码清单 10-26　simulate 函数的实现

```
void Joseph::simulate()
{
    node * p;                          //被删除的结点
    while (head->next !=head) {        //表中元素多于一个
        head =head->next;
        p =head->next;                 //head 指向报数为 2 的人,p 指向报数为 3 的人
        head->next =p->next;           //绕过结点 p
        cout <<p->data <<'\t';         //显示被删除的编号
        delete p;                      //回收被删除者的空间
        head =head->next;              //让 head 指向报数为 1 的结点
    }

    //打印结果
    cout <<"\n 最后剩下: " <<  head->data <<endl;
    delete head;
    head =NULL;
}
```

9. 设计并实现一个英汉词典类 dictionary。类的功能:插入一个词条,删除一个词条,查找某个单词对应的中文含义以及输出整本词典。

【解】 dictionary 类的对象必须保存用户输入的所有词条。为查找方便,可以用一个数组以字母序的升序保存这些词条。据此可知,dictionary 类的数据成员应该是一个保存词条的动态数组。由于要支持插入功能,所以数组的规模比词条数要稍大一些。根据上述讨论,dictionary 类应该有 3 个数据成员:数组规模、词条数以及数组的起始地址。每个词条有两个内容:英文单词和中文解释。为此,定义了一个保存词条的结构体类型 item。

根据题意,dictionary 类的对象必须具有插入、删除、查找和输出功能,因此必须有 4 个公有成员函数。dictionary 类的数据成员有一个动态数组,所以还必须有构造函数和析构函数,最好还应该有一个复制构造函数。

由于定义对象时无法获知词典的最大词条数,在插入时可能遇到数组满的情况,为此定义了一个私有成员函数 doubleSpace,用于在数组满时扩大数组空间。

在 Dictionary 类的对象中,数据是按序存储的,在插入、删除和查找时都必须找到正确的位置,为此还提供了一个私有的 find 函数完成此功能。

根据上述讨论,可得如代码清单 10-27 的 dictionary 类的定义。

代码清单 10-27　dictionary 类的定义

```
class dictionary {
```

```
    private:
        struct item {                              //词条类
            char english[15];
            char chinese[20];
        };

        int size;                                  //数组规模
        int curLen;                                //词条数
        item * data;

        int find(int low, int high, char * word) const;
                                    //用二分查找找出 word 在词典中的位置
        void doubleSpace();

    public:
        dictionary(int s):curLen(0), size(s)
        {
            data = new item[size];
        }
        ~dictionary() { delete [] data; }
        void insert(char * e, char * s);
        void remove(char * e);
        char * find(char * e) const;
        void print() const
        {
            for (int i = 0; i < curLen; ++i)
                cout << data[i].english << '\t' << data[i].chinese << endl;
        }
    };
```

公有的 find 函数查找某个英文单词的中文解释，它的参数是要查找的英文单词，返回值是对应的中文解释。私有的 find 函数在数组中查找某个单词应该出现的位置。私有的 find 函数采用二分查找并用递归实现。它的参数是所要查找的单词及查找范围，返回值是一个下标值。这两个函数的实现如代码清单 10-28。

有了私有的 find 函数，公有的 find 函数的实现被大大简化。它首先通过私有的 find 函数找到所要查找的单词的下标，然后检查该单元中存储的是否就是所要查找的单词。如果确定是要查找的单词，返回该词条的中文解释；否则说明该单词不存在，返回空指针 NULL。

由于词条是按序存放的，私有的 find 函数采用了二分查找算法。如果找到了对应的词条，返回该词条的下标；如果没有找到，返回该词条应该插入的位置。

代码清单 10-28   公有和私有的 find 函数的实现

```
char * dictionary::find(char * e) const
```

```
{
    int pos;

    if (curLen ==0) return NULL;

    pos =find(0, curLen -1, e);
    if (strcmp(e, data[pos].english) !=0) return NULL;
    return data[pos].chinese;
}

int dictionary::find(int low, ing high, char * word) const
{
    int mid, result;

    if (low <=high) {
        mid =(low +high) / 2;
        result =strcmp(word, data[mid].english);
        if (result ==0) return mid;
        if (result >0)
            return(mid +1, high, word);
        else return (low, mid -1, word);
    }
    return (low +high) / 2 +1;
}
```

插入函数的实现如代码清单 10-29。insert 函数的参数是所要插入的词条的中英文信息。插入过程首先考虑了词典为空时的特例,此时只需要将该词条存入数组的 0 号单元。如果词典不为空,先调用私有的 find 函数找出该词条的位置。然后检查该单元中的单词是否就是要插入的单词。如果相同,即为重复插入,函数输出一个出错信息后返回;如果不相同,执行插入过程。插入过程先检查数组中是否有空闲单元。如果数组已满,则调用 doubleSpace 扩大数组空间。有序表的插入必须先将插入位置开始的所有词条往后移一个单元,把插入位置空出来存放所需插入的单词,最后将词条数加 1。

私有成员函数 doubleSpace 将数组规模扩大 1 倍。这可以通过另外申请一个规模为原来数组 2 倍的数组,将原数组的内容复制进去即可。

代码清单 10-29　插入函数的实现

```
void dictionary::insert(char * e, char * s)
{
    int pos;
    if (curLen ==0) {                        //处理空表
        strcpy(data[0].english, e);
        strcpy(data[0].chinese, s);
        ++curLen;
```

```
        return;
    }
    pos =find(0, curLen -1, e);
    if (strcmp(e, data[pos].english) ==0) {
        cout <<"词条已存在!" <<endl;
        return;
    }
    if (curLen ==size) doubleSpace();
    for (int i =curLen; i >pos; --i)
    data[i] =data[i -1];
    strcpy(data[pos].english, e);
    strcpy(data[pos].chinese, s);
    ++curLen;
}


void dictionary::doubleSpace()
{
    item * tmp =data;

    size * =2;
    data =new item[size];
    for (int i =0; i <curLen; ++i)
        data[i] =tmp[i];
    delete tmp;
}
```

最后,讨论一下删除函数的实现。删除函数首先通过私有的 find 函数找到被删除的单词的位置。检查该位置中的内容是否就是被删除的单词。如果是被删除的单词,则将后面的所有单词向前移一个位置,词条数减 1。删除函数的实现如代码清单 10-30。

代码清单 10-30   删除函数的实现

```
void dictionary::remove(char * e)
{
    int pos;

    if (curLen ==0) {
        cout <<"词条不存在!" <<endl;
        return;
    }

    pos =find(0, curLen -1, e);
    if (strcmp(e, data[pos].english) !=0) {
        cout <<"词条不存在!" <<endl;
        return;
```

```
        }
        for (int i =pos; i <curLen -1; ++i)
            data[i] =data[i +1];
        --curLen;
}
```

10. 在主教材实现的有理数类中,增加减法和除法运算。

【解】有理数 $\dfrac{n_1}{d_1} - \dfrac{n_2}{d_2} = \dfrac{n_1 \times d_2 - n_2 \times d_1}{d_1 \times d_2}$,但结果的有理数可能不是最简形式,需要化简。有理数 $\dfrac{n_1}{d_1} / \dfrac{n_2}{d_2} = \dfrac{n_1 \times d_2}{d_1 \times n_2}$,也需要将结果化简。有理数类的定义及减法和除法函数的实现如代码清单 10-31。

代码清单 10-31 有理数类的定义及减法和除法函数的实现

```
class Rational {
private:
    int num;                                //分子
    int den;                                //分母

    void ReductFraction();                  //将有理数化简成最简形式

public:
    Rational(int n =0, int d =1) { num =n; den =d; ReductFraction(); }
    void add(const Rational &r1, const Rational &r2);   //r1+r2 的结果存于当前对象
    void multi(const Rational &r1, const Rational &r2);//r1×r2 的结果存于当前对象
    void sub(const Rational &r1, const Rational &r2);//r1-r2 的结果存于当前对象
    void div(const Rational &r1, const Rational &r2);//r1/r2 的结果存于当前对象
    void display() const{ cout <<num <<'/' <<den;}
};

//sub 函数将 r1 和 r2 相减,结果存于当前对象
void Rational::sub(const Rational &r1, const Rational &r2)
{
    num =r1.num * r2.den -r2.num * r1.den;
    den =r1.den * r2.den;
    ReductFraction();
}


//div 函数将 r1 和 r2 相除,结果存于当前对象
void Rational::div(const Rational &r1, const Rational &r2)
{
    num =r1.num * r2.den;
    den =r1.den * r2.num;
    ReductFraction();
```

```
}
```

11. 有理数是一类特殊的实型数。在主教材定义的有理数类中,增加一个将有理数类对象转换成一个 double 类型的数据的功能。

【解】将有理数转换成 double 类型只需要将分子除以分母。但要注意,分子和分母都是整型数,要得到 double 类型的结果必须将分子或分母强制转换成 double 类型后再相除。函数的实现如代码清单 10-32。

代码清单 10-32　getDouble 函数的实现

```cpp
double Rational::getDouble() const
{
    return double(num) / den;
}
```

12. 设计并实现一个有序表类,保存一组正整数。提供的功能:插入一个正整数,删除一个正整数,输出表中第 n 小的数,按序输出表中的所有数据。

【解】保存一个动态有序表需要一个动态数组,而且数组中要留有一定的空元素以备插入,所以有序表类要有 3 个数据成员:指向数组起始地址的指针、数组的规模和表长。按照题意,有序表类必须提供插入、删除、查找和输出函数,由于使用了动态数组,还需要有构造函数和析构函数。有序表在插入和删除时,都需要知道插入或删除的位置,为此有序表类提供了一个私有的 find 函数完成此任务。有序表插入时可能遇到表满的情况,此时需要扩大数组空间,为此又设计了一个私有的 doubleSpace 函数。完整的有序表类的定义如代码清单 10-33。

代码清单 10-33　有序表类的定义

```cpp
class List {
private:
    int size;
    int curLen;
    int * data;

    int find(int key) const;
    void doubleSpace();

public:
    List(int s):curLen(0), size(s)
    {
        data =new int[size];
    }
    ~List() { delete [] data; }
    void insert(int key);
    void remove(int key);
    int findN(int n) const
    {
```

```
        if (n >curLen ‖ n <=0) return -1; else return data[n-1];
    }
    void print() const
    {
        for (int i =0; i <curLen; ++i)
            cout <<data[i] <<'\t' ;
        cout <<endl;
    }
};
```

　　构造函数按照指定的规模申请一个动态数组,并将表长设为 0。析构函数释放动态数组的空间。有序表中的数据是按从小到大的次序保存,第 n 小的数存放在数组的第 $n-1$ 个下标变量中,因此 findN 函数只需直接返回此下标变量值。输出函数从头开始输出数组的元素,直到达到表长。这 4 个函数实现都非常简单,因此作为内联函数直接定义在类定义中。

　　再来看一下 remove 函数的实现。remove 函数首先调用私有的 find 函数找出被删除的元素的存储位置,然后将被删位置后的所有元素往前移一个位置。私有的 find 函数采用二分查找法找出插入或删除的位置。这两个函数的实现见代码清单 10-34。

代码清单 10-34　remove 函数和私有的 find 函数的实现

```
void List::remove(int key)
{
    int pos;

    if (curLen ==0) {                               //处理空表
        cout <<"数值不存在!" <<endl;
        return;
    }

    pos =find(key);                                 //查找被删除的元素的存储位置
    if (data[pos] !=key) {
        cout <<"数值不存在!" <<endl;
        return;
    }
    for (int i =pos; i <curLen -1; ++i) data[i] =data[i +1];
    --curLen;
}

int List::find(int key) const
{
    int mid, low =0, high =curLen -1;

    while (low <=high) {
        mid = (low +high ) / 2;
```

```
        if (data[mid] ==key) return mid;
        if (key >data[mid]) low =mid +1; else high =mid -1;
    }
    return (low +high) / 2 +1;
}
```

插入函数 insert 首先处理空表的情况。如果是空表，直接将数据插入到 0 号单元。否则先调用私有的 find 函数找到插入的位置。然后检查该位置中的内容是否为所要插入的内容，如果相同，不需要插入；如果不相同，则开始插入过程。首先，检查数组中是否有空余的空间，没有空余的空间，则先扩大空间。然后，将该位置开始的元素向后移一个单元，将此位置空出来，存放被插入的元素。doubleSpace 函数的实现思想与第 9 题中的 doubleSpace 函数完全一样。insert 函数和 doubleSpace 函数的实现如代码清单 10-35。

代码清单 10-35　insert 函数和 double Space 函数的实现

```cpp
void List::insert(int key)
{
    int pos;

    if (curLen ==0) {                          //处理空表
        data[curLen++] =key;
        return;
    }
    pos =find(key);                            //查找插入元素的存储位置
    if (key ==data[pos]) {
        cout <<"数值已存在!" <<endl;
        return;
    }
    if (curLen ==size) doubleSpace();
    for (int i =curLen; i >pos; --i)
    data[i] =data[i -1];
    data[pos] =key;
    ++curLen;
}


void List::doubleSpace()
{
    int * tmp =data;

    size * =2;
    data =new int[size];
    for (int i =0; i <curLen; ++i)
        data[i] =tmp[i];
    delete tmp;
}
```

13. 将主教材第 9 章中的随机函数库改用类实现。如果类名为 Random，当需要用到随机数时，可定义一个对象：

```
Random r;
```

如果要产生一个 $a\sim b$ 的随机整数，可以调用 r. RandomInt(a, b)。如果要产生 $a\sim b$ 的随机实数，可调用 r. RandomDouble(a, b)。

【解】 根据题意，Random 类有两个公有成员函数：产生随机整数和随机实数。C++ 的随机数生成器在初次使用时要初始化，这个工作可以由构造函数完成。Random 类的定义及实现如代码清单 10-36。

代码清单 10-36　Random 类的定义及实现

```cpp
#include <iostream>
#include <ctime>
#include <cstdlib>
using namespace std;

class Random {
public:
    Random() { srand(time(NULL));  }
    int RandomInt(int low, int high)
    {
        return (low + (high - low + 1) * rand() / (RAND_MAX + 1));
    }
    double RandomDouble(double low, double high)
    {
        double d = (double)rand() / (RAND_MAX + 1);
        return low + (high - low ) * d;
    }
};
```

14. 将第 9 章的程序设计题第 2 题改用类实现。

【解】 第 9 章的程序设计题第 2 题是实现一个图题或表题的自动生成库。将库改成类需要将数据和操作封装在一起。自动生成图题或表题需要保存的信息有标签和编号，所以这个类有两个数据成员。label 保存标签，no 保存编号。再仔细想想，这个类的主要功能是获取图题或表题，这是一个字符串。也就是说，这个类有一个成员函数是返回一个字符串。在 C++ 中字符串通常用一个指向字符的指针表示，即返回一个指向字符的指针。该指针指向的空间必须是函数执行结束后依然存在的空间。成员函数执行结束后依然存在的变量可以是动态变量、全局变量或对象的数据成员。动态变量容易造成内存泄漏。全局变量可能被其他程序共享。比较好的处理方式是采用由对象保存。因此，类中必须添加第 3 个数据成员用于保存这个信息。

按照题意，类的功能有设置标签，设置起始编号，获取下一个标签，每个功能对应一个成员函数。另外还需要一个构造函数和析构函数。构造函数将 label 和 no 都设为默认值,并为 result 申请空间。假设编号的最大值为 3 位数。类的定义如代码清单 10-37。

代码清单 10-37　类的定义

```
#ifndef _SEQ
#define _SEQ
#include <cstring>

class Label {
    char label[6];                       //保存标签
    int no;                              //保存编号
    char * result;                       //保存返回值

public:
    Label()
    {
        strcpy(label, "label");
        no = 0;
        result = new char[9];
    }

    void SetLabel(const char * s)        //设置标签
    {
        strcpy(label, s);
        delete result;
        result = new char[strlen(label) + 4];
    }

    void SetInitNumber(int num)          //设置起始编号
    {
        no = num;
    }

    char * GetNextLabel();               //获取下一个标签

    ~Label() { delete result; }
};

#endif
```

除了 GetNextLabel 函数外,其他函数的实现都比较简单。构造函数设置初值。按照题意,标签的默认值是 label,序号的默认值是 0,标签 result 最大长度为 8,为 result 申请空间。析构函数释放 result 的空间。SetLabel 函数将传入的字符串保存在数据成员 label 中,并根据 label 的长度为 result 申请空间。SetInitNumber 将传入的整数保存在数据成员 no 中。GetNextLabel 函数的实现如代码清单 10-38。

代码清单 10-38　GetNextLabel 函数的实现

```cpp
#include "seq.h"
#include <cstring>

char * Label::GetNextLabel()
{
    char tmp[4] = {'\0'};                      //保存转换成字符串的 no 值
    int i, tmpNo = no;

    //将 no 转换成字符放入 tmp,个位数在 tmp[2],十位数在 tmp[1],百位数在 tmp[0]
    if (no == 0) {
        tmp[2] = '0';
        i = 2;
    }
    else for (i = 2; tmpNo != 0; --i, tmpNo /= 10)
        tmp[i] = tmpNo % 10 + '0';

    int len = strlen(label) + 3 - i;           //计算返回的标签长度
    strcpy(result, label);
    strcat(result, tmp + i + 1);
    result[len - 1] = '\0';
    ++no;

    return result;
}
```

15. 在本章的 DoubleArray 类中增加一个数组赋值的成员函数

```cpp
void assign(const DoubleArray &src);
```

将 src 赋给当前对象。

【解】函数首先检查 src 和当前对象是不是同一个对象。如果是同一个对象,直接返回。否则,先释放当前对象的 storage 指向的空间,然后按照 src 的下标范围设置当前对象,并将 src 的 storage 指向的空间中的元素值赋给当前对象的 storage 指向的空间中。DoubleArray 类的赋值函数如代码清单 10-39。

代码清单 10-39　DoubleArray 类的赋值函数

```cpp
void DoubleArray::assign(const DoubleArray &src)
{
    if (&src == this ) return;
    delete [] storage;
    low = src.low;
    high = src.high;
    storage = new double[high-low+1];
```

```
for (int i =0; i <high-low+1; ++i)
    storage[i] =src.storage[i];
}
```

16. 在本章的 DoubleArray 类中增加一个输出数组所有元素的成员函数。

【解】输出 DoubleArray 对象的所有元素,只需要输出它的 storage 指向的空间中的所有元素。该函数的实现如代码清单 10-40。

代码清单 10-40　输出 DoubleArray 类中所有元素的成员函数

```
void DoubleArray::print() const
{
    for (int i =0; i <high-low+1; ++i)
        cout <<storage[i] <<'\t';
    cout <<endl;
}
```

17. 在本章的 DoubleArray 类中增加一个输入数组所有元素的成员函数。

【解】输入 DoubleArray 对象的所有元素,只需要输入它的 storage 指向的空间中的所有元素。该函数的实现如代码清单 10-41。

代码清单 10-41　输入 DoubleArray 类中所有元素的成员函数

```
void DoubleArray::input()
{
    cout <<"请输入数组的" <<high -low +1 <<"个元素的值:";
    for (int i =0; i <high-low+1; ++i)
        cin >>storage[i] ;
}
```

18. 在本章的 DoubleArray 类中增加一个构造函数

```
DoubleArray(double a[], int size, int low);
```

构造一个下标下界为 low,一共有 size 个元素,数组元素初值为 a 的对象。

【解】函数首先通过 low 和 size 计算下标范围,根据下标范围申请 storage 指向的空间,并将数组 a 的元素值对应赋给 storage。该函数的实现如代码清单 10-42。

代码清单 10-42　带有元素初值的构造函数的实现

```
DoubleArray::DoubleArray(double a[], int size, int lh)
{
    low =lh;
    high =low+size-1;
    storage =new double[size];
    for (int i =0; i <size; ++i)
        storage[i] =a[i];
}
```

19. 实现一个处理整型数的单链表类。提供的功能:在单链表最前面插入一个元素,查找某个元素是否在单链表中,输出单链表的所有元素。

【解】由于只需要在单链表的表头插入结点,因此可采用不带头结点的单链表。保存一个单链表只需要一个指向第一个结点的指针 head。而结点是一个结构体,因此定义一个单链表类还需要一个表示单链表中结点的结构体类型 node。单链表类的数据成员是一个指向结构体 node 的指针 head,指向单链表中的第一个结点。类的成员函数有插入一个元素 insert,查找一个元素 find,输出单链表的所有元素 print,以及构造函数和析构函数。

构造函数创建一个空的单链表,即不存在任何结点,所以只需要将 head 值设为空指针。析构函数删除单链表中的所有结点。insert 函数在单链表的表头插入一个值为 d 的结点。find 函数依次检查每个结点,直到找到一个值为 d 的结点或找遍整个单链表都不存在这样的结点。print 函数遍历单链表的每个结点,输出结点的值。单链表类的定义及实现如代码清单 10-43。

代码清单 10-43　单链表类的定义及实现

```
struct node {
    int data;
    node * next;

    node (int d = 0, node * n =NULL):data(d), next(n){}
};


class linkList {
    node * head;
public:
    linkList() { head =NULL; }
    void insert(int d)
    {
        head =new node(d, head);
    }
    bool find(int d) const
    {
        node * p;

        for (p =head; p && p->data !=d; p =p->next);
        if (p) return true; else return false;
    }
    void print() const
    {
        for (node * p =head; p ; p =p->next)
          cout <<p->data <<'\t';
        cout <<endl;
    }
```

```
    ~linkList()
    {
        node * p;

        while (head) {
            p = head;
            head = head->next;
            delete p;
        }
    }
};
```

20. 在主教材的代码清单 10-16 定义的复数类中增加一个复数除法的成员函数。

【解】如果复数 $a+bi$ 除以 $c+di$ 的结果是 $x+yi$, 则有

$$x+yi = \frac{a+bi}{c+di} = \frac{(a+bi)\times(c-di)}{(c+di)\times(c-di)} = \frac{(ac+bd)+(bc-ad)i}{c^2+d^2} = \frac{ac+bd}{c^2+d^2} + \frac{bc-ad}{c^2+d^2}i$$

所以

$$x = \frac{ac+bd}{c^2+d^2} \qquad y = \frac{bc-ad}{c^2+d^2}$$

只要按这两个公式计算 x 和 y 的值。完整实现如代码清单 10-44。

代码清单 10-44　复数除法的实现

```
void Complex::divide(const Complex &c1, const Complex &c2)
{
    real = (c1.real * c2.real + c1.imag * c2.imag) / (c2.real * c2.real + c2.imag *
c2.imag);
    imag = (c1.imag * c2.real - c1.real * c2.imag) / (c2.real * c2.real + c2.imag *
c2.imag);
}
```

10.3　进一步拓展

10.3.1　不要随便改变复制构造的意义

复制构造函数可以用一个对象的值构造另一个对象。从语法角度而言,可以在复制构造函数中随心所欲地用一个对象值构造另一个对象。例如,主教材中的 point 类的复制构造函数就是构造了一个 x 和 y 值都是参数对象的 x 和 y 值的两倍的对象。但这种复制构造函数往往会使程序中的对象值变得乱七八糟,因为程序执行过程中包含很多隐含的复制构造。

定义复制构造函数时,请尊重复制构造的本义。复制构造是构造一个和参数对象一样的一个对象。一般情况下,类不需要自己定义复制构造函数,用默认的复制构造函数就足够了。只有当类中含有指针数据成员时,才需要定义复制构造函数。

10.3.2　计算机模拟程序

第 6 章中介绍了一个基于过程化程序设计实现的一个计算机模拟程序。本节将介绍用面向对象的方法实现一个计算机模拟程序。

用面向对象的方法解决计算机模拟问题是更加直观、自然的过程。按照面向对象的观点,控制器是一个对象,运算器是一个对象,内存、输入设备、输出设备也是一个对象,计算机通过调用这些对象完成一个个程序的执行。实现计算机模拟首先必须定义输入设备类、输出设备类、运算器类和控制器类。内存还是作为一个全局数组,让各对象共享。

输入设备类和输出设备类的定义如代码清单 10-45。这两个类各有一个成员函数。由于输入输出都与内存有关,必须能访问内存,于是在输入输出模块中将 memory 设为外部变量。

代码清单 10-45　输入设备类和输出设备类的定义及实现

```
//文件名:io.h
#ifndef _IO_H
#define _IO_H

#include <iostream>
using namespace std;

extern int memory[100];
class input {
public:
    void read(int addr){cin >>memory[addr];}
};

class output {
public:
    void write(int addr){cout <<memory[addr];}
};

#endif
```

运算器类的定义及实现如代码清单 10-46。运算器类模拟一个运算器。运算器中有一个累加器,所以运算器类有一个数据成员。运算器实现计算机的所有运算,每个运算都有对应的一个函数。运算器的运算需要用到内存,所以也将内存设为外部变量。

代码清单 10-46　运算器类的定义及实现

```
//文件名:alu.h
#ifndef _ALU_H
#define _ALU_H

extern int memory[100];
```

```
class alUnit {
int accumulator;

public:
    void load(int addr)
    {
        accumulator =memory[addr];
    }
    void store(int addr)
    {
        memory[addr] =accumulator;
    }
    void add(int addr)
    {
        accumulator +=memory[addr];
    }
    void sub(int addr)
    {
        accumulator -=memory[addr];
    }
    void mul(int addr)
    {
        accumulator *=memory[addr];
    }
    void div(int addr)
    {
        accumulator /=memory[addr];
    }
    int getAcc() const
    {
        return accumulator;
    }
};


#endif
```

控制器是计算机的灵魂,整个程序的执行都由控制器指挥各部件完成。要指挥各个部件,控制器要"看得见"内存、运算器和输入输出设备,所以这些对象都是控制器的外部变量。控制器通过指令计数器控制程序的执行,因此控制器类有一个数据成员 pc。初始时 pc 的值为 0,表示从 0 号地址开始取指令。控制器的主要工作是控制程序的执行,由 run 函数完成。run 函数根据 pc 的值到对应的内存单元读取一条指令,通知各个部件完成相应的任务,直到读到 HALT 指令。完整的控制器类的定义及实现如代码清单 10-47。

代码清单 10-47 控制器类的定义及实现

```cpp
//文件名:cu.h
#ifndef _CU_H
#define _CU_H

#include "io.h"
#include "cu.h"
#include "alu.h"

extern int memory[100];
extern alUnit alu;
extern input in;
extern output out;

class control_unit {
    int pc;
public:
    control_unit() { pc =0; }

    void run()
    {
        int opcode, addr;

        while (memory[pc] !=4300) {
            opcode =memory[pc] / 100;
            addr =memory[pc] %100;
            switch(opcode) {
                case 10: in.read(addr); break;
                case 11: out.write(addr); break;
                case 20: alu.load(addr); break;
                case 21: alu.store(addr); break;
                case 30: alu.add(addr); break;
                case 31: alu.sub(addr); break;
                case 32: alu.mul(addr); break;
                case 33: alu.div(addr); break;
                case 40: pc =addr; break;
                case 41: if (alu.getAcc() ==0) pc =addr; else ++pc;
            }
            if (opcode !=40 && opcode !=41) ++pc;
        }
    }
};
```

```
#endif
```

完整的模拟程序如代码清单 10-48。一台计算机必须有内存、运算器、控制器和输入输出设备,于是定义了一个数组 memory 模拟内存,定义了对象 in、out、cu 和 alu 分别模拟一个输入设备、输出设备、控制器和运算器。模拟程序先调用 readProgram 函数输入程序,然后调用控制器的 run 函数完成程序的运行。

代码清单 10-48　完整的模拟程序

```cpp
#include <iostream>
#include "io.h"
#include "cu.h"
#include "alu.h"
using namespace std;

void readProgram();

int memory[100];
input in;
output out;
control_unit cu;
alUnit alu;
int main()
{
    readProgram();

    cu.run();

    return 0;
}

void readProgram()
{
    cout <<"请输入程序,以 99999 结束:" <<endl;

    for (int i =0; ; ++i) {
        cout <<i <<": ";
        cin >>memory[i];
        if (memory[i] ==99999) return;
    }
}
```

第11章

运算符重载

11.1 知识点回顾

11.1.1 什么是运算符重载

C++ 定义了一组基本的数据类型和适用于这些数据类型的运算符。例如，可以用"＋"运算符把两个整型数相加,也可以用"＞"运算符比较两个字符的大小。但对于程序员定义的类,除了少数的运算符(如赋值、取地址、成员选择等)以外,C++ 并没有定义它们的含义。一般情况下,它们是不能对对象进行操作的。例如,程序员自定义的类的对象 r1 和 r2,不能直接用 r1＋r2,因为 C++ 不知道如何完成 r1 和 r2 的相加。

要使 C++ 知道如何将对象 r1 和 r2 执行 r1 ＋ r2,我们需要"教会"C++ 如何完成这项任务。教会 C++ 如何对类类型的对象执行内置运算符的操作称为运算符重载。

重载运算符只是"教会"C++ 在特定类中如何实现运算符的操作,但不能改变运算符本身的特性。一元运算符重载后还是一元运算符,二元运算符重载后还是二元运算符。不管运算符的功能和运算符的对象类型如何改变,运算符的优先级和结合性保持不变。

11.1.2 运算符重载的方法

运算符重载是写一个函数,解释某个运算符在某个类中的含义,这个函数可以是所重载的这个类的成员函数或全局函数。要使得编译器在遇到这个运算符时能自动找到这个函数,函数名必须要体现出和某个被重载的运算符的联系。C++ 中规定,重载函数名为

```
operator@
```

其中,@为要重载的运算符。例如,重载"＋"运算符的重载函数名为"operator＋";重载"＝"运算符的重载函数名为"operator＝"。

运算符重载不能改变运算符的运算对象数。因此,重载函数的形式参数个数(包括成员函数的隐式指针 this)与运算符的运算对象数相同,返回类型取决于运算符运算结果的类型。

运算符重载函数可以重载成全局函数或成员函数。当重载成全局函数时,参数个数和参数类型与运算符的运算对象数及运算对象类型完全相同。返回值类型是运算结果的类型。由于对象的运算都是通过对它的数据成员的操作实现的,而数据成员一般都被定义成类的私有成员,为方便重载函数的实现,一般都将重载函数声明为类的友元函数。

如果重载成类的成员函数,重载函数的形式参数个数比运算符的运算对象数少1。这是因为成员函数有一个隐含的参数 this。C++规定隐含参数 this 是运算符的第一个参数。因此,当把一个一元运算符重载成成员函数时,该函数没有形式参数;而把一个二元运算符重载成成员函数时,该函数只有一个形式参数。由于运算符重载函数是给对象的使用者调用的,所以应该被设计成公有成员函数。

大多数运算符都可以重载成成员函数或全局函数。但是赋值运算符(=)、下标运算符([])、函数调用运算符(())和成员访问运算符(->)必须重载成成员函数,因为这些运算符的第一个运算对象必须是相应类的对象,定义成成员函数可以保证第一个运算对象的正确性。如果第一个运算对象不是相应类的对象,编译器能检查出此错误。具有赋值意义的运算符,如复合的赋值运算符以及"++"和"--",不一定非要重载成成员函数,但最好重载成成员函数。具有两个运算对象且计算结果会产生一个新的对象的运算符最好重载为全局函数,如 +、-、> 等,这样可以使应用更加灵活。第一个运算数不是当前类对象的运算符必须重载成全局函数,如输入输出运算符。

在执行赋值操作时,通常会遇到右值是一个临时值。C++11 提出了移动赋值的概念。让左边的对象直接接管右边临时对象的资源,以提高赋值过程的时空效率。

11.1.3 自定义类型转换函数

C++只会执行同类数据的运算。当不同类型的数据一起运算时,C++会进行自动类型转换,将运算数转换成同一类型再运算。如第2章所述,C++规定了一组不同内置类型的变量一起运算时的转换规则。如 int 和 double 类型的数据一起运算时,将 int 类型的数据转换成 double 类型的数据。同时,C++编译器也已经写好了一组完成不同类型的变量互相转换的函数。但编译器预先并不知道在用户自定义的类型之间、用户自定义类型和系统内置的类型之间如何进行转换。因此,程序员自定义的类型和系统内置的类型及其他程序员定义的类型的对象之间不能一起运算。类型转换函数就是"教会"C++如何实现程序员自定义的类型和系统内置的类型或其他程序员自定义的类型的对象之间的转换。利用类型转换函数实现隐式转换可以避免各类运算符重载,从而减少代码,使各种不同类型的对象可以在一起运算。

1. 内置类型到类类型的转换

内置类型到类类型的转换由构造函数完成。构造函数用一组内置类型的值构造一个对象。如果类有一个只有一个参数且参数类型为一个内置类型的构造函数,编译器就允许执行该内置类型到类类型的隐式转换,自动调用构造函数构造一个类类型的对象。

有时人们并不希望编译器执行这种隐式转换,可以在构造函数前加一个关键词 explicit。

2. 类类型到其他类型的转换

要将类类型的对象转换为内置类型或其他类类型,必须"教会"C++ 如何完成这个转换。实现这个转换过程的函数称为类型转换函数。

C++ 规定,类型转换函数必须定义成类的成员函数。它的一般形式如下:

```
operator 目标类型名 () const
{    :
    return (结果为目标类型的表达式);
}
```

类型转换函数不指定返回类型,因为返回类型就是目标类型。类型转换函数也没有形式参数,它的参数就是当前对象。这个函数也不会修改当前对象值,因此是一个常量成员函数。

有了类型转换函数,当两个不同类型的对象一起运算时,编译器就会自动调用类型转换函数将它们转换成相同的类型后再执行运算。

但有时程序员并不希望编译器执行自动类型转换,而只是希望真正需要转换时由程序显式地调用强制类型转换,在 C++ 11 中可以用关键字 explicit。如果不希望内置类型自动转换成类类型,可以在构造函数前加关键字 explicit。如果不希望在类类型之间或类类型到内置类型之间执行自动转换,可以在类型转换函数前加上关键字 explicit。

11.2　习题解答

11.2.1　简答题

1. 重载后的运算符的优先级和结合性与用于内置类型时有何区别?

【解】运算符重载不能改变运算符的优先级和结合性,所以与用于内置类型时完全一样。

2. 为什么输入输出必须重载成友元函数?

【解】流提取运算符">>"和流插入运算符"<<"都是二元运算符。">>"的第一个运算数是输入流类 istream 的对象。"<<"运算符的第一个运算数是输出流类 ostream 的对象。这两个运算符的第二个运算数都是所重载的类的对象。如果把运算符重载成成员函数,第一个运算数必须是当前类的对象。而这两个运算符的第一个运算数都不是当前类的对象,所以不能重载成成员函数,只能重载成友元函数。

3. 如何区分"++"和"－－"的前缀用法和后缀用法的重载函数?

【解】按照运算符重载的规则,前缀"++"和后缀"++"的重载函数原型一样。但前缀"++"和后缀"++"的含义又有所不同。即这两个重载函数的实现不一样。为了区分这两个函数,C++ 在后缀"++"的重载函数中增加了第二个参数——一个整型的参数。这个参数只是为了区分两个函数,它的值没有任何意义。当程序中出现前缀"++"时,编译器调用不带整型参数的"operator++"函数;如果是后缀的"++",则调用带整型参数的"operator＋＋"函数。"－－"重载也是如此。

4. 为什么要使用运算符重载？

【解】运算符重载就是"教会"C++如何对当前正在定义的类的对象执行某个内置运算符。有了运算符重载，就可以用内置的运算符操作程序员自己定义的类的对象。C++的功能得到了扩展，也使得对象的操作和内置类型的变量更加类似。运算符重载也减轻了设计类的程序员的工作。例如，程序员只要重载了"＋"和"＊"，就可以对类的对象执行类似"(a＋b)＊(c＋d＊e)"之类的复杂运算了，而不用再去"教会"C++先乘除后加减，括号可以改变优先级。

5. 如果类的设计者在定义一个类时没有定义任何成员函数，那么这个类有几个成员函数？

【解】如果设计者在定义一个类时没有定义任何成员函数，C++会预设4个成员函数：默认的构造函数、默认的复制构造函数、默认的析构函数和默认的赋值运算符重载函数。默认的构造函数是个空函数，即不对对象的数据成员进行任何初始化；默认的复制构造函数用参数对象的数据成员值作为当前对象的数据成员值；默认的析构函数也是个空函数；默认的赋值运算符重载函数将在数据成员之间对应赋值。

6. 如何实现内置类型到类类型的转换？如何实现类类型对象到内置类型对象的转换？

【解】内置类型到类类型的转换是通过构造函数完成的。构造函数用一组内置类型的值构造一个对象。如果类有一个只带一个参数的构造函数，则可以实现参数类型到类类型的隐式转换。类类型到内置类型或其他类类型的转换必须通过类型转换函数。类型转换函数指出了如何将当前类的对象转换成内置类型或其他类类型的过程。

7. 如何禁止内置类型到类类型的自动转换？

【解】只要类有一个只有一个参数的构造函数，在需要时编译器会自动调用这个构造函数将一个内置类型的值自动转换成当前类的对象。如果不希望有这种隐式转换存在，可以在类定义时在此构造函数原型前加一个关键字explicit。

8. 下标运算符为什么一定要重载成成员函数？下标运算符重载函数为什么要用引用返回？

【解】C++将下标运算符看成是一个二元运算符。第一个运算数是数组名，第二个运算数是下标值。由于第一个运算数必须是数组名，也就是当前类的对象名，将下标运算符重载成成员函数时，编译器会将程序中诸如a[i]的下标变量的引用改为a.operator[](i)。如果a不是当前类的对象，编译器就会报错。而如果将下标运算符重载成全局函数，当a不是当前类对象时，编译器会试图将它转换成当前类的对象。所以C++规定下标运算符必须重载成成员函数。

下标变量不仅可以出现在赋值运算符的右边，也可以出现在赋值运算符的左边，所以必须用引用返回。

9. 一般什么样的情况下需要为类重载赋值运算符？

【解】默认的赋值运算符重载函数将赋值号右边对象的数据成员值对应赋给赋值号左边对象的数据成员。如果类的数据成员中含有指针，必须重载赋值运算符。如果使用默认的赋值运算符重载函数会使赋值号左边对象和赋值号右边对象中的指针成员指向同一块空间,即两个对象共享空间,使两个对象互相影响。

10. 对于主教材的代码清单 11-16 中的 Rational 类的对象 r1 和 r2,执行 r1/r2,结果是什么类型的?

【解】执行结果是 double 类型。

当编译到表达式 r1/r2 时,编译器到 Rational 类中寻找名为"operator/"的函数,但这个函数并不存在。于是编译器退而求其次,看看能否将 Rational 类的对象转换成支持除法运算的类型。Rational 类中有一个到 double 的类型转换函数,而 double 类型是支持除法运算的。于是将 r1 和 r2 转换成 double 类型,执行 double 类型的除法,结果是 double 类型。

11. 写出下列程序的运行结果

```
class model {
private:
    int data;
public:
    model(int n) : data(n) {}
    int operator()(int n) const {    return data %n; }
    operator int() const { return data;}
};

int main()
{
    model s1(135), s2(246);

    cout <<s1 <<'+' <<s2 <<'=' <<s1 +s2 <<endl;
    cout <<s1(100)<<'-' <<s2(10)<<'=' <<s1(100) -s2(10) <<endl;

    return 0;
}
```

【解】执行结果是

```
135+246=381
35-6=29
```

model 类没有重载"<<"运算符,不能直接输出。当遇到第一个输出语句时,编译器执行自动类型转换,即执行 model 类对象向 int 转换的函数,该函数直接返回数据成员 data 的值。输出 s1 的结果是 135,输出 s2 的结果是 246。同理,当执行 s1+s2 时,编译器发现 model 类没有"operator+"函数,无法执行两个 model 类对象相加,于是又试图执行自动类型转换,将 s1 和 s2 转换成整型后相加。

第二个输出语句中输出了 s1(100)和 s2(10),即将对象名作为函数,这将会调用函数调用运算符重载函数。s1(100)的值是 35,s2(10)的值是 6,s1(100)-s2(10)的结果是 29。

12. 写出下列程序的运行结果

```cpp
class  model {
private:
    int data;
public:
    model(int n=0) : data(n) {}
    model(const model &obj) { data = 2 * obj.data; }
    operator int () const {return data; }
    model & operator=( const model &obj) { data = 4 * obj.data; return * this; }
};

int main()
{
    model s1(10), s2=s1, s3;

    cout <<s1 <<' ' <<s2 <<' ' <<s3 <<endl;
    cout << (s3 =s1) <<endl;

    return 0;
}
```

【解】运行结果是

```
10   20   0
40
```

程序定义了 3 个 model 类的对象。s1 的初值是 10,调用的是带一个整型参数的构造函数,所以 s1 的 data 值为 10。s2 的初值是 s1,此时将调用复制构造函数,它的 data 值是 s1 的 data 值的两倍,即 20。s3 没有初值,它的 data 值是构造函数参数的默认值,即 0。

输出 s1、s2 和 s3 时,由于 model 类没有重载输出运算符,编译器会调用向整型转换的函数,所以输出:10   20   0。第二个输出语句输出 s3=s1 的结果,此时会调用赋值运算符重载函数。经过赋值后 s3 的 data 是 40,所以输出是 40。

13. 如何禁止自动类型转换?

【解】禁止内置类型到类类型的自动转换,只需要在构造函数前加关键字 explicit。C++ 03 无法禁止类类型到其他类型的自动转换,C++ 11 增加了这个功能。禁止类类型到其他类型的自动转换可以在对应的类型转换函数前加关键字 explicit。

14. 为什么前缀的"++"和"--"重载函数采用引用返回,而后缀的"++"和"--"重载函数采用值返回?

【解】引用返回函数的返回值必须是函数执行结束后依然存在的变量。前缀的"++"和"--"函数返回的是当前对象,成员函数执行结束后,当前对象依然存在,所以可以用引用返回。后缀的"++"和"--"函数返回的是加 1 或减 1 以前的当前对象,这个值被保存在重载函数的局部变量中,所以只能用值返回。

11.2.2　程序设计题

1. 定义一个时间类 Time,通过运算符重载实现时间的比较(关系运算)、时间增加或减少若干秒(＋＝或－＝),时间增加或减少1秒(＋＋和或－－),计算两个时间相差的秒数(－)以及输出时间对象的值(时-分-秒)。

【解】保存时间可以用时、分、秒的形式,这种表示形式使得输出的时候比较方便,但是比较操作、增加操作、减少操作的实现比较麻烦。另一种表示方式是干脆全部换成秒保存,这样计算和比较的实现很方便,输出稍微麻烦一些。本题采用第二种保存方法,读者可自己实现第一种方法。

按照上述思想,Time 类需要一个保存秒数的数据成员,需要的操作有比较、减法、＋＋、－－、＋＝、－＝和输出操作。按照重载函数设计的基本原则,比较、减法和输出被重载成全局函数,其他的被重载成成员函数。完整的类的定义及函数的实现如代码清单 11-1。

代码清单 11-1　Time 类的定义及实现

```
class Time {
    friend int operator- (const Time &t1, const Time &t2)
    { return t1.second -t2.second; }
    friend ostream &operator<< (ostream &os, const Time &t);
    friend bool operator> (const Time &t1, const Time &t2)
    { return t1.second >t2.second; }
    friend bool operator>= (const Time &t1, const Time &t2)
    { return t1.second >=t2.second; }
    friend bool operator== (const Time &t1, const Time &t2)
    { return t1.second ==t2.second; }
    friend bool operator!= (const Time &t1, const Time &t2)
    { return t1.second !=t2.second; }
    friend bool operator< (const Time &t1, const Time &t2)
    { return t1.second <t2.second; }
    friend bool operator<= (const Time &t1, const Time &t2)
    { return t1.second <=t2.second; }

    int second;
public:
    Time(int tt =0, int mm =0, int ss =0)    {second =ss +mm * 60 +tt * 3600;}
    Time &operator++() {++second; return * this; }        //前缀++
    Time operator++(int x) {                              //后缀++
        Time tmp = * this;
        ++second;
        return tmp;
    }
    Time &operator-- () {--second; return * this; }        //前缀--
```

```
        Time operator--(int x) {                              //后缀--
            Time tmp = * this;
            --second;
            return tmp;
        }

        Time &operator+=(const Time &other)     { second +=other.second;return * this; }
        Time &operator-=(const Time &other)     { second -=other.second; return * this; }
    };

    ostream &operator<<(ostream &os, const Time &t)
    {
        int tt, mm, ss;

        tt =t.second / 3600;
        mm =t.second %3600 / 60;
        ss =t.second %60;

        os <<tt <<'-' <<mm <<'-' <<ss;
        return os;
    }
```

2. 用运算符重载完善第 10 章程序设计题第 2 题中的 LongLongInt 类,并增加"＋＋"操作。

【解】本题只需将第 10 章程序设计题的第 2 题中的 LongLongInt 类的成员函数表示成运算符重载形式。用 operator＋代替 add 函数,用 operator＝＝代替 equal 函数,……。实现的思想与过程与代码清单 10-2～10-7 中的程序基本类似。具体程序如代码清单 11-2。

代码清单 11-2 用运算符重载实现的 LongLongInt 类

```
class LongLongInt {
    friend LongLongInt operator+(const LongLongInt &, const LongLongInt &);
    friend ostream &operator<<(ostream &, const LongLongInt &);
    friend bool operator==(const LongLongInt &, const LongLongInt &);
    friend bool operator !=(const LongLongInt &, const LongLongInt &) ;
    friend bool operator>(const LongLongInt &, const LongLongInt &);
    friend bool operator>=(const LongLongInt &, const LongLongInt &) ;
    friend bool operator<(const LongLongInt &, const LongLongInt &) ;
    friend bool operator<=(const LongLongInt &, const LongLongInt &);
    friend LongLongInt operator-(const LongLongInt &, const LongLongInt &);
private:
    char * num;
public:
    LongLongInt(const char * n ="");
```

```
        LongLongInt(const LongLongInt &);
        LongLongInt &operator= (const LongLongInt &);
        LongLongInt &operator++();
        LongLongInt operator++(int);
};

LongLongInt::LongLongInt(const char * n )
{
    if (strcmp(n, "0") ==0) n ="";
    int len =strlen(n);

    num =new char[len+1];
    for (int i =0; i <len; ++i)
        num[len - i - 1] =n[i];
    num[len] ='\0';
}

LongLongInt::LongLongInt(const LongLongInt &other)
{
    num =new char[strlen(other.num) +1];
    strcpy(num, other.num);
}

LongLongInt &LongLongInt::operator= (const LongLongInt &right)
{
    if (this ==&right) return * this;

    delete num;
    num =new char[strlen(right.num) +1];
    strcpy(num, right.num);
    return * this;
}

LongLongInt &LongLongInt::operator++()
{
    return * this = * this + "1";
}

LongLongInt LongLongInt::operator++(int t)
{
    LongLongInt returnObj = * this;

    * this = * this + "1";
    return returnObj;
```

```
    }

ostream &operator<< (ostream &os, const LongLongInt &obj)
{
    for (int i =strlen(obj.num); i >=0; --i)
    os <<obj.num[i];
    if (strlen(obj.num) ==0) os <<0;
    return os;
}

LongLongInt operator+ (const LongLongInt &n1, const LongLongInt &n2)
{
    LongLongInt n;
    int len1 =strlen(n1.num), len2 =strlen(n2.num);
    int minLen = (len1 >len2 ? len2 : len1) ;
    int len = (len1 >len2 ? len1 : len2) +1;
    int carry =0, result;                      //carry 为进位

    delete n.num;
    n.num =new char[len +1];
    for (int i =0; i <minLen; ++i) {           //两个加数对应的位都存在
        result =n1.num[i] -'0' +n2.num[i] -'0' +carry;
        n.num[i] =result %10 +'0';
        carry =result / 10;
    }

    while (i <len1) {                          //n2 结束
        result =n1.num[i] -'0' +carry;
        n.num[i] =result %10 +'0';
        carry =result / 10;
        ++i;
    }

    while (i <len2) {                          //n1 结束
        result =n2.num[i] -'0' +carry;
        n.num[i] =result %10 +'0';
        carry =result / 10;
        ++i;
    }

    if (carry !=0) n.num[i++] =carry +'0';    //处理最后的进位
    n.num[i] ='\0';

    if (i !=len)  {
```

```
        char * tmp =n.num;
        n.num =new char[len];
        strcpy(n.num, tmp);
        delete tmp;
    }

    return n;
}


LongLongInt operator-(const LongLongInt &n1, const LongLongInt &n2)
{
    if (n1 ==n2) return "";              //两个运算数相同,结果为 0

    LongLongInt n;
    int len1 =strlen(n1.num), len2 =strlen(n2.num);
    int minus =0;                        //借位
    char * tmp;

    tmp =new char[len1 +1];              //存放运算结果
    for (int i =0; i <len2; ++i) {       //两个运算数对应的位都存在
        tmp[i] =n1.num[i] -n2.num[i] -minus;
        if ( tmp[i] <0) { tmp[i] +=10; minus =1; }
        else minus =0;
        tmp[i] +='0';
    }

    while (i <len1) {                    //处理 n1 剩余的位数
        tmp[i] =n1.num[i] -'0' -minus;
        if ( tmp[i] <0) { tmp[i] +=10; minus =1; }
        else minus =0;
        tmp[i] +='0';
        ++i;
    }

    do {                                 //压缩运算结果中的高位 0
      --i;
    } while (i >=0 && tmp[i] =='0');

    tmp[i +1] ='\0';

    delete n.num;
    n.num =new char[i +2];
    strcpy(n.num, tmp);
    delete tmp;
```

```cpp
        return n;
    }


    bool operator==(const LongLongInt &n1, const LongLongInt &n2)
    {
        return strcmp(n1.num, n2.num) ==0;
    }


    bool operator!=(const LongLongInt &n1, const LongLongInt &n2)
    {
        return strcmp(n1.num, n2.num) !=0;
    }


    bool operator>(const LongLongInt &n1, const LongLongInt &n2)
    {
        int len1 =strlen(n1.num), len2 =strlen(n2.num);

        if (len1 >len2) return true;              //位数长者较大
        else if (len1 <len2) return false;

        for (int i =len1 -1; i >=0; --i) {        //位数相同,从高位到低位依次比较每一位
            if (n1.num[i] >n2.num[i]) return true;
            else if (n1.num[i] <n2.num[i]) return false;
        }

        return false;
    }



    bool operator>=(const LongLongInt &n1, const LongLongInt &n2)
    {
        int len1 =strlen(n1.num), len2 =strlen(n2.num);

        if (len1 >len2) return true;              //位数长者较大
        else if (len1 <len2) return false;

        for (int i =len1 -1; i >=0; --i) {        //位数相同,从高位到低位依次比较每一位
            if (n1.num[i] >n2.num[i]) return true;
            else if (n1.num[i] <n2.num[i]) return false;
        }

        return true;
```

```
}

bool operator<(const LongLongInt &n1, const LongLongInt &n2)
{
    return !(n1 >=n2);
}

bool operator<=(const LongLongInt &n1, const LongLongInt &n2)
{
    return !(n1 >n2);
}
```

3. 定义一个保存和处理十维向量空间中的向量的类型,实现的功能有向量的输入输出,两个向量的加以及求两个向量点积的操作。

【解】十维向量空间中的向量由 10 个分量组成,每个分量是一个实型数。所以保存一个向量可以用一个实型数组。按照题意,向量类应该有输入重载、输出重载、加法重载和乘法重载,这 4 个重载函数最好设计为友元函数。每个类一般都要有构造函数。根据上述分析可得到如代码清单 11-3 的向量类的定义。

代码清单 11-3　十维向量空间中的向量类的定义

```
class Vector {
    friend ostream &operator<<(ostream &, const Vector &);
    friend istream &operator>>(istream &, Vector &);
    friend Vector operator+(const Vector &, const Vector &) ;
    friend double operator * (const Vector &, const Vector &) ;
private:
    double data[10];

public:
    Vector(double dat[]);
};
```

构造函数的实现如代码清单 11-4。构造函数将作为参数传入的数组保存在 data 中。

代码清单 11-4　构造函数的实现

```
Vector::Vector(double data[])
{
    for (int i =0; i <10; ++i)
    data[i] =dat[i];
}
```

输入输出的重载如代码清单 11-5。输入一个向量就是输入 10 个分量。输出一个向量就是将 10 个分量以$(a_1,a_2,\cdots,a_n)$的形式输出。

代码清单 11-5　输入输出重载的实现

```
ostream &operator<<(ostream &os, const Vector &obj)
{
    os <<'(' <<obj.data[0];
    for (int i =1; i <10; ++i)
        os <<',' <<obj.data[i];
    os <<')';

    return os;
}


istream &operator>>(istream &is, Vector &obj)
{
    cout <<"请输入向量的 10 个分量:";
    for (int i =0; i <10; ++i)
        is >>obj.data[i];

    return is;
}
```

向量的加法是对应分量相加,结果还是一个向量。向量的点积是对应分量相乘的和,结果是一个实型值。根据这个规则可得加法和乘法重载的实现如代码清单 11-6。

代码清单 11-6　加法和乘法重载的实现

```
Vector operator+(const Vector &v1, const Vector &v2)
{
    Vector result(v1);

    for (int i =0; i <10; ++i)
        result.data[i] +=v2.data[i];

    return result;
}

double operator *(const Vector &v1, const Vector &v2)
{
    double result =0;

    for (int i =0; i <10; ++i)
        result +=v1.data[i] * v2.data[i];

    return result;
}
```

4. 实现一个处理字符串的类 String。它用一个动态的字符数组保存一个字符串。实现的功能：字符串连接（＋和＋＝），字符串赋值（＝），字符串的比较（＞、＞＝、＜、＜＝、!＝、＝＝），取字符串的一个子串，访问字符串中的某一个字符，字符串的输入输出（＞＞和＜＜）。

【解】String 类用动态数组保存字符串，所以必须有一个指向字符指针的数据成员。在字符串操作中经常会用到字符串长度，为避免每次需要长度信息时再去计算，String 类增加了一个整型的数据成员 len 记录字符串的长度。根据题意，String 类必须提供字符串连接（＋和＋＝），字符串赋值（＝），字符的比较（＞、＞＝、＜、＜＝、!＝、＝＝），取字符串的一个子串，访问字符串中的某一个字符，字符串的输入输出（＞＞和＜＜）的功能。按照运算符重载的一般规则，将"＋"、比较及输入输出重载成友元函数，将"＋＝"、"＝"、取子串（重载成（））和访问字符串中的某一个字符（重载成[]）重载成成员函数。String 类有动态数组，因此还必须有构造函数、复制构造函数、赋值运算符重载函数和析构函数。根据上述讨论，可得到如代码清单 11-7 的 String 类的定义。

代码清单 11-7　String 类的定义

```
class String {
    friend String operator+(const String &s1, const String &s2);
    friend ostream &operator<<(ostream &os, const String &obj);
    friend istream &operator>>(istream &is, String &obj);
    friend bool operator>(const String &s1, const String &s2);
    friend bool operator>=(const String &s1, const String &s2);
    friend bool operator==(const String &s1, const String &s2);
    friend bool operator!=(const String &s1, const String &s2);
    friend bool operator<(const String &s1, const String &s2);
    friend bool operator<=(const String &s1, const String &s2);
private:
    int len;
    char * data;

public:
    String(const char * s ="");
    String(const String &other);
    String &operator+=(const String &other);
    String &operator=(const String &other);
    String operator()(int start, int end);
    char &operator[](int index) { return data[index];}
    ~String() { delete data; }
};
```

构造函数根据参数 s 的值定义一个动态数组 data，并将 s 的值复制给 data。复制构造函数根据参数对象 s，构造一个与 s 完全一样的对象。赋值运算符重载函数的实现与复制构造函数非常类似，只是比复制构造函数多了两项工作：第一项工作是检查赋值号左右是否是同一对象，如果是同一对象就不需要执行赋值操作；第二项工作是释放当前对象的动态数组的空间。这 3 个函数的实现如代码清单 11-8。

代码清单 11-8　构造函数、复制构造函数和赋值运算符重载函数的实现

```cpp
String::String(const char * s)
{
    for (len =0; s[len] !=0; ++len);

    data =new char[len +1];
    for (int i =0; i <len; ++i)
        data[i] =s[i];
    data[len] ='\0';
}


String::String(const String &s)
{
    len =s.len;

    data =new char[len +1];
    for (int i =0; i <len; ++i)
        data[i] =s.data[i];
    data[len] ='\0';
}

String &String::operator=(const String &other)
{
    if (this ==&other) return * this;

    delete data;
    len =other.len;
    data =new char[len +1];
    for (int i =0; i <len; ++i)
        data[i] =other.data[i];
    data[len] ='\0';

    return * this;
}
```

字符串的连接用"＋"和"＋＝"重载来实现。先来看一下"＋＝"的实现。"＋＝"是将作为参数传入的字符串 other 连接到当前字符串的后面。当前字符串必须有足够的空间存储连接后的字符串，于是先将 data 的值暂存在一个局部变量 tmp 中，然后根据当前字符串的长度和 other 的长度重新为 data 申请空间，将 tmp 的内容写回 data，再将 other 的内容也写入 data，这样就完成了"＋＝"的操作。

有了"＋＝"重载函数，"＋"的重载就非常简单。要将字符串 s1 和 s2 连接起来，首先利用复制构造函数将 s1 作为参数构造一个局部对象 tmp,然后利用"＋＝"将 s2 连接到 tmp 后面,这样 tmp 保存的就是 s1＋s2 的结果。

这两个函数的完整实现如代码清单 11-9。

代码清单 11-9　"＋"和"＋＝"重载的实现

```
String &String::operator+=(const String &other)
{
    char * tmp =data;
    int i;

    data =new char[len +other.len +1];

    for (i =0; i <len; ++i)
        data[i] =tmp[i];
    for (i =0; i <other.len; ++i)
        data[len +i] =other.data[i];
    len +=other.len;
    data[len] ='\0';

    return * this;
}


String operator+ (const String &s1, const String &s2)
{
    String tmp(s1);

    tmp +=s2;

    return tmp;
}
```

取子串的功能用函数调用运算符重载来实现。在当前字符串中取子串需要两个参数:起始位置和终止位置。函数首先检查起始位置 start 和终止位置 end 的正确性。如果不正确,返回一个空串。要取一个子串,必须为这个子串准备好存储空间,函数定义了一个局部对象 tmp 保存取出的子串。将当前对象从 start 到 end 的字符复制到 tmp,最后返回 tmp。完整的过程如代码清单 11-10 所示。

代码清单 11-10　取子串函数的实现

```
String String::operator()(int start, int end)
{
    if (start >end ‖ start <0 ‖ end >=len) return String("");

    String tmp;
```

```
        delete tmp.data;
        tmp.len =end - start +1;
        tmp.data =new char[len +1];
        for (int i =0; i <=end - start; ++i)
            tmp.data[i] =data[i +start];
        tmp.data[i] = '\0';

        return tmp;
    }
```

输出重载的实现比较容易,输出一个 String 类的对象是输出它的 data 值。输入重载有些麻烦,因为在定义类时并不知道用户输入的字符串有多长,无法为 data 申请合适的空间。代码清单 11-11 中的输入重载采用了一个块状链表作为过渡。块状链表就是链表的每个结点可以存储一个字符串的一部分,本程序假设每个结点可以存储 10 个字符。输入时,首先,申请一个结点作为链表的首结点,开始接收用户的输入,并将输入的字符存入该结点。当该结点存满 10 个字符,则再申请一个结点,连在当前结点后面,将输入的字符存放在该结点中。重复上述工作,直到输入结束。然后,根据输入的总的字符数申请 data 的空间,将各结点中保存的字符依次复制到 data 中。

代码清单 11-11　输入输出重载的实现

```
ostream &operator<<(ostream &os, const String &obj)
{
    os <<obj.data;

    return os;
}


istream &operator>>(istream &is, String &obj)
{
    struct Node {                    //块状链表的结点类
        char ch[10];
        Node * next;
    };

    Node * head, * tail, * p;     //head 为块状链表的首指针,tail 为块状链表的尾指针
    int len =0, i;

    head =tail =new Node;
    while ((tail->ch[len %10] =is.get()) != '\n') {        //输入一个字符存入尾结点
        ++len;
        if (len %10 ==0) {                                 //申请一个新结点
            tail->next =new Node;
            tail =tail->next;
        }
```

```
    }
    obj.len =len;
    delete obj.data;
    obj.data =new char[len +1];
    for (i =0; i <len; ++i) {                    //将块状链表的内容复制到 data
        obj.data[i] =head->ch[i %10];
        if (i %10 ==9) {
            p =head;
            head =head->next;
            delete p;
        }
    }
    delete head;
    obj.data[len] ='\0';

    return is;
}
```

比较两个 String 类的对象就是比较它们的 data 的内容。这些比较都可以通过一个循环实现。6 个比较函数的实现如代码清单 11-12。

代码清单 11-12　比较函数的实现

```
bool operator>(const String &s1, const String &s2)
{
    for (int i =0; i <s1.len; ++i) {
        if (s1.data[i] >s2.data[i]) return true;
        if (s1.data[i] <s2.data[i]) return false;
    }

    return false;
}

bool operator>=(const String &s1, const String &s2)
{
    for (int i =0; i <s1.len; ++i) {
        if (s1.data[i] >s2.data[i]) return true;
        if (s1.data[i] <s2.data[i]) return false;
    }
    if (s1.len ==s2.len) return true;
    else return false;
}

bool operator==(const String &s1, const String &s2)
{
```

```
        if (s1.len !=s2.len) return false;
        for (int i =0; i <s1.len; ++i)
            if (s1.data[i] !=s2.data[i]) return false;

        return true;
    }

    bool operator!=(const String &s1, const String &s2)
    {
        return !(s1 ==s2);
    }

    bool operator<(const String &s1, const String &s2)
    {
        return !(s1 >=s2);
    }

    bool operator<=(const String &s1, const String &s2)
    {
        return !(s1 >s2);
    }
```

5. 设计一个动态的、安全的二维 double 型的数组 Matrix。可以通过

```
Matrix table(3, 8);
```

定义一个 3 行 8 列的二维数组 table,通过 table(i,j)访问 table 的第 i 行第 j 列的元素。例如,"table(i,j)=5;"或"table(i,j)=table($i,j+1$)+3;"行号和列号从 0 开始。

【解】根据动态二维数组的存储方式,可以用两种方法来实现 Matrix 类。

1) 用动态的二维数组的形式存储

首先考虑 Matrix 类的数据成员。二维数组可以看成元素是一维数组的一维数组。如 table 是一个 3 行 4 列的数组,则 table 可以看成有 3 个元素:table[0]、table[1]和 table[2]。table[i]是一个由 4 个元素组成的一维数组的名字,是一个指向 double 类型的指针。而 table 是指向 table[0]的指针,因而是一个指向 double 类型的二级指针。

保存一个二维数组需要保存它的行数和列数以及存储这个二维数组的空间的起始地址。行数和列数是两个整型值,而二维数组的数组名是一个二级指针。由此可得 Matrix 类有 3 个数据成员,两个整型的数据成员 row 和 col 分别记录行数和列数,一个指向 double 型的二级指针 data 表示二维数组。对于数组而言,最基本的操作是访问某一个数据元素。按照题意,这个功能被重载成函数调用运算符。由于存储二维数组的空间是动态申请的,所以必须为这个类定义构造函数、复制构造函数和析构函数。按照上述分析可得如代码清单 11-13 的类的定义。

代码清单 11-13　Matrix 类的定义

```
class Matrix {
    int row;
    int col;
    double * * data;

public:
    Matrix(int r =1, int c =1);
    Matrix(const Matrix &other);
    double &operator()(int r, int c);
    ~Matrix();
};
```

先看一下构造函数的实现。构造函数有两个参数：行数和列数。构造函数将这两个参数分别赋给 row 和 col，再根据这两个参数申请一个存储二维的空间。首先申请一个有 row 个元素数组 data，每个元素是一个指向 double 类型的指针，指向二维数组中的一行。然后再为 data 的每个元素申请存储一行元素的空间。复制构造函数也是如此。

析构函数分两步释放动态数组的空间。首先释放每一行的空间，然后释放指向每一行的指针数组的空间。这 3 个函数的实现如代码清单 11-14。

代码清单 11-14　构造函数、复制构造函数和析构函数的实现

```
Matrix::Matrix(int r, int c):row(r), col(c)
{
    data =new double * [r];               //指向每一行第一个元素的指针数组
    for (int i =0; i <r; ++i)             //保存每一行元素的一维数组
        data[i] =new double[c];
}


Matrix::Matrix(const Matrix &other)
{
    int i, j;

    row =other.row;
    col =other.col;
    data =new double * [row];             //指向每一行第一个元素的指针数组
    for (i =0; i <row; ++i)               //保存每一行元素的一维数组
        data[i] =new double[col];
    for (i =0; i <row; ++i)               //复制二维数组的每个元素
        for (j =0; j <col; ++j)
            data[i][j] =other.data[i][j];
}


Matrix::~Matrix()
```

```
    {
        for (int i =0; i < row; ++i)
            delete [] data[i];
        delete [] data;
    }
```

在这种存储模式下，函数调用运算符的实现非常简单，数组第 r 行第 c 列的元素存放在 data[r][c]中。函数只需要检查一下下标的合法范围。只要下标范围是合法的，返回 data[r][c]。具体程序如代码清单 11-15。

代码清单 11-15   函数调用运算符重载函数的实现

```
double &Matrix::operator()(int r, int c)
{
    assert( r >=0 && r < row && c >=0 && c < col);
    return data[r][c];
}
```

2) 用动态的一维数组存储二维数组的元素

第二种实现方式是用一个 row * col 个元素的一维数组存放二维数组的数据，将二维数组的数据按行序存放在这个一维数组中。按照这种存储方式，Matrix 类有 3 个数据成员：两个整型的成员 row 和 col，分别存放行数和列数；一个指向 double 的指针 data，存储一维数组的起始地址。成员函数的原型与方法一完全相同，因为不同的实现方式应该对类的用户封装起来。

按照这种存储模式，构造函数、复制构造函数和析构函数都比方法一简单。构造函数设置 row 和 col 的值，申请一个有 row * col 个元素的一维数组 data。析构函数释放 data 的空间。复制构造函数根据 other 的行列数为当前对象申请空间，并将 other 的 data 中的数据复制给当前对象的 data。

稍复杂一点的函数是函数调用运算符的重载。在方法一中，该函数只需先检查下标是否越界，然后直接返回 data[r][c]。但在方法二中，数据是存放在一维数组中，无法直接用 data[r][c]得到，而需要通过计算得到第 r 行 c 列的元素在一维数组中的下标 r * col +c，返回 data[r * col+c]。

完整的类定义及成员函数的实现如代码清单 11-16。

代码清单 11-16   Matrix 类的定义

```
class Matrix {
    int row;
    int col;
    double * data;

public:
    Matrix(int r =1, int c =1) :row(r), col(c)   {data =new double[r * c];}
    Matrix(const Matrix &other);
    double &operator()(int r, int c);
```

```
    ~Matrix() {delete [] data;}
};

Matrix::Matrix(const Matrix &other)
{
    int i;

    row =other.row;
    col =other.col;
    data =new double[row * col];
    for (i =0; i <row * col; ++i)
        data[i] =other.data[i];
}

double &Matrix::operator()(int r, int c)
{
    assert( r <row && c <col);
    return data[r * col +c];
}
```

　　本题的不足之处是数组元素的访问是采用函数调用形式。想一想,能否实现以下标变量的形式访问。

　　6. C++的布尔类型本质上是一个枚举类型。对布尔类型的变量只能执行赋值、比较和逻辑运算。试设计一个更加人性化的布尔类型。它除了支持赋值、比较和逻辑运算外,还可以直接输入输出。如果输入为 true,直接输入字符串"true"。如果某个布尔类型的变量 flag 的值为 false,直接执行 cout << flag 将会输出 false。同时还支持到整型的转换,true 转换成 1,false 转换成 0。

　　【解】优化的布尔类型保存信息的方法与内置的 bool 类型一样,所以有一个 bool 类型的数据成员 data。与内置的 bool 类型相比,优化的布尔类型还需要提供直接的输入输出。所以优化的布尔类型具有的行为有输入、输出、赋值、比较、逻辑运算和到整型的转换。输入输出必须重载成友元函数。赋值可以用默认的赋值运算符重载函数。转换成整型的类型转换函数必须重载成成员函数。由于有了到整型的类型转换函数,比较运算和逻辑运算的重载函数就不再需要了。在遇到关系运算和逻辑运算时,C++会自动将对象转换成整型。根据上述讨论得到的优化的布尔类型的实现如代码清单 11-17。

程序清单 11-17　优化的布尔类型的实现

```
class boolean {
    friend ostream &operator<<(ostream &os, const boolean &obj);
    friend istream &operator>>(istream &is, boolean &obj);
private:
    bool data;
public:
    boolean(bool d =false) : data(d) {}
```

```
        boolean(const char * s)
        {
            data = (strcmp(s, "true") ==0 ? true : false);
        }

        operator int() const { return (data ?1 : 0); }
};

ostream &operator<<(ostream &os, const boolean &obj)
{
    os <<(obj.data ? "true" : "false") ;

    return os;
}

istream &operator>>(istream &is, boolean &obj)
{
    char tmp[6];

    is >>tmp;
    obj.data = (strcmp(tmp, "true") ==0 ? true : false);

    return is;
}
```

7. 设计一个可以计算任意函数定积分的类 integral。当需要计算某个函数 f 的定积分时,可以定义一个 integral 类的对象,将实现数学函数 f 的 C++ 函数 g 作为参数。例如,"integral obj(g);",如果需要计算函数 f 在区间$[a, b]$的定积分,可以调用 obj(a,b)。定积分的计算采用第 4 章程序设计题第 15 题中介绍的矩形法。

【解】根据题意,integral 类的对象需要保存一个函数,所以有一个指向函数的指针作为数据成员。对象的行为除了构造外,只有一个求某个区间内的定积分,该行为用函数调用运算符重载来实现。构造函数将作为参数传入的函数名保存在数据成员 f 中。operator()函数用矩形法求函数 g 在区间$[a,b]$的定积分。分成的小矩形个数被定义为类的静态常量成员 numOfCalc。完整的类定义及成员函数的实现如代码清单 11-18。

代码清单 11-18 计算任意函数的定积分的实现

```
class integral {
    enum { numOfCalc =1000 };                    //小矩形的个数
    double (* f)(double);
public:
    integral(double (* g)(double)): f(g) {}
    double operator()(double a, double b);
};
```

```
double integral::operator()(double a, double b)
{
    double sum =0, dlt =(b-a) / numOfCalc;

    for (double h =a +dlt / 2; h <b; h +=dlt)
        sum +=dlt * f(h);

    return sum;
}
```

8. 改写第 10 章的程序设计题第 13 题,用函数调用运算符实现 RandomInt 和 RandomDouble。对于 Random 类的对象 r,调用 $r(a, b)$将得到一个随机数。如果 a、b 是整型数,将产生一个随机整数。如果 a、b 是 double 型的数,将产生一个随机实数。

【解】将代码清单 10-37 中的 RandomInt 函数改写成

```
int operator()(int low, int high);
```

将 RandomDouble 改写成

```
double operator()(double low, double high);
```

两个函数的实现与第 10 章中类似,具体如代码清单 11-19。

代码清单 11-19 用运算符重载实现的 RandomInt 和 RandomDouble

```
int Random::operator()(int low, int high)
{
    return (low +(high -low +1) * rand() / (RAND_MAX +1));
}
double Random::operator()(double low, double high)
{
    double d = (double)rand() / (RAND_MAX +1);
    return low + (high -low ) * d;
}
```

9. 在本章的 Rational 类中增加"+="运算符的重载函数,用成员函数实现。

【解】虽然 Rational 类重载了"+"运算,但并不能支持 r1+=r2,因为"+="和"+"是不同的运算符。执行"+="操作必须重载"+="运算符。重载"+="运算符可以用两种方法。一种是直接根据"+="的含义。r1+=r2 就是将 r2 的值加到 r1 上,这个实现如代码清单 11-20。另一种实现方式是利用"+"重载函数,先执行 r1+r2,然后将结果存入 r1。这种实现方式如代码清单 11-21。

代码清单 11-20 Rational 类的"+="重载函数(方法一)

```
Rational &Rational::operator+=(const Rational &r1)
{
    num =num * r1.den +r1.num * den;
    den =r1.den * den;
```

```
        ReductFraction();

        return * this;
    }
```

代码清单 11-21　Rational 类的"十＝"重载函数(方法二)

```
Rational &Rational::operator+=(const Rational &r1)
{
    * this = * this +r1;
    return * this;
}
```

10. 复数可表示成二维平面上的一个点。实部为 x,虚部为 y。试设计一个点类型,包含的功能有获取点的 x 坐标,获取点的 y 坐标,获取点到原点的距离,输入一个点,输出一个点。并在主教材代码清单 11-6 的复数类中增加一个复数到点类型的转换函数。

【解】点类型的定义及实现如代码清单 11-22。将复数转换成点只需要将 real 赋给 x,将 imag 赋给 y。该函数的实现如代码清单 11-23。

代码清单 11-22　点类型的定义及实现

```
class point {
    friend ostream &operator <<(ostream &out, const point &obj)
    {
        out <<'(' <<obj.x <<", " <<obj.y <<')';
        return out;
    }
    friend istream &operator >>(istream &in, point &obj)
    {
        in >>obj.x >>obj.y;
        return in;
    }


    double x, y;
public:
    point(double a =0, double b =0) {x =a; y =b; }
    double getx() const {return x; }
    double gety() const { return y; }
    double length() const    { return sqrt(x * x +y * y); }
};
```

代码清单 11-23　复数到点类型的转换函数

```
operator point() const
{
    return point(real, imag);
}
```

11. 在主教材的代码清单 11-6 的复数类中重载除法运算。

【解】如果复数 $(a+bi)$ 除以复数 $(c+di)$ 的商是 $(x+yi)$，则

$$(x+yi) = \frac{a+bi}{c+di} = \frac{(a+bi)\times(c-di)}{(c+di)\times(c-di)} = \frac{(ac+bd)+(bc-ad)i}{c^2+d^2} = \frac{ac+bd}{c^2+d^2} + \frac{bc-ad}{c^2+d^2}i$$

所以

$$x = \frac{ac+bd}{c^2+d^2} \qquad y = \frac{bc-ad}{c^2+d^2}$$

只要按这两个公式计算 x 和 y 的值。完整实现如代码清单 11-24。

代码清单 11-24　复数类中的除法重载函数

```
Complex operator/(const Complex &c1, const Complex &c2)
{
    Complex tmp;

    tmp.real = (c1.real * c2.real +c1.imag * c2.imag) / (c2.real * c2.real +
c2.imag * c2.imag);
    tmp.imag = (c1.imag * c2.real -c1.real * c2.imag) / (c2.real * c2.real +
c2.imag * c2.imag);

    return tmp;
}
```

12. 利用主教材代码清单 11-6 中的复数类，设计一个解一元二次方程的函数，能同时处理实根和虚根。

【解】在解一元二次方程时，当 $b^2-4ac<0$ 时方程有虚根。在解方程时需要按 $b^2-4ac<0$ 分两种情况讨论。完整的实现如代码清单 11-25。

代码清单 11-25　支持虚根的解一元二次方程的函数

```
//这是一个解一元二次方程的函数,a、b、c是方程的系数,x1和x2是存放方程解
//函数的返回值表示根的情况:0表示有解;1表示不是一元二次方程
int SolveQuadratic(double a,double b,double c, Complex &x1,Complex &x2)
{
    double disc, sqrtDisc;
    bool flag =true;                        //true 表示实根,false 表示虚根

    if(a ==0) return 1;                     //不是一元二次方程

    disc =b * b -4 * a * c;

    if( disc <0 ) {
        flag =false;
        disc =-disc;
    }
```

```
        sqrtDisc = sqrt(disc);
        if (flag) {
            x1 = Complex((-b + sqrtDisc) / (2 * a), 0);
            x2 = Complex((-b - sqrtDisc) / (2 * a), 0);
        }
        else {
            x1 = Complex(-b / (2 * a), sqrtDisc / (2 * a));
            x2 = Complex(-b / (2 * a), -sqrtDisc / (2 * a));
        }

        return 0;
}
```

13. 用友元函数实现有理数类中的"＋＋"和"－－"重载。

【解】用友元函数实现前缀的"＋＋"和"－－"重载时,它的参数是被加 1 或减 1 的对象引用,返回的是加 1 或减 1 以后的对象引用。用友元函数实现后缀的"＋＋"和"－－"重载时,它比前缀的"＋＋"和"－－"函数多一个整型参数,返回的是加 1 或减 1 前的对象值。具体程序如代码清单 11-26。

代码清单 11-26　用友元函数实现的有理数类的"＋＋"和"－－"重载函数

```
Rational &operator++(Rational &r)              //前缀++
{
    r.num += r.den;

    return r;
}


Rational &operator--(Rational &r)              //前缀--
{
    r.num -= r.den;

    return r;
}
Rational operator++(Rational &r, int n)        //后缀++
{
    Rational tmp = r;
    r.num += r.den;

    return tmp;
}
Rational operator--(Rational &r, int n)        //后缀--
{
    Rational tmp = r;
```

```
        r.num -= r.den;

        return tmp;
}
```

11.3　进一步拓展

　　运算符重载可以使自己定义的类的对象不一定要通过调用成员函数的形式进行操作,而能用内置的运算符进行操作。使得对象运用更加方便,更等同于内置类型变量。

　　从语法角度而言,程序员可以任意解释某个运算符对所定义类的对象的意义。例如,要实现两个有理数相加,可以重载%。但当在程序中对两个有理数类的对象 r1 和 r2 执行 r1 % r2,会使读者感到莫名其妙。所以,在运算符重载时,应该保持其自然语义。同理,赋值运算符的含义是使赋值号左边的对象与赋值号右边的对象完全一模一样,也不要在赋值运算符重载函数中随意改变赋值的意义。

　　但在有些类中,要做到这一点很困难。例如,在向量类中,重载 operator * 可能引起异议。这里的“ * ”指的是矢量积还是内积? 如果有这样的问题存在,应避免用运算符重载,而使用普通的命名函数。

组合与继承

12.1 知识点回顾

C++ 可以利用已有的类构建出功能更强大的类。完成这个任务有两种方法：第一种方法用已有的类的对象作为新定义类的数据成员，这种方法被称为组合；第二种方法是在一个已存在类的基础上，对它进行扩展，形成一个新类，这种方法称为继承。

12.1.1 组合

组合是把已有类的对象作为新类的数据成员，这类成员称为对象成员。用组合的方式构建新的类时，程序员不必关心对象成员所属的类是如何实现的，而只需要知道如何使用该类的对象。

对于含有对象成员的类，它的构造函数有一些限制。因为大多数对象成员不能像内置类型的变量一样直接赋值，所以不能在构造函数体中通过赋值对其初始化。通常用构造函数的初始化列表初始化对象成员。

12.1.2 继承

继承是在某个已有类的基础上通过增加新的属性或行为来创建功能更强的类。用继承方式创建新类时，需要指明这个新类是在哪个已有类的基础上扩展的。已有的类称为基类，继承实现的新类称为派生类。派生类本身也可能会成为未来派生类的基类，又可以派生出功能更强的类。

1. 继承的格式

用继承的方法定义类时必须指明基类以及在基类的基础上扩展的内容。它的定义格式如下：

```
class 派生类名:[继承方式] 基类名
{ 新增加的成员声明;}
```

继承方式可以是公有（public）、私有（private）和保护（protected），它说明了基类的成员在派生类中的访问特性。事实上，成员的访问特性也能被声明为

protected。protected 访问特性介于 public 访问和 private 访问之间。protected 成员是一类特殊的私有成员,它不可以被全局函数或其他类的成员函数访问,但能被派生类的成员函数和友元函数访问。

派生类不能直接访问基类的私有成员。其他成员的访问特性是它在基类中的访问特性和继承方式中限制较大的一个。例如,在 public 派生时,基类的 public 成员会成为派生类的 public 成员,基类的 protected 成员成为派生类的 protected 成员;在 protected 派生时,基类的 public 成员和 protected 成员都成为派生类的 protected 成员;在 private 派生时,基类的所有成员(除 private 之外)都成为派生类的 private 成员。

2. 派生类对象的构造与析构

派生类对象中包含了一个基类对象和新增加的数据成员。初始化派生类对象必须初始化这两个部分。由于基类的数据成员一般都是私有的,派生类的成员函数无法直接访问。因此,在构造派生类对象时,一般都是通过调用基类的构造函数完成基类对象的构造。派生类新增加的数据成员由派生类的构造函数初始化。基类的构造函数是在派生类的构造函数的初始化列表中调用。派生类的构造函数的一般形式如下:

派生类的构造函数名(参数表):基类的构造函数名(参数表)
｛…｝

其中,基类的构造函数中的参数值通常来源于派生类的构造函数的参数表,也可以用常量值。

创建派生类对象时,派生类的构造函数会在进入其函数体之前先调用基类的构造函数构造派生类对象中的基类部分,再执行派生类的构造函数。如果基类对象采用默认的构造函数构造,可省略初始化列表中的基类的构造函数的调用。

派生类的对象销毁时,先执行派生类的析构函数,再执行基类的析构函数。

3. 基类成员函数的重定义

当派生类对基类的某个功能进行扩展时,它定义的成员函数名可能会和基类的成员函数名重复。如果只是函数名相同而原型不同,系统认为派生类中有两个重载函数。如果原型完全相同,则派生类会有两个原型一模一样的函数,此时派生类的函数会覆盖基类的函数。尽管派生类对象中有两个一模一样的函数,但派生类对象只"看得见"派生类新定义的那个函数,这称为重定义基类的成员函数。

4. 派生类对象到基类对象的隐式转换

将程序员自定义类的对象隐式转换成另一个类的对象,必须在类中定义一个类型转换函数。但由于派生类中包含了一个基类的对象,所以 C++ 默认派生类对象可以转化成基类对象,可以将一个派生类对象赋值给一个基类对象;或者将派生类对象的地址赋给基类指针;也可以定义一个基类对象的引用,而引用的是派生类的对象。

将派生类对象赋给基类对象是把派生类中的基类部分赋给此基类对象。派生类新增加的成员就舍弃了。

当一个基类指针指向派生类对象时,尽管该指针指向的对象是一个派生类对象,但由于它本身是一个基类的指针,它只能解释基类的成员,而不能解释派生类新增的成员。因此,从指向派生类的基类指针出发,只能访问派生类中的基类部分。

用一个基类对象引用派生类对象,相当于给派生类中的基类部分取了一个名字,这个基类对象操作的是所引用的派生类对象中的基类部分。

12.1.3   虚函数与运行时的多态性

多态性指的是对不同对象发出同样的一个指令,不同的对象会有不同的做法。例如,对两个整型数和两个实型数发出同样的一个加法指令,由于整型数和实型数在机器内的表示方法是不一样的,所以将两个整型数相加和将两个实型数相加的过程是不一样的,机器会执行不同的程序完成相应的功能。运算符重载是一种多态性。这种多态性由编译器在编译时决定应该执行哪一个函数,因此被称为编译时的多态性。而运行时的多态性指的是一条指令到底要调用哪一个函数,要在执行到这一条指令时才能决定。运行时的多态性是通过虚函数和基类指针指向不同的派生类的对象来实现。

虚函数是在基类中定义的一个成员函数。在类定义中,该函数原型声明前加了一个关键字 virtual。当用基类指针或基类的引用调用该虚函数时,C++ 首先会到派生类中去看一看这个函数在派生类中有没有重新定义。如果派生类重新定义了这个函数,则执行派生类中的函数,否则执行基类的函数。当同一个基类指针指向不同的派生类对象时,同样的一个调用执行的是不同的函数。而这个绑定要到运行时根据当时基类指针指向的是哪一个派生类的对象,才能决定调用哪一个函数,因而被称为运行时的多态性。

派生类覆盖基类的虚函数时函数原型必须完全相同,否则编译器认为是两个完全独立的函数。但有可能是程序员的粗心,把参数表写错了,使两个函数的原型不完全相同。在 C++11 中可以把检查这类错误的任务交给编译器。在派生类重定义的函数原型中的返回类型前,加上关键字 override 表示指定覆盖。当编译器发现两个函数原型不一致时会输出出错信息。

C++11 还允许将某个虚函数指定为 final,表示它的派生类中不允许覆盖此函数。如果派生类重定义了此函数,编译器会报出错信息。

12.1.4   虚析构函数

构造函数不能是虚函数,但析构函数可以是虚函数,而且最好是虚函数。虚析构函数可以很好地防止内存泄漏。

如果派生类新增加的数据成员中含有指针,指向动态申请的内存,那么派生类必须定义析构函数释放这部分空间。如果派生类的对象是通过基类的指针操作的,当对象析构时,通过基类指针会找到基类的析构函数,执行基类的析构函数;但此时派生类动态申请的空间没有释放,要释放这块空间必须执行派生类的析构函数。

解决这个问题的方法是将基类的析构函数定义为虚函数。当析构基类指针指向派生类的对象时,会先找到基类的析构函数。由于基类的析构函数是虚函数,又会找到派生类的析构函数,执行派生类的析构函数。派生类的析构函数在执行时会自动调用基类的析构函数,因此基类和派生类的析构函数都被执行,这样就把派生类的对象完全析构,而不是只析构派生类中的基类部分。

12.1.5　纯虚函数和抽象类

纯虚函数是一个在基类中声明的虚函数。它在基类中没有具体的函数体。纯虚函数的声明形式如下:

virtual 返回类型　函数名(形式参数表)＝0;

如果一个类至少含有一个纯虚函数,则称为抽象类。

由于抽象类中有未定义全的函数,所以无法定义抽象类的对象。因为,一旦对此对象调用纯虚函数,该函数将无法执行。但可以定义指向抽象类的指针,它的作用是指向派生类对象,以实现多态性。

抽象类的作用是保证进入继承层次的每个类都具有纯虚函数所要求的行为,避免了这个继承层次中的用户由于偶尔的失误(例如,忘了为它所建立的派生类提供继承层次所要求的行为)而影响系统正常运行。

12.2　习题解答

12.2.1　简答题

1. 什么是组合?什么是继承?is-a 的关系用哪种方式解决?has-a 的关系用哪种方法解决?

【解】组合是将已有的类作为当前正在定义类的数据成员。继承是在一个类的基础上,通过增加数据成员或成员函数而得到一个功能更强大的类。继承关系反映的是 is-a 的关系。派生类是一类特殊的基类。例如,设计一个学校的人事管理系统时,可以先设计一个人类。在人类的基础上,派生出一个教师类和学生类。在学生类的基础上,派生出一个本科生、硕士生和博士生类。显而易见,本科生是一类特殊的学生,学生又是一类特殊的人。组合关系反映的是 has-a 的关系。在某个类的对象中有一个其他类的对象。例如,一个班级有一个班主任、一组学生和一组任课老师,因此班级类可以有若干个教师类对象的数据成员以及一组学生类对象的数据成员。

2. protected 成员有什么样的访问特性?为什么要引入 protected 的访问特性?

【解】protected 成员是一类特殊的私有成员,派生类的成员函数不可以访问基类的私有成员,但可以访问基类的 protected 成员。在类设计中,一般都将数据成员设为私有成员,所以派生类的成员函数不能直接访问基类的数据成员,必须通过基类的公有/保护成员函数访问基类的数据成员。如果派生类的成员函数频繁地访问某些基类的数据成员,将会使程序的时间性能大大降低。如果将这些频繁访问的基类数据成员设为 protected,派生类的成员函数可以直接访问它们,可以提高程序的效率。但 protected 的访问特性破坏了类的封装,一旦基类修改了它的 protected 成员,所有的派生类都必须随之修改。

3. 什么是编译时的多态性？什么是运行时的多态性？编译时的多态性如何实现？运行时的多态性如何实现？

【解】编译时的多态性是指在编译时确定调用的是哪一个函数。运行时的多态性是指必须运行到这个语句时才能确定被调用的函数。

编译时的多态性是通过重载函数实现,根据调用时的实际参数决定调用一组重载函数中的某个函数。运行时的多态性是通过虚函数实现的,根据基类指针指向的对象决定调用的函数。

4. 什么是抽象类？定义抽象类有什么意义？抽象类在使用上有什么限制？

【解】包含纯虚函数的类称为抽象类。定义抽象类的主要用途是规范从这个抽象类派生的这些类的行为,强迫派生类必须具备抽象类规定的功能。由于抽象类含有纯虚函数,而纯虚函数是不能执行的,所以不能定义抽象类的对象,只能定义抽象类的指针。

5. 为什么要定义虚析构函数？

【解】将析构函数定义成虚函数可以防止内存泄漏。如果派生类新增加的数据成员中含有动态变量,该动态变量是在析构函数中释放,那么当通过基类指针释放该对象时将会引起内存泄漏,因为基类指针释放其指向的对象时,会去寻找析构函数。而通过基类指针只能找到基类的析构函数,执行基类的析构函数。这将造成派生类的动态变量无法释放。当把基类的析构函数定义成虚函数时,析构基类指针指向派生类对象时会到派生类中找派生类的析构函数,执行派生类的析构函数,这样就解决的内存泄漏问题。

6. 试说明派生类对象的构造和析构次序。

【解】派生类对象构造时,先执行基类的构造函数,再执行派生类自己的构造函数。析构次序正好相反,先执行派生类的析构函数,再执行基类的析构函数。

7. 试说明虚函数和纯虚函数有什么区别。

【解】虚函数和纯虚函数都可以作为实现多态性的一种手段。虚函数有函数体,可以执行;而纯虚函数没有函数体,不可以执行。

8. 基类指针可以指向派生类的对象,为什么派生类的指针不能指向基类对象？

【解】由于派生类对象中包含了一个基类对象,当基类指针指向派生类对象时,通过基类指针可以访问派生类中的基类部分,所以 C++ 允许基类指针指向派生类对象。但如果用一个派生类指针指向基类对象,通过派生类指针访问派生类新增加的成员时,将无法找到这些成员。

9. 多态性是如何实现程序的可扩展性？

【解】派生类是一类特殊的基类。例如,本科生、硕士生和博士生都是从学生类派生的。由于所有学生都要写论文,所以基类(学生类)中有一个写论文的虚函数。但每类学生写论文的要求是不一样的,因此在本科生、硕士生和博士生类中都有一个对应于虚函数的写论文函数。当需要向所有学生布置写论文的任务时,可以用一个学生类的指针遍历所有的学生。由于多态性,每类学生执行的是自己类新增的写论文函数,按照自己类规定的要求写论文。如果学校决定要招收工程硕士,那么系统中必须有一个工程硕士的类。工程硕士也是一类学生,所以也从学生类派生。工程硕士也要写论文,论文要求和其他几类学生不同,所以工程硕士类也要有一个写论文的函数。如果建好了工程硕士这个类,向全校学生布置写论文的工作流程还和以前一样。由此可见,当扩展系统时,只需要增加一些新的类,而主程序不变。

10. 如果一个派生类新增加的数据成员中有一个对象成员,试描述派生类的构造过程。

【解】构造一个派生类对象时,总是先构造基类对象,然后构造派生类新增加的部分。构造新增加的部分时,先调用每个数据成员的构造函数构造每个数据成员,再执行派生类的构造函数体。所以构造派生类对象时,先调用基类的构造函数,再调用对象成员的构造函数,最后执行派生类的构造函数。

11. 写出下列程序的执行结果,并说明该程序有什么问题,应该如何修改程序解决此问题?

```cpp
class CBase {
public:
    CBase(int i)
    {
        m_data =i;
        cout <<"Constructor of CBase. m_data=" <<m_data <<endl;
    }
    ~CBase() { cout <<"Destructor of CBase. m_data=" <<m_data <<endl; }
protected:
    int m_data;
};

class CDerived: public CBase {
public:
    CDerived(const char * s): CBase(strlen(s))
    {
        m_data =new char[strlen(s) +1];
        strcpy(m_data, s);
        cout <<"Constructor of CDerived. m_data =" <<m_data <<endl;
    }
    ~CDerived()
    {
        delete m_data;
        cout <<"Destructor of CDerived. m_data =" <<m_data <<endl;
    }
private:
    char   * m_data;
};

int main()
{
    CBase   * p ;
```

```
        p =new CDerived ("abcd");
        delete p;

        return 0;
}
```

【解】执行结果：

```
Constructor of CBase. m_data=4
Constructor of CDerived. m_data =abcd
Destructor of CBase. m_data=4
```

该程序会造成内存泄漏。由于 p 是基类指针，但指向的是一个派生类的对象。当执行"delete p;"时，找到的是基类的析构函数，并执行基类的析构函数。这将造成派生类的数据成员 m-data 指向的空间无法释放。修改方法是将基类的析构函数设为虚函数。这样在析构 p 指向的对象时，将会从基类的析构函数找到派生类的析构函数，并执行派生类的析构函数。

12.2.2　程序设计题

1. 定义一个 Shape 类记录二维平面上的任意形状的位置，在 Shape 类的基础上派生出一个 Rectangle 类，在 Rectangle 类的基础上派生出一个 Square 类，必须保证每个类都有计算面积和周长的功能。

【解】根据题意，Shape 类要记录任意形状的位置，所以有两个数据成员 x 和 y，表示形状的 x 坐标和 y 坐标。为了保证每个类都有计算面积和周长的功能，可在 Shape 类中定义两个纯虚函数 area 和 circum。Shape 类应该能返回形状的位置。因此，Shape 类有 5 个成员函数：构造函数、两个纯虚函数，以及获取 x 坐标和 y 坐标的两个函数。

Rectangle 类在 Shape 类的基础上派生。由于 Shape 类已经记录了形状的位置，因此 Rectangle 类只需增加保存矩形的特定属性，即高度和宽度两个数据成员。Rectangle 类的行为有构造函数以及两个纯虚函数的重定义。在 Rectangle 类中要注意的是它的构造函数的写法。构造一个二维平面上的矩形必须给出 x 坐标、y 坐标以及高 h 和宽 w。构造函数将 x 和 y 传给了 Shape 类的构造函数用于构造基类对象，用 w 和 h 初始化新增加的数据成员。

正方形是一类高和宽相等的矩形。Square 类从 Rectangle 类派生时不需要增加新的数据成员，也不需要增加新的成员函数，因为正方形计算面积和周长的方法与矩形完全相同。所以，Square 类只有一个成员函数，即构造函数。构造一个正方形要给出 3 个参数：x 坐标、y 坐标及边长 s。Square 类的创建者并不需要知道 Rectangle 类是从 Shape 类派生的，他只需要知道构造 Square 类对象必须先调用 Rectangle 类的构造函数，于是将自己的参数传递给了 Rectangle 类的构造函数，它自己没有新增加任何数据成员，所以 Square 类的构造函数体本身为空。

这 3 个类的定义和实现如代码清单 12-1。

代码清单 12-1 Shape 类、Rectangle 类和 Square 类的定义与实现

```
class Shape {
private:
    double x;
    double y;
public:
    Shape(int xx, int yy) : x(xx), y(yy) {}
    double getx() const { return x ; }
    double gety() const{ return y;}
    virtual double area() =0;
    virtual double circum () =0;
};


class Rectangle : public Shape {
private:
    double height;
    double width;
public:
    Rectangle(double xx, double yy, double w, double h) : Shape(xx, yy),
height(h), width(w) {}
    double area() {return height * width ; }
    virtual double circum () { return 2 * (height +width) ; }
};


class Square : public Rectangle {
public:
    Square(double xx, double yy, double s) : Rectangle(xx, yy, s, s) {}
};
```

2. 定义一个安全的动态的一维整型数组。安全是指在数组操作中会检查下标是否越界。动态是指定义数组时,数组的规模可以是变量或某个表达式的执行结果。在这个类的基础上,派生出一个可指定下标范围的安全的动态一维整型数组。

【解】保存一个动态整型数组需要两个数据成员:指向数组起始地址的指针和数组的规模。安全的动态整型数组 Array 类应该有构造函数、复制构造函数、析构函数及下标运算符重载函数。Array 类的定义及实现如代码清单 12-2。

代码清单 12-2 Array 类的定义及实现

```
class Array {
private:
    int size;
    int * storage;
public:
    Array(int s =1) :size(s) {storage =new int[s]; }
```

```
        Array(const Array &other);
        ~array() {delete [] storage; }
        int &operator[](int index) {
            assert(index >=0 && index <size);
            return storage [index];
        }
};

Array::Array(const Array &other)
{
        size =other.size;
        storage =new int[size];
        for (int i =0; i <size; ++i)
            storage[i] =other.storage[i];
}
```

可指定下标范围的安全的动态的一维整型数组 ArrayAdvanced 类从 Array 类派生。由于 Array 类已经保存了一个动态数组,所以 ArrayAdvanced 类只需保存数组的下标范围 low 和 high 即可。由于动态数组的空间由基类 Array 管理,ArrayAdvanced 类就不再需要析构函数,但需要构造函数。构造函数的参数是下标范围,构造函数将下标范围记录在数据成员 low 和 high 中,根据下标范围计算数组的规模,调用基类的构造函数完成动态数组的初始化。下标运算符重载函数也是借助于基类的下标运算符重载函数完成。作为一个安全的数组,函数首先检查了下标范围的合法性,然后将下标值映射到 0～high－low＋1 的一个值,返回基类中对应的下标变量。完整的定义及实现如代码清单 12-3。

代码清单 12-3   ArrayAdvanced 类的定义及实现

```
class ArrayAdvanced : public Array {
    int low;
    int high;
public:
    ArrayAdvanced(int l =0, int h =0) :Array(h -l +1), low(l), high(h) {}
    int &operator[](int index) {
        assert(index >=low && index <=high);
        Array &data = * this;
        return data[index -low];
    }
};
```

3. 主教材中的例 12.7 中给出了一个图书馆系统中的读者类的设计,在教师读者类和学生读者类中,借书信息使用一个数组表示。试修改这些类,将借书信息用一个单链表表示。

【解】用到单链表时必须定义一个结点类。由于教师读者类和学生读者类的结点中保存的信息是相同的,都是所借书的书号,因此可将结点类定义在基类 reader 中,而且作为保护成员以方便学生读者类和教师读者类的访问。不管是教师读者或学生读者,都必须具备借书、还书和显示所借的所有图书的功能,为此在读者类中还加了 3 个纯虚函数以规范教师读者类和学生读者类的功能。修改后的 reader 类的定义及实现见代码清单 12-4。

代码清单 12-4　reader 类的定义及实现

```
class reader{
    int no;
    char name[10];
    char dept[20];
protected:
    struct Node {
        int record;
        Node * next;
        Node(int d =0, Node * n =NULL) : record(d), next(n) {}
    };

public:
    reader(int n, char * nm, char * d)
    {
        no =n;
        strcpy(name, nm);
        strcpy(dept, d);
    }
    virtual bool bookBorrow(int bookNo) =0;  //借书成功,返回 true,否则返回 false
    virtual bool bookReturn(int bookNo) =0;  //还书成功,返回 true,否则返回 false
    virtual  void show() const =0;
};
```

　　教师读者类需要两个数据成员:已借书的数量 borrowed 和指向单链表的头结点的指针 head。教师读者类还需要一个整个类共享的常量:最大的借书数量。

　　教师读者类的行为有构造、析构、借书、还书和显示借书清单。构造函数调用基类的构造函数构造一个读者,并设已借书数量为 0,单链表是个空表。其中的单链表采用带头结点的单链表。析构函数释放单链表的所有结点。借书操作首先检查借书数量是否达到上限。如果还能借书,则生成一个结点,插入到单链表中。由于在单链表的第一个位置插入是最方便的,于是就将新生成的结点插入在头结点的后面。还书操作遍历整个单链表找保存这本书的结点,删除该结点,已借书数量减 1。显示已借书信息也是遍历整个单链表,显示每个结点的信息。完整的教师读者类的定义及实现如代码清单 12-5。学生读者类的实现与教师读者类基本类似。读者可自己实现。

代码清单 12-5　教师读者类的定义及实现

```
class readerTeacher :public reader{
    enum {MAX =10};                    //最多允许借的数量,是整个类共享的常量
    int borrowed;
```

```
        Node * head;
    public:
        readerTeacher(int n, char * nm, char * d):reader(n, nm, d)
        {
            borrowed =0;
            head =new Node;
        }
        bool bookBorrow(int bookNo);        //借书成功,返回 true,否则返回 false
        bool bookReturn(int bookNo);        //还书成功,返回 true,否则返回 false
        void show() const;                  //显示已借书信息
};


bool readerTeacher::bookBorrow(int bookNo)
{
    if (borrowed ==MAX) return false;
    head->next =new Node(bookNo, head->next);
    ++borrowed;

    return true;
}


bool readerTeacher::bookReturn(int bookNo)
{
    for (Node * p =head; p->next !=NULL; p =p->next)
    if (p->next->record ==bookNo) {
        Node * q =p->next;
        p->next =q->next;
        delete q;
        --borrowed;
        return true;
    }

    return false;
}


//显示已借书信息
void readerTeacher::show() const
{
    for (Node * p =head->next; p !=NULL; p =p->next)
        cout <<p->record <<'\t';
    cout <<endl;
}
```

4. 在第 11 章程序设计题第 2 题实现的 LongLongInt 类的基础上,创建一个带符号的任意长的整数类型 signedInt。该类型支持输入输出、比较操作、加法操作、减法操作、＋＋操作和－－操作。用组合和继承两种方法实现。

【解】首先看一下用组合的方式实现带符号的任意长的整数类型。带符号的任意长的整数类型可以看成有一个符号位和一个无符号整数，因此它的数据成员有两个：保存符号的成员 sign 和保存无符号整数的成员 data。支持的操作有输入输出、比较操作、加法操作、减法操作、＋＋操作和－－操作，输入输出、加减运算和关系运算被重载成友元函数，＋＋、－－被重载成成员函数。一般而言，每个类都必须有一个构造函数。尽管 LongLongInt 类是用一个动态数组保存一个正整数，但这是 LongLongInt 类内部的事情，作为 LongLongInt 类的用户不用考虑，因此 signedInt 类不需要析构函数。用组合方式实现的 signedInt 类的定义如代码清单 12-6。

代码清单 12-6　用组合方式实现的 signedInt 类的定义

```
class signedInt {
    friend ostream &operator<<(ostream &os, const signedInt &obj);
    friend istream &operator>>(istream &is, signedInt &obj);
    friend signedInt operator+(const signedInt &d1, const signedInt &d2);
    friend signedInt operator-(const signedInt &d1, const signedInt &d2);
    friend bool operator==(const signedInt &d1, const signedInt &d2);
    friend bool operator!=(const signedInt &d1, const signedInt &d2);
    friend bool operator>(const signedInt &d1, const signedInt &d2);
    friend bool operator>=(const signedInt &d1, const signedInt &d2);
    friend bool operator<(const signedInt &d1, const signedInt &d2);
    friend bool operator<=(const signedInt &d1, const signedInt &d2);
private:
    char sign;
    LongLongInt data;

public:
    signedInt(const char * n ="");
    signedInt &operator++();
    signedInt operator++(int t);
    signedInt &operator--();
    signedInt operator--(int t);
};
```

构造函数的参数是一个用字符串形式保存的整数。构造函数首先检查参数是否是空字符串。空字符串表示 0，则将 sign 设为'＋'，data 设为 0。如果为非空字符串，检查第一个字符。当第一个字符为'+'或'-'时，用第一个字符设置 sign，否则设置 sign 为'＋'；用余下的字符串设置 data。完整的实现如代码清单 12-7。

代码清单 12-7　signedInt 类的构造函数的实现

```
signedInt::signedInt(const char * n)
{
```

```
    if (strcmp(n, "") ==0) {              //0 总认为是+0
        sign ='+';
        data =LongLongInt("");
    }
    else if (n[0] =='+' ‖ n[0] =='-') {
        sign =n[0];
        data =LongLongInt(++n);
    }
    else {                                //第一个字符不是'+'或'-',则认为是正数
        sign ='+';
        data =LongLongInt(n);
    }
}
```

如果当前对象是正整数,++操作就是将绝对值加 1;如果当前对象是负整数,++操作就是将绝对值减 1。而在 LongLongInt 类中已经重载了加法操作和减法操作,绝对值可以直接进行加减运算。--操作也是如此。++和--重载函数的实现如代码清单 12-8。

代码清单 12-8   ++和--重载函数的实现

```
signedInt &signedInt::operator++()       //前缀++
{
    if (sign =='+') data =data +"1";
    else {
        data =data -"1";
        if (data =="0") sign ='+';        //减到 0 时修改符号
    }
    return * this;
}


signedInt signedInt::operator++(int t)    //后缀++
{
    signedInt result = * this;
    if (sign =='+') data =data +"1";
    else {
        data =data -"1";
        if (data =="0") sign ='+';        //减到 0 时修改符号
    }
    return result;
}


signedInt &signedInt::operator--()       //前缀--
{
    if (sign =='-') data =data +"1";
```

```
    else if (data =="0") {                    //初值 0 的情况
            sign = '-';
            data ="1";
        }
        else    data =data - "1";
    return * this;
}

signedInt signedInt::operator-- (int t)    //后缀--
{
    signedInt result = * this;
    if (sign == '-') data =data + "1";
    else if (data =="0") {                    //初值 0 的情况
            sign = '-';
            data ="1";
        }
        else    data =data - "1";
    return result;
}
```

输出一个 signedInt 类的对象就是输出 sign 和 data。由于 LongLongInt 类重载了输出，所以 data 可以直接用"<<"输出。

由于 LongLongInt 类没有重载输入，signedInt 类的输入就比较麻烦。由于写输入重载函数时并不知道用户输入的数字有多长，无法为这些输入的数字准备存储空间。于是程序采用了块状链表暂存输入的数字（在第 11 章的程序设计题第 4 题中也用了块状链表），然后根据输入数字的实际长度申请一个字符数组 tmp，将块状链表中的数据复制到 tmp。用 tmp 设置对象 obj。当然也可以采用数组暂存，在输入过程中逐步扩大数组的空间。

输入输出重载的实现如代码清单 12-9。

代码清单 12-9　输入输出重载的实现

```
ostream &operator<<(ostream &os, const signedInt &obj)
{
    os <<obj.sign <<obj.data;
    return os;
}

istream &operator>>(istream &is, signedInt &obj)
{
    struct Node {
        char ch[10];
        Node * next;
    };
```

```
        Node * head, * tail, * p;
        int len = 0, i;                             //len 是输入的整数长度

        head = tail = new Node;
        while ((tail->ch[len % 10] = is.get()) != '\n') { //输入到块状链表
            ++len;
            if (len % 10 == 0) {
                tail->next = new Node;
                tail = tail->next;
            }
        }

        char * tmp = new char[len + 1];
        for (i = 0; i < len; ++i) {                   //将块状链表的数据复制到 tmp
            tmp[i] = head->ch[i % 10];
            if (i % 10 == 9) {
                p = head;
                head = head->next;
                delete p;
            }
        }
        delete head;
        tmp[len] = '\0';

        obj = signedInt(tmp);
        delete tmp;
        return is;
    }
```

由于 LongLongInt 类重载了加减运算和关系运算,signedInt 类的加减运算就很简单。以加法运算为例,首先比较两个加数的符号。如果符号相同,运算结果是这两个加数的绝对值相加,符号不变。如果符号相反,继续比较两个绝对值是否相等。如果相等,结果为 0;如果不等,再继续比较两个数的绝对值大小,将大的绝对值减去小的绝对值,运算结果的符号与绝对值大的运算数相同。

由于 $a-b$ 等于 $a+(-b)$,所以-重载可以先将 d2 的符号取反,然后执行两个数的加法。+和-重载如代码清单 12-10。

代码清单 12-10   +、-重载的实现

```
signedInt operator+(const signedInt &d1, const signedInt &d2)
{
    signedInt result;
    if (d1.sign == d2.sign) {                //运算数符号相同
        result.sign = d1.sign;
        result.data = d1.data + d2.data;
```

```
    }
    else if (d1.data ==d2.data) {      //运算数符号相反,绝对值相同
        result.sign ='+';
        result.data ="";
    }
    else if (d1.data >d2.data) {       //运算数符号相反,d1 的绝对值大于 d2 的绝对值
            result.sign =d1.sign;
            result.data =d1.data -d2.data;
        }
        else {                         //运算数符号相反,d1 的绝对值小于 d2 的绝对值
            result.sign =d2.sign;
            result.data =d2.data -d1.data;
        }
    return result;
}


signedInt operator-(const signedInt &d1, const signedInt &d2)
{
    signedInt tmp =d2;

    if (tmp.sign =='+') tmp.sign ='-'; else tmp.sign ='+';
    return d1 +tmp;
}
```

signedInt 类的关系运算可以借助于 LongLongInt 类的关系运算实现。两个 signedInt 类的对象相等就是符号相等并且绝对值也相等。不等于与等于的处理结果正好相反。大于操作首先比较两个数的符号。如果 d1 是正数,d2 是负数,d1 > d2 为 true。如果 d1 是负数,d2 是正数,d1 > d2 为 false。如果符号相同且都为正数,比较绝对值,绝对值大者为大;如果符号相同且都为负数,比较绝对值,绝对值小者为大。其他几个函数的实现也都类似。完整的实现如代码清单 12-11。

代码清单 12-11　关系运算符重载的实现

```
bool operator==(const signedInt &d1, const signedInt &d2)
{
    return d1.sign ==d2.sign && d1.data ==d2.data ;
}


bool operator!=(const signedInt &d1, const signedInt &d2)
{
    return d1.sign !=d2.sign ‖ d1.data !=d2.data ;
}


bool operator>(const signedInt &d1, const signedInt &d2)
{
```

```
        if (d1.sign =='+' && d2.sign =='-' ) return true;
        if (d1.sign =='-' && d2.sign =='+' ) return false;
        if (d1.sign =='+') return d1.data >d2.data;
        else return d1.data <d2.data;
    }

    bool operator>=(const signedInt &d1, const signedInt &d2)
    {
        if (d1.sign =='+' && d2.sign =='-' ) return true;
        if (d1.sign =='-' && d2.sign =='+' ) return false;
        if (d1.sign =='+') return d1.data >=d2.data;
        else return d1.data <=d2.data;
    }

    bool operator<(const signedInt &d1, const signedInt &d2)
    {
        return !(d1 >=d2);
    }

    bool operator<=(const signedInt &d1, const signedInt &d2)
    {
        return !(d1 >d2);
    }
```

按照继承的观点,带符号的任意长的整数类型可以在一个无符号整数的基础上扩展一个符号位,因此派生类新添加一个数据成员:保存符号的成员 sign。signedInt 类支持的操作有输入输出、比较操作、加法操作、减法操作、十十操作和一一操作,输入输出、加减运算和关系运算被重载成友元函数,十十、一一被重载成成员函数。由于 signedInt 类没有增加指针类型的数据成员,也没有用动态变量,因此不需要析构函数。用继承方式实现的 signedInt 类的定义如代码清单 12-12。

代码清单 12-12   用继承方式定义的 signedInt 类

```
class signedInt :public LongLongInt {
    friend ostream &operator<<(ostream &os, const signedInt &obj);
    friend istream &operator>>(istream &is, signedInt &obj);
    friend signedInt operator+(const signedInt &d1, const signedInt &d2);
    friend signedInt operator-(const signedInt &d1, const signedInt &d2);
    friend bool operator==(const signedInt &d1, const signedInt &d2);
    friend bool operator!=(const signedInt &d1, const signedInt &d2);
    friend bool operator>(const signedInt &d1, const signedInt &d2);
    friend bool operator>=(const signedInt &d1, const signedInt &d2);
    friend bool operator<(const signedInt &d1, const signedInt &d2);
    friend bool operator<=(const signedInt &d1, const signedInt &d2);
private:
```

```
        char sign;

public:
    signedInt(const char * n ="");
    signedInt &operator++();
    signedInt operator++(int t);
    signedInt &operator--();
    signedInt operator--(int t);
};
```

构造函数的参数是一个用字符串形式保存的整数。构造一个 signedInt 类的对象包括构造一个基类对象以及对派生类新增加的成员进行初始化。基类对象的构造一般是在构造函数的初始化列表中调用基类的构造函数完成，但本例有些例外。由于传入的参数字符串中的第一个字符可能是正号或负号，也可能不是。如果第一个字符是正号或负号，应该用第二个字符开始的字符串构造基类对象，但如果第一个符号不是正号或负号，应该用第一个字符开始的字符串构造基类对象。因而无法直接在初始化列表中构造基类部分。本例的构造函数中定义了一个基类对象的引用 data，让它引用当前对象，即 data 是当前对象中的基类部分的别名。然后在构造函数中为 sign 赋值，为 data 赋值。完整的实现如代码清单 12-13。

代码清单 12-13　构造函数的实现

```
signedInt::signedInt(const char * n)
{
    LongLongInt &data = * this;

    if (strcmp(n, "") ==0) {
        sign ='+';
        data =LongLongInt("");
    }
    else if (n[0] =='+' ‖ n[0] =='-') {
        sign =n[0];
        data =LongLongInt(n+1);
    }
    else {
        sign ='+';
        data =LongLongInt(n);
    }
}
```

如果当前对象是正整数，＋＋操作是将绝对值加 1；如果当前对象是负整数，＋＋操作是将绝对值减 1。而在 LongLongInt 类中已经重载了加减操作，绝对值可以直接进行加减运算。－－操作也可以如此分析。于是就将＋＋和－－的操作转换成对派生类中的基类部分进行＋＋和－－。为了能对派生类中的基类部分进行操作，函数定义了一个基类对象的引用,让它引用所操作对象的基类部分。＋＋和－－重载函数的实现如代码清单 12-14。

代码清单 12-14　＋＋、－－重载函数的实现

```cpp
signedInt &signedInt::operator++()
{
    LongLongInt &data = * this;

    if (sign =='+') data =data +"1";
    else {
        data =data -"1";
        if (data =="0") sign ='+';
    }
    return * this;
}


signedInt signedInt::operator++(int t)
{
    signedInt result = * this;
    LongLongInt &data = * this;

    if (sign =='+') data =data +"1";
    else {
        data =data -"1";
        if (data =="0") sign ='+';
    }
    return result;
}


signedInt &signedInt::operator--()
{
    LongLongInt &data = * this;

    if (sign =='-') data =data +"1";
    else if (data =="0") {
        sign ='-';
        data ="1";
    }
    else data =data -"1";
    return * this;
}


signedInt signedInt::operator--(int t)
{
```

```
    signedInt result = * this;
    LongLongInt &data = * this;

    if (sign == '-') data = data + "1";
    else if (data == "0") {
            sign = '-';
            data = "1";
        }
        else data = data - "1";
    return result;
}
```

输出一个 signedInt 类的对象是输出符号和绝对值, 符号可以直接输出。由于
LongLongInt 类重载了输出, 绝对值也可以直接用 "<<" 输出。

与组合实现类似, 由于 LongLongInt 类没有重载输入, signedInt 类的输入就比较麻
烦。函数还是采用了块状链表暂存输入的数字, 然后根据输入数字的实际长度申请一个
字符数组 tmp, 将块状链表中的数据复制到 tmp。用 tmp 设置对象 obj。输入输出重载的
实现如代码清单 12-15。

代码清单 12-15　输入输出重载的实现

```
ostream &operator<< (ostream &os, const signedInt &obj)
{
    os << obj.sign << LongLongInt(obj);
    return os;
}

istream &operator>> (istream &is, signedInt &obj)
{
    struct Node {
        char ch[10];
        Node * next;
    };

    Node * head, * tail, * p;
    int len = 0, i;

    head = tail = new Node;
    while ((tail->ch[len % 10] = is.get()) != '\n') {
        ++len;
        if (len % 10 == 0) {
            tail->next = new Node;
            tail = tail->next;
        }
    }
```

```
char * tmp = new char[len +1];
for (i = 0; i < len; ++i) {
    tmp[i] = head->ch[i %10];
    if (i %10 == 9) {
        p = head;
        head = head->next;
        delete p;
    }
}
delete head;
tmp[len] = '\0';

obj = signedInt(tmp);
delete tmp;
return is;
}
```

signedInt 类的＋、－重载与组合的方法类似。＋和－重载的实现如代码清单 12-16。

代码清单 12-16　＋、－重载的实现

```
signedInt operator+ (const signedInt &d1, const signedInt &d2)
{
    signedInt result;
    LongLongInt &data = result;

    if (d1.sign == d2.sign) {
        result.sign = d1.sign;
        data = LongLongInt(d1) + LongLongInt(d2);
    }
    else if (LongLongInt(d1) == LongLongInt(d2)) {
        result.sign = '+';
        data = "";
    }
    else if (LongLongInt(d1) > LongLongInt(d2)) {
        result.sign = d1.sign;
        data = LongLongInt(d1) - LongLongInt(d2);
    }
    else {
        result.sign = d2.sign;
        data = LongLongInt(d2) - LongLongInt(d1);
    }
    return result;
}
```

```
signedInt operator- (const signedInt &d1, const signedInt &d2)
{
    signedInt tmp =d2;

    if (tmp.sign =='+') tmp.sign ='-'; else tmp.sign ='+';
    return d1 +tmp;
}
```

关系运算的实现思想也与组合实现类似，如代码清单 12-17。

代码清单 12-17　关系运算符重载的实现

```
bool operator==(const signedInt &d1, const signedInt &d2)
{
    return d1.sign ==d2.sign && LongLongInt(d2) ==LongLongInt(d1) ;
}

bool operator!=(const signedInt &d1, const signedInt &d2)
{
    return d1.sign !=d2.sign ‖ LongLongInt(d2) !=LongLongInt(d1);
}

bool operator>(const signedInt &d1, const signedInt &d2)
{
    if (d1.sign =='+' && d2.sign =='-' ) return true;
    if (d1.sign =='-' && d2.sign =='+' ) return false;
    if (d1.sign =='+') return LongLongInt(d1) >LongLongInt(d2);
    else return LongLongInt(d1) <LongLongInt(d2);
}

bool operator>=(const signedInt &d1, const signedInt &d2)
{
    if (d1.sign =='+' && d2.sign =='-' ) return true;
    if (d1.sign =='-' && d2.sign =='+' ) return false;
    if (d1.sign =='+') return LongLongInt(d1) >=LongLongInt(d2);
    else return LongLongInt(d1) <=LongLongInt(d2);
}

bool operator<(const signedInt &d1, const signedInt &d2)
{
    return !(d1 >=d2);
}

bool operator<=(const signedInt &d1, const signedInt &d2)
{
    return !(d1 >d2);
```

```
}
```

5. 在第 11 章程序设计题第 5 题定义的安全的、动态的二维数组 Matrix 的基础上派生一个可指定下标范围的安全的、动态的二维数组 MatrixAdvanced。

【解】由于下标范围是可指定的，因此该数组需要保存下标范围。MatrixAdvanced 在 Matrix 的基础上增加了 4 个数据成员：rowLow、rowHigh、colLow 和 colHigh，分别表示行和列的下标范围。作为一个数组 MatrixAdvanced 类最重要的操作是访问某个下标变量，与 Matrix 一样，这个操作还是被重载成了函数调用运算符。每个类应该有构造函数，MatrixAdvanced 也不例外。但由于没有新增任何与动态变量或指针有关的数据成员，所以不需要析构函数和复制构造函数。

构造 MatrixAdvanced 类对象时需要给出行列的下标范围。构造函数用这些值初始化新增的数据成员，并根据下标范围计算二维数组的行数和列数，将行数和列数传给基类的构造函数构造一个基类对象。

函数调用运算符重载函数实现了访问某个下标变量的功能。由于下标变量可以作为左值，所以函数的返回类型是 double &。访问某个下标变量需要将下标值映射到从 0 开始的一个值，然后调用基类的函数调用运算符重载函数访问对应的下标变量。由于基类的函数调用运算符会检查下标的合法性，所以 MatrixAdvanced 类也是安全的。

完整的 MatrixAdvanced 类的定义及实现如代码清单 12-18。

代码清单 12-18　MatrixAdvanced 类的定义及实现

```cpp
class MatrixAdvanced :  public Matrix {
private:
    int rowLow;
    int rowHigh;
    int colLow;
    int colHigh;
public:
    MatrixAdvanced(int rl, int rh, int cl, int ch)
        : Matrix(rh -rl +1, ch -cl +1), rowLow(rl), rowHigh(rh),
        colLow(cl), colHigh(ch) {}
    double &operator()(int r, int c)
    {return Matrix::operator()(r -rowLow, c -colLow); }
};
```

6. 在本章程序设计题第 2 题定义的安全的动态的一维整型数组 Array 的基础上，用组合的方式定义一个安全的动态的二维整型数组。

【解】二维数组可以看成是一维数组的数组。保存一个二维数组可以用一个指针数组，数组的每个元素指向一个一维数组。所以 Matrix 类有 3 个数据成员：行数 row、列数 col 和指向数组 Array 起始地址的指针 storage。所需的成员函数有构造函数、析构函数。与本章程序设计题第 5 题类似，下标变量的访问被重载成函数调用运算符。

构造函数首先根据二维数组的行数申请一个指向 Array 类的指针数组，然后为每一行申请一个 Array 类的对象。析构函数释放所有的动态空间。先释放每一行的 Array 对象,然后释放指针数组的空间。

函数调用运算符重载用于访问二维数组的元素,它的两个参数 r 和 c 是元素的行号和列号。由于下标变量是左值,所以函数的返回类型是引用类型。函数首先检查行列号的合法性,然后返回第 r 个 Array 类对象中的第 c 个元素。

完整的 Matrix 类的定义及实现如代码清单 12-19。

代码清单 12-19　Matrix 类的定义及实现

```
class Matrix {
    int row;
    int col;
    Array **storage;
public:
    Matrix(int r, int c);
    ~Matrix() ;
    int &operator()(int r, int c);
};

Matrix::Matrix(int r, int c): row(r), col(c)
{
    storage =new Array * [row];
    for (int i =0; i <row; ++i)
        storage[i] =new Array(col);
}

Matrix::~Matrix()
{
    for (int i =0; i <row; ++i)
        delete storage[i];

    delete [] storage;
}

int &Matrix::operator()(int r, int c)
{
    assert(r >=0 && r <row);
    return (* storage[r])[c];
}
```

7. 利用本章程序设计题第 3 题中实现的读者类、教师读者类和学生读者类完成一个简单的图书馆管理系统。该图书馆最多有 20 个读者。实现的功能:添加一个读者(可以是教师读者,也可以是学生读者)、借书、还书和输出所有读者各借了些什么书。

【解】一个图书馆系统可以看成图书馆类的一个对象,为此可以先设计一个图书馆类。按照题意,图书馆包含一组读者(可以是教师读者,也可以是学生读者),图书馆类中用了一个基类的指针数组来表示。图书馆的功能:添加一个读者、借书、还书和输出所有读者各借了些什么书,每个功能被设计成一个成员函数。图书馆类的定义如代码清单 12-20。

代码清单 12-20　图书馆类的定义

```cpp
class library {
    enum { MAX = 20 };                    //读者数上限
    reader * record[MAX];
    int noOfReader;
public:
    library() : noOfReader(0) {}
    void AddReader();
    void Borrow();
    void Return();
    void Show();
};
```

AddReader 函数首先检查读者数是否以达到 20,如果没有达到 20,则添加一个读者。用户可以输入读者类别、姓名和部门。然后根据读者类别申请一个动态的学生读者对象或教师读者对象,将对象地址存入数组 record。完整的函数实现如代码清单 12-21。

代码清单 12-21　添加读者函数的实现

```cpp
void library::AddReader()
{
    char type;
    char name[10], dept[20];

    if (noOfReader == MAX) {
        cout <<"不能添加读者,读者数已到上限" <<endl;
        return;
    }
    cout <<"请输入读者类别(t——教师, s——学生):";
    cin >>type;
    cout <<"请输入读者的姓名和部门:";
    cin >>name >>dept;
    if (type == 's')
        record[noOfReader] = new readerStudent(noOfReader, name, dept);
    else
        record[noOfReader] = new readerTeacher(noOfReader, name, dept);
    ++noOfReader;
    cout<<"添加读者成功!" <<endl;
}
```

借书需要输入读者号和所借的书号。根据读者号在 record 数组中找到该读者对象的地址,对该对象调用 bookBorrow 函数。由多态性可知,当该读者是教师读者时调用的是教师读者类的 bookBorrow,当该读者是学生读者时调用的是学生读者类的

bookBorrow。还书功能也是如此。显示借书清单对每个读者调用 show 函数显示各自所借的书目。借书、还书、显示所借书目函数的实现如代码清单 12-22 所示。

代码清单 12-22　借书、还书、显示所借书目函数的实现

```
void library::Borrow()
{
    int readerNo, bookNo;

    cout <<"请输入读者编号:";
    cin >>readerNo;

    if (readerNo <0 || readerNo >=noOfReader) {
        cout <<"非法的读者编号!" <<endl;
        return;
    }
    cout <<"请输入所借的书号:";
    cin >>bookNo;
    if (record[readerNo]->bookBorrow(bookNo))
        cout <<"借书成功!" <<endl;
    else cout <<"此读者所借的书已达上限,不能再借!" <<endl;
}

void library::Return()
{
    int readerNo, bookNo;

    cout <<"请输入读者编号:";
    cin >>readerNo;

    if (readerNo <0 || readerNo >=noOfReader) {
        cout <<"非法的读者编号!" <<endl;
        return;
    }
    cout <<"请输入所还的书号:";
    cin >>bookNo;
    if (record[readerNo]->bookReturn(bookNo))
        cout <<"还书成功!"<<endl;
    else cout <<"此读者没借过这本书,不能还!" <<  endl;
}

void library::Show()
{
    for (int i=0; i <noOfReader; ++i) {
        cout <<"读者" <<i <<"所借的书有:";
```

```
            record[i]->show();
        }
    }
```

有了上述工具,实现图书馆管理系统只需定义一个图书馆类的对象 obj,然后显示菜单,根据用户的选择调用 obj 的各项功能。图书馆系统的实现如代码清单 12-23。

代码清单 12-23   图书馆系统的实现

```
int main()
{
    int selector;
    library obj;

    while (true) {
        cout <<"0 ——退出" <<endl;
        cout <<"1 ——添加读者" <<endl;
        cout <<"2 ——借书" <<endl;
        cout <<"3 ——还书" <<endl;
        cout <<"4 ——显示借书记录" <<endl;

        cout <<"请选择:";
        cin >>selector;

        switch (selector) {
            case 0: return 0;
            case 1: obj.AddReader(); break;
            case 2: obj.Borrow(); break;
            case 3: obj.Return(); break;
            case 4: obj.Show();
        }
    }
    return 0;
}
```

8. 定义一个银行的基本账户类。在基本账户类的基础上派生出 1 年期定期账户、2 年期定期账户、3 年期定期账户和 5 年期定期账户。定义一个 n 个基类指针组成的数组,随机生成 n 个各类派生类的对象。让每个指针指向一个派生类的对象。这些对象可以是 1 年期定期账户、2 年期定期账户、3 年期定期账户,也可以是 5 年期定期账户。输出每个账户到期的利息。

【解】每个银行账户都必须包含账号、账户名、开户日期和账户余额,因此基本账户类有 4 个数据成员。由于基本账户类是专门用来作为其他账户类的基类,为了方便其他账户类的操作,将这些数据成员都设为保护成员。基本账户类只需要一个构造的功能,但为了规范派生类的功能以及实现多态性,设计了一个纯虚函数 show,强制每类账户都要有一个显示账户信息的功能。基本账户类的定义及实现见代码清单 12-24。

代码清单 12-24　基本账户类的定义及实现

```
class account{
protected:
    int no;
    char name[10];
    char date[7];
    double balance;
public:
    account(int n, char * nm, char * d, double b);
    virtual void show() const = 0;
};

account::account(int n, char * nm, char * d, double b):no(n), balance(b)
{
    strcpy(name, nm);
    strcpy(date, d);
}
```

除了 1 年期定期存款利率以外, 1 年期账户所需的信息都包含在基类中。而 1 年期定期存款利率是所有 1 年期账户对象所共享的信息,所以是静态数据成员。1 年期定期账户的对象所需的功能有显示账户信息及到期利率,另外还需要一个设置利率的静态成员函数 setRate。2 年期定期账户、3 年期定期账户和 5 年期定期账户的设计基本类似。这些类的定义及实现如代码清单 12-25。

代码清单 12-25　1 年期账户、2 年期定期账户、3 年期定期账户和 5 年期定期账户的定义及实现

```
class account1Year : public account {
    static double rate;
public:
    account1Year(int n, char * nm, char * d, double b):account(n, nm,d, b) {}
    void show() const
    {
        cout << setw(10) << no << setw(15) << name << setw(10) << balance << setw(10)
            << rate << setw(10) << balance * rate << endl;
    }
    static void setRate(double r) {rate = r; }
};

class account2Year : public account {
    static double rate;
public:
    account2Year(int n, char * nm, char * d, double b):account(n, nm,d, b) {}
    void show() const
```

```
        {
            cout <<setw(10) <<no <<setw(15) <<name <<setw(10) <<balance <<setw(10)
                <<rate <<setw(10) <<balance * rate * 2 <<endl;
        }
        static void setRate(double r) {rate =r; }
    };


class account3Year : public account {
    static double rate;
public:
    account3Year(int n, char * nm, char * d, double b):account(n, nm,d, b) {}
    void show() const
    {
        cout <<setw(10) <<no <<setw(15) <<name <<setw(10) <<balance <<setw(10)
            <<rate <<setw(10) <<balance * rate * 3 <<endl;
    }
    static void setRate(double r) {rate =r; }
};


class account5Year : public account {
    static double rate;
public:
    account5Year(int n, char * nm, char * d, double b):account(n, nm,d, b) {}
    void show() const
    {
        cout <<setw(10) <<no <<setw(15) <<name <<setw(10) <<balance <<setw(10)
            <<rate <<setw(10) <<balance * rate * 5 <<endl;
    }
    static void setRate(double r) {rate =r; }
};
```

按照题意,首先,系统可以保存一组账户,假设为 30 个,程序中的 * data 就是用于保存指向这组对象的指针。然后,随机生成 30 个账户。对于每个账户,先生成账户类别以及存入金额,用 0~3 分别表示 1 年期定期账户、2 年期定期账户、3 年期定期账户和 5 年期定期账户,然后根据账户类别生成不同的账户对象,将地址存入数组 data。最后,输出每个账户的到期利息。完整的代码如代码清单 12-26。

代码清单 12-26　银行系统的主程序

```
double account1Year::rate =0;
double account2Year::rate =0;
double account3Year::rate =0;
double account5Year::rate =0;

int main()
```

```
{
    account1Year::setRate(0.01);
    account2Year::setRate(0.02);
    account3Year::setRate(0.03);
    account5Year::setRate(0.04);

    account * data[30];
    int type;
    char date[7] ="051118";               //假设开户日期都是 2018 年 11 月 5 日
    char name[10] ="aaaaaaaaa";
    double deposit;

    srand(time(NULL));
    for (int i =0; i <30; ++i) {
        type =rand() %4;                  //生成不同的账户类型
        ++name[type];                     //生成不同的账户名称
        deposit =rand() / 100.0;          //生成存入的金额,以元为单位
        switch (type) {
            case 0: data[i] =new account1Year(i, name, date, deposit); break;
            case 1: data[i] =new account2Year(i, name, date, deposit); break;
            case 2: data[i] =new account3Year(i, name, date, deposit); break;
            case 3: data[i] =new account5Year(i, name, date, deposit);
        }
    }

    for ( i =0; i <30; ++i) {
        data[i]->show();
        delete data[i];
    }
    return 0;
}
```

9. 圆是一类特殊的椭圆。试设计一个椭圆类,在椭圆类的基础上派生一个圆形类。需要的功能有计算面积和周长。

【解】椭圆可以用两个参数描述:长半径 a 和短半径 b。椭圆类的数据成员就是 a 和 b。成员函数有构造函数、计算面积和计算周长的函数。椭圆面积的计算公式是 πab。椭圆周长的计算公式是 $2\pi b + 4(a-b)$。椭圆类的定义及实现如代码清单 12-27。

代码清单 12-27　椭圆类的定义及实现

```
class ellipse
{
    double a;
    double b;
    static const double PI ;
```

```
public:
    ellipse(double a1 = 0, double a2 = 0): a(a1), b(a2)    { }
    double area() const {return  PI * a * b;}
    double circum() const { return 2 * PI * b + 4 * (a - b); }
};
```

为了便于修改计算精度,ellipse 类将 π 定义成了静态常量数据成员。如果静态常量数据成员的类型是整型,可以在类型定义中直接指定初值。如果是非整型,则必须和普通的静态数据成员一样在类外初始化。也就是说在实现文件中加上定义

```
const double ellipse::PI = 3.14;
```

圆是长轴和短轴相等的椭圆。椭圆面积和周长的计算公式中的 *a* 和 *b* 相同时就变成了圆面积和周长的计算公式。当圆类从椭圆类继承时,不需要增加数据成员,也不必增加面积和周长的计算函数,都可以重用椭圆类中的函数。圆类只需要增加一个构造函数。圆类的定义如代码清单 12-28。

代码清单 12-28　椭圆类的定义及实现

```
class circle:public ellipse
{
public:
    circle(double r = 0): ellipse(r, r) {}
};
```

圆类的构造函数需要一个表示圆半径的参数。构造函数在调用基类的构造函数时,将半径分别传给了基类的数据成员 *a* 和 *b*。

12.3　进一步拓展

12.3.1　避免随意地继承

继承可以使派生类重用基类的代码,但不要为了重用代码将一个独立类作为基类。在 C++ 中,定义基类时需要做一些特定的工作。例如,基类的析构函数一般要定义成虚函数以防止内存泄漏,基类的某些数据成员需要被定义成保护成员,以提高派生类访问这些成员的效率。继承结构需要在系统设计时进行专门设计。

12.3.2　多态性与 switch 语句

处理不同类型对象的手段之一是采用多分支 switch 语句,第 3 章程序设计题中的薪水计算程序中有 3 类不同的工资:计时工资、计件工资和固定月工资,程序中的 switch 语句区分 3 种类型,并进行不同的计算。

但是用 switch 语句有很多问题。例如,程序员可能遗漏了某种类型,或系统中增加了某些新的工资类型(如拿佣金等)时,程序员在修改程序时可能忘记在某些 switch 中加入这个新类型,而且每增加一个新类型需要修改程序中每一个 switch 语句。

　　有了多态性就可以避免这些问题。对工资程序而言,可以定义一个称为雇员的基类,基类中有一个计算工资的虚函数。处理各类人员的类都从雇员类继承,每个类中都重新定义了计算工资的函数。所有人员在系统中都保存为一个基类指针。计算所有人员的工资时,只需遍历所有指针。对每个指针,调用它指向的计算薪水的函数。由多态性可知,每类人员都执行了自己类的薪水计算函数。当系统中增加一个新的薪水计算类型时,只需从雇员类中再派生一个新类,在新类中定义一个相应的计算薪水的函数,主程序就不用变化了。

泛型机制——模板

13.1 知识点回顾

在面向对象的程序设计中,程序中变量的类型可以是一个可变的参数。当参数取不同值时形成不同的程序。这种程序设计的机制称为泛型程序设计。C++提供了两种泛型程序设计的工具:类模板和函数模板。

13.1.1 类模板的定义

类模板的定义格式如下:

```
template <模板的形式参数表>
class 类名{…};
```

类模板的定义以关键字 template 开头,后接模板的形式参数表。模板的形式参数之间用逗号分隔。绝大多数的模板的形式参数是表示类型的类型形参,但也可以是表示常量表达式的非类型形参。非类型形参与函数的形式参数的表示方法相同,类型形参用关键字 class 或 typename 表示。

类模板的成员函数都是形式参数与类模板相同的函数模板,它们的定义具有如下形式。

(1) 必须以关键字 template 开头,后接类模板的形式参数表,即把类的成员函数定义为函数模板。

(2) 必须用作用域限定符":: "说明它是哪个类的成员函数。

(3) 类名必须包含其模板的形式参数名,即

```
类名<形式参数 1,形式参数 2,……>
```

13.1.2 类模板的实例化

类模板只是一个设计蓝图,并不是一个真正可以运行的程序,因为其中包含了类型尚未确定的变量。要使用类模板,必须将其变成一个真正的类。编译器从类模板生成一个特定类的过程称为模板的实例化。类模板对象的定义格式如下:

　　类模板名<模板的实际参数表>　对象表;

实例化时,编译器首先将模板的实际参数值代入类模板,生成一个可真正使用的类,然后定义这个类的对象。

　　在模板实例化时,类型参数用一个系统内置类型的名字或一个用户已定义类的名字作为实际参数,而非类型参数用一个常量表达式作为实际参数。非类型模板参数的实际参数必须是编译时的常量。

13.1.3　类模板的友元

　　类模板可以声明下面两种友元。

　　(1) 普通友元:声明某个普通类或全局函数为所定义类模板的友元。

　　(2) 模板的特定实例的友元:声明某个类模板或函数模板的特定实例是所定义类模板的友元。

　　定义普通类或全局函数为所定义类模板的友元的声明格式如下:

```
template <class type>
class A {
    friend class B;
    friend void f();
       ⋮
};
```

　　该定义声明了类 B 和全局函数 f 是类模板 A 的友元。这意味着类 B 和函数 f 是类模板 A 所有的实例的友元。B 的所有的成员函数和全局函数 f 可以访问类模板 A 的所有实例的私有成员。

　　也可以声明某个类模板或函数模板的特定实例为友元。例如,定义

```
template <class T>class B;                    //类模板的声明
template <class T>void f(const T &);          //函数模板的声明
template <class type>
class A {
    friend class B <int>;
    friend void f (const int &);
       ⋮
};
```

　　将类模板 B 的一个实例,即模板的实际参数为 int 时的那个实例,作为类模板 A 的所有实例的友元;将函数模板 f 对应于模板的实际参数为 int 的实例作为类模板 A 的所有实例的友元。

　　下面形式的友元声明更为常见:

```
template <class T>class B;                    //类模板的声明
template <class T>void f(const T &);          //函数模板的声明
template <class type>
```

```
class A {
    friend class B <type>;
    friend void f (const type &);                    //或 friend void f< type>
(const type &);
        ⋮
};
```

这些友元声明说明了使用某一模板的实际参数的类模板 B 和函数模板 f 的实例是使用同一模板的实际参数的类模板 A 的特定实例的友元。例如,类模板 B 的模板的实际参数为 int 的实例是类模板 A 的模板的实际参数为 int 的实例的友元,类模板 B 的模板的实际参数为 double 的实例是类模板 A 的模板的实际参数为 double 的实例的友元,而类模板 B 的模板的实际参数为 int 的实例不是类模板 A 的模板的实际参数为 double 的实例的友元。

类模板可以作为继承关系中的基类。所以,从该基类派生出来的派生类还是一个类模板,而且是一个功能更强的类模板。

类模板的继承和普通的继承方法基本类似。只是在涉及基类时,类模板的继承都必须带上模板的形式参数。

13.2 习题解答

13.2.1 简答题

1. 什么是类模板的实例化?

【解】类模板只是个设计图纸,不是一个真正的可以运行的类。要使类模板变成一个真正的类,必须用真正的类型名或常量替换类模板的形式参数。这个过程称为类模板的实例化。实例化后,类模板成为一个真正的类,可以定义这个类的对象。

2. 为什么要定义类模板? 定义类模板有什么好处?

【解】有了类模板,可以将一组功能类似、存储方式也类似的类定义成一个类模板,可以进一步减少程序员的工作量。

3. 同样是模板,为什么函数模板的使用与普通的函数完全一样,而类模板在使用时还必须被实例化?

【解】函数模板和类模板都必须实例化后才能使用。

在函数模板中,模板的形式参数一般都会出现在函数形式参数表中。当函数调用时,编译器可以根据函数实际参数的类型确定模板的实际参数值,然后对函数模板进行实例化。函数模板的实例化过程是隐式的,使用函数模板的程序员无须参与这个过程。

对类模板而言,在定义类模板的对象时,无法确定模板形式参数对应的实际参数值,因此只能显式地指出模板实际参数的值。

4. 什么时候需要用到类模板的声明? 为什么?

【解】一般来说,当定义一个类模板是另一个类模板的友元时需要用到类模板的声明。当类模板 A 声明类模板 B 是它的友元时,编译器必须知道有这样的一个类模板 B 存在。如果类模板 B 的定义出现在类模板 A 的定义前面,则没有问题。但如果类模板 B 的定义出现在类模板 A 的定义的后面,编译器就不知道 B 是什么,也无法确定类模板 A 中对类模板 B 的友元声明是否合法,这时可以通过类模板的声明来告诉编译器 B 是一个类模板。

5. 类模板继承时的语法与普通的类继承有什么不同?

【解】类模板继承时,凡是涉及基类的地方,都必须在基类名后面跟上模板的形式参数名,即

基类名<形式参数 1,形式参数 2,……>

6. 定义了一个类模板,在编译通过后为什么还不能确保类模板的语法是正确的?

【解】由于类模板包含模板参数,这些模板参数对应的实际参数在编译时尚未确定,所以编译器无法确定那些类型为模板参数的数据或函数的用法是否正确,只好暂时不检查。

13.2.2　程序设计题

1. 设计一个处理栈的类模板,该模板用一个数组存储栈元素。数组的初始大小由模板参数指定。当栈的元素个数超过数组大小时,重新申请一个大小为原来数组一倍的新数组存储栈元素。

【解】栈是一个只能在某一端执行插入和删除的表。允许插入和删除的一端称为栈顶,另一端称为栈底。插入数据称为进栈,删除数据称为出栈。用数组存储栈元素时,一般将数组的下标为 0 的一端作为栈底,另外用一个变量表示栈顶位置。插入数据是在栈顶往后添加一个元素,删除数据是删除最后一个元素。按照题意,类模板有一个形式参数:栈元素类型。存储栈元素需要一个动态数组和一个栈顶位置,因此栈类有 3 个数据成员;data 为数组的起始地址,size 为数组的规模,top_p 为栈顶位置。按照栈的定义,栈类需要 5 个成员函数:创建一个空栈(由构造函数完成)、进栈(push)、出栈(pop)、读栈顶元素(top)和判栈空(isEmpty)。由于栈类用到了动态数组,因此还需要一个析构函数。由于栈类需要自动扩大数组空间,于是还有一个工具函数 doubleSpace。栈类模板的定义和实现如代码清单 13-1。

代码清单 13-1　栈类模板的定义和实现

```
template <class T>
class stack {
private:
    T * data;
    int size;
    int top_p;
    void doubleSpace();
public:
    stack(int S): size(S), top_p(-1) {data =new T[size]; }
    ~stack() { delete [] data;   }
```

314

```
        void push(T d)
        {
            if (top_p ==size -1) doubleSpace();
            data[++top_p] =d;
        }

        T pop() {return data[top_p--]; }
        bool isEmpty() { return top_p ==-1;  }
        T top() { return data[top_p];  }
};

template <class T>
void stack<T >::doubleSpace()
{
    T * tmp =data;

    size * =2;
    data =new T[size];
    for (int i =0; i <=top_p; ++i)
        data[i] =tmp[i];
    delete [] tmp;
}
```

栈的模板类的使用如代码清单13-2。要定义一个栈类对象,必须给出模板形式参数对应的实际参数。代码中定义了一个元素类型为 char 类型、初始的数组大小为 10 的栈类对象 st。然后将字符'a'~'t'依次进栈,再将栈中的元素全部出栈。

代码清单 13-2　栈的模板类的使用

```
int main()
{
    stack<char>st(10);                              //定义一个栈类对象 st

    for (int i =0; i <20; ++i)
        st.push('a' +i);

    while (!st.isEmpty())
        cout <<st.pop();
    cout <<endl;

    return 0;
}
```

2. 设计一个处理集合的类模板,要求该类模板能实现集合的并、交、差运算。

【解】根据题意,类模板的模板的形式参数是集合中的元素类型。保存一个集合可以用一个动态数组,所以类模板 set 有两个数据成员 data 和 size。类模板 set 的行为有并、交和差运算,可以用运算符"＋"、"＊"和"一"表示这 3 个运算。由于 set 的数据成员是一个动态数组,因此除了构造函数、析构函数外最好再定义一个复制构造函数和赋值运算符重载函数。为了检验并、差运算的结果,需要输出 set 类对象,set 类重载了输出运算符。集合类模板的定义如代码清单 13-3。其中包括构造函数、析构函数、复制构造函数、赋值运算符重载函数和输出运算符重载函数的实现。

代码清单 13-3　集合类模板的定义

```
template <class T>
class set {
    friend set<T>operator+<T>(const set<T>&s1,const set<T>&s2);
    friend set<T>operator * <T>(const set<T>&s1,const set<T>&s2);
    friend set<T>operator-<T>(const set<T>&s1,const set<T>&s2);
    friend ostream &operator<<(ostream &os, const set<T>&obj)
    {
        for (int i =0; i <obj.size; ++i)
            os <<obj.data[i] <<'\t';
        return os;
    }
private:
    T * data;
    int size;
public:
    set(T * d =NULL, int s =0): size(s)
    {
        if (s ==0) {
            data =NULL;
            return;
        }
        data =new T[size];
        for (int i =0; i <s; ++i)
            data[i] =d[i];
    }

    set(const set &obj) : size(obj.size)
    {
        if (size ==0) {
            data =NULL;
            return;
        }
        data =new T[size];
        for (int i =0; i <size; ++i)
            data[i] =obj.data[i];
    }
```

```
        ~set() { if (data) delete [] data;   }

        set &operator=(const set &obj)
        {
            if (&obj ==this) return * this;
            if (size !=0)    {
                delete [] data;
                data =NULL;
            }
            size =obj.size;
            if (size ==0) return * this;
            data =new T[size];
            for (int i =0; i <size; ++i)
                data[i] =obj.data[i];
            return * this;
        }
    };
```

　　并运算被重载成友元函数，它的参数是被归并的两个集合，返回值是归并的结果。函数首先定义了一个动态数组 tmp 存储归并集的元素。把 s1 中的元素存入数组 tmp。对 s2 的每个元素，检查是否与 s1 的某个元素相同。如果与 s1 的所有元素都不相同，则加入数组 tmp。最后根据 tmp 定义一个集合类对象 obj 作为返回值。完整的实现如代码清单 13-4。

　　代码清单 13-4　并运算的实现

```
template <class T>
set<T>operator+ (const set<T>&s1,const set<T>&s2)
{
    int i, j, k, s =s1.size +s2.size;
    T * tmp =new T[s];

    for (i =0; i <s1.size; ++i)
        tmp[i] =s1.data[i];

    for ( j =0 ;   j <s2.size; ++j) {
        for (k =0; k <s1.size; ++k)
            if (s1.data[k] ==s2.data[j]) break;
        if (k ==s1.size) tmp[i++] =s2.data[j];
    }

    set<T>obj(tmp, i);
    delete [] tmp;
    return obj;
}
```

　　交运算被重载成友元函数，它的参数是参与运算的两个集合，返回值是交的结果。函数首先定义了一个动态数组 tmp 存储交集的元素。对 s2 的每个元素,检查是否与 s1 的某个元素相同。如果与 s1 的某个元素相同,则加入数组 tmp。最后根据 tmp 定义一个集合类对象 obj 作为返回值。完整的实现如代码清单 13-5。

代码清单 13-5　交运算的实现

```
template <class T>
set<T>operator * (const set<T>&s1,  const set<T>&s2)
{
    int i =0, j, k;
    T * tmp =new T[s1.size];

    for ( j =0 ;  j <s2.size; ++j) {
        for (k =0; k <s1.size; ++k)
            if (s1.data[k] ==s2.data[j]) break;
        if (k <s1.size) tmp[i++] =s2.data[j];
    }

    set<T>obj(tmp, i);
    delete [] tmp;
    return obj;
}
```

差运算被重载成友元函数,它的参数是参与运算的两个集合,返回值是运算的结果。函数首先定义了一个动态数组 tmp 存储差集的元素。对 s1 的每个元素,检查是否与 s2 的某个元素相同。如果与 s2 的所有元素都不相同,则加入数组 tmp。最后根据 tmp 定义一个集合类对象 obj 作为返回值。完整的实现如代码清单 13-6。

代码清单 13-6　差运算的实现

```
template <class T>
set<T>operator-(const set<T>&s1,const set<T>&s2)
{
    int i =0, j, k;
    T * tmp =new T[s1.size];

    for ( j =0 ;  j <s1.size; ++j) {
        for (k =0; k <s2.size; ++k)
            if (s1.data[j] ==s2.data[k]) break;
        if (k ==s2.size) tmp[i++] =s1.data[j];
    }

    set<T>obj(tmp, i);
    delete [] tmp;
    return obj;
}
```

3. 在主教材例 13.1 定义的 Array 类中，当生成一个对象时，使用类的程序员必须提供数组的下标范围，构造函数根据程序员给出的下标范围申请一个动态数组。在析构函数中释放动态数组的空间。如果使用类的程序员定义了一个对象后一直没有访问这个对象，动态数组占用的空间就被浪费了。一种称为懒惰初始化的技术可以解决这个问题。懒惰初始化是在定义对象时并不给它申请动态数组的空间，而是到第一次访问对象时才申请。修改类模板 Array，完成懒惰初始化。

【解】 类模板的定义与主教材中完全一样，区别在于构造函数、析构函数和下标运算符重载函数的实现。在构造函数中不再为 storage 申请空间了，而仅把 storage 置为空指针。析构函数先检查 storage 是否是空指针。仅当 storage 是非空指针时才执行 delete 操作。在下标运算符重载函数中，检查下标范围后还需检查 storage 是否为空指针。如果是空指针，则先为 storage 申请空间。完整实现如代码清单 13-7。

代码清单 13-7 支持懒惰初始化的 Array 类模板的定义及构造函数、下标运算符重载函数的实现

```
template <class T>                              //模板参数 T 是数组元素的类型
class Array {
  int low;
  int high;
  T * storage;

public:
    Array(int lh =0, int rh =0):low(lh),high(rh), storage(NULL) {}
    Array(const Array &arr);

    Array &operator=(const Array & a);
    T & operator[](int index);
    ~Array() { if (storage) delete [] storage; }
};


//下标运算符重载函数
template <class T>
T & Array<T>::operator[](int index)
{
    assert (index >=low && index <=high);
    if (storage ==NULL) storage =new T[high -low +1];

    return storage[index -low];
}
```

4. 改写主教材代码清单 13-6 中的单链表类，将结点类作为链表类的内嵌类。

【解】 在链表中，结点类是专为链表类服务的，因此没必要作为一个独立的类出现，最好是把它隐藏在链表类中。由于链表类的用户没有必要知道结点类的存在，所以可把结点类定义成链表类的私有内嵌类。尽管结点类是链表类的内嵌类,单链表类同样不能访问它的私有成员。而链表的操作都是对结点的数据成员进行操作,如果都要通过结点类的公有成员函数来访问会大大降低访问的时间效率。为此,将结点类的数据成员都定义成公有的,使链表类的成员函数可以直接访问结点的数据成员。完整的定义如代码清单 13-8。成员函数的实现与主教材中完全一样。

代码清单 13-8 单链表类的定义

```
template <class elemType>
class linkList {
    friend ostream &operator<< ( ostream &, const linkList<elemType>&);
private:
    void makeEmpty();                          //清空链表
    class Node {
        public:
            elemType   data;
            Node   * next;
            Node(const elemType &x, Node * N =NULL) { data =x; next =N;}
            Node( ):next(NULL) {}
            ~Node() {}
    };
    Node * head;

public:
    linkList() { head=new Node;   }
    ~linkList() {makeEmpty(); delete head;}

    void create(const elemType &flag);
};
```

5. 在主教材的代码清单 13-1 中的类模板 Array 的基础上派生一个下标范围从 0 开始的安全的动态数组类型。

【解】 从类模板 Array 派生出一个下标范围从 0 开始的安全的动态数组类型只需要重写一个构造函数。构造函数只有一个参数,那就是数组的大小 size。派生类的构造函数用参数 0 和 size－1 调用基类的构造函数完成对象的构造。所有其他的函数都不用重写,可以直接用基类复制构造函数、赋值运算符重载函数、下标运算符重载函数以及析构函数。该派生类的完整定义如代码清单 13-9。

代码清单 13-9 下标范围从 0 开始的安全的动态数组类型

```
template <class T>
class Array0 : public Array <T>
{
public:
    Array0(int size) : Array(0, size-1) {}
};
```

第14章

输入输出与文件

14.1　知识点回顾

输入输出是程序的一个重要部分。输入输出是指程序与外围设备之间的数据传输，如显示器或磁盘文件。

在 C++ 中，输入输出不包括在语言所定义的部分，而由标准库提供。C++的输入输出类主要包含在 3 个头文件中：iostream 定义了基于控制台的输入输出类型，本书前面的所有程序中几乎都用到了这个头文件；fstream 定义了基于文件的输入输出类型；sstream 定义了基于字符串的输入输出类型。每个头文件及定义的标准类型如表 14-1 所示。

表 14-1　输入输出标准库类型及头文件

头文件	类　　型
iostream	istream：输入流类，它的对象代表一个输入设备 ostream：输出流类，它的对象代表一个输出设备 iostream：输入输出流类，它的对象代表一个输入输出设备。这个类由 istream 类和 ostream 类共同派生
fstream	ifstream：输入文件流类，它的对象代表一个输入文件。它由 istream 类派生而来 ofstream：输出文件流类，它的对象代表一个输出文件。它由 ostream 类派生而来 fstream：输入输出文件流类，它的对象代表一个输入输出文件。它由 iostream 类派生而来
sstream	istringstream：输入字符串类。它由 istream 类派生而来 ostringstream：输出字符串类。它由 ostream 类派生而来 stringstream：输入输出字符串类。它由 iostream 类派生而来

所有输入输出的类都是从一个公共的基类 ios 派生的。ios 类派生出istream 类和 ostream 类。istream 类派生出了 ifstream 类和 istringstream 类，ostream 类则派生出 ofstream 类和 ostringstream 类。istream 类和 ostream 类又共同派生出 iostream 类。iostream 类又派生出 fstream 类和 stringstream类。这些类之间的继承关系如图 14-1 所示。

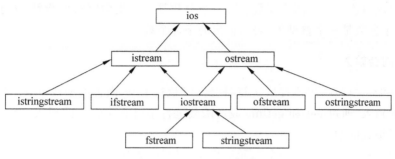

图 14-1　输入输出类的继承关系

C++ 的输入输出是基于缓冲实现的。每个输入输出对象都有一个对应的缓冲区,用于存储程序读写的数据,是程序和外围设备之间的桥梁。输入输出过程由两个阶段组成:程序与输入输出对象对应的缓冲区之间的信息交互以及输入输出对象的缓冲区与外围设备之间的信息交互。

14.1.1　基于控制台的输入输出

对于基于控制台的输入输出读者并不陌生。C++ 内置类型数据的输入输出是用 cin 和 cout 对象完成,通过对输入输出的重载,也可以对用户自己定义类的对象用 cin 和 cout 输入输出。

基于控制台的输入输出的工具主要包含在两个头文件中: iostream 和 iomanip。头文件 iostream 声明了所有输入输出流操作所需要的基础服务,定义了 cin、cout、cerr 和 clog 4 个标准对象,分别对应于标准输入流、标准输出流、无缓冲的标准错误流以及有缓冲的标准错误流。cin 是 istream 类的对象,与标准输入设备(通常是键盘)相关联。cout 是 ostream 类的对象,与标准的输出设备(通常是显示器)相关联。头文件 iostream 还提供了无格式和格式化的输入输出服务。格式化的输入输出通常需要用到一些带参数的流操纵符,头文件 iomanip 声明了带参数的流操纵符。

1. 控制台输出

输出功能主要包括用流插入运算符"<<"执行 C++ 内置类型或重载"<<"运算符的类数据的输出,通过 put 成员函数进行字符输出,通过 write 成员函数进行无格式的输出。

流插入运算符"<<"是一个二元运算符。例如,表达式 cout << 123 的第一个运算对象是输出流对象 cout,第二个运算对象是输出的内容,即整数 123。流插入运算的返回值是第一个运算对象的引用,所以允许连续使用,如 cout<<x<<y。"<<"运算符是左结合的。流插入运算能自动判别数据类型,并根据数据类型解释内存单元的信息,把它转换成字符显示在显示器上。

字符型数据还可以用成员函数 put 来输出。put 函数有一个字符类型的形式参数,它的返回值是调用 put 函数的对象的引用。

成员函数 write 可实现无格式的输出,这个函数将一定量的字节从字符数组输出到相应的输出流对象。它有两个参数：第一个参数是一个指向字符的指针，表示一个字符数组；第二个参数是一个整型值，表示输出的字符个数。

2. 控制台输入

输入功能主要包括用流提取运算符"＞＞"执行 C++ 内置类型或重载"＞＞"运算符的类数据的输入，通过 get 和 getline 成员函数进行字符和字符串的输入，通过 read 成员函数进行无格式的输入。

流提取运算符"＞＞"是一个二元运算符。例如，表达式 cin ＞＞ a 的第一个运算对象是输入流对象 cin，第二个运算对象是对象 a。返回结果是第一个运算对象的引用。它的作用是从输入流对象 cin 中提取数据存入变量 a。当遇到 cin ＞＞ a 时，编译器首先确定变量 a 的类型，然后从输入流对象中读入符合变量类型的字符，直到遇到不合法的字符或空白字符(如空格符、回车符和制表符)。在每个输入操作之后，流提取运算符返回一个当前对象的引用。所以流提取运算符也可以连续使用，如 cin＞＞x＞＞y。

流提取运算的结果可以被用作判断条件，如 while 语句中的循环判断条件，此时会隐式地将它转换为 bool 类型的值。如果输入操作成功，变量得到了正确的值，则转换成 true；如果输入遇到文件结束标记(EOF)，变量没有得到所需的值，则转换为 false。

流提取运算符操作会跳过空白字符，如果需要输入一个空格给一个字符类型的变量或输入一个包含空格的字符串，用流提取运算符将不能得到正确的结果。C++ 另外提供了两个函数：get 和 getline。

get 函数有 3 种格式：不带参数、带一个参数和带 3 个参数。不带参数的 get 函数从当前的输入流对象读入一个字符，包括空白字符以及表示文件结束的 EOF，并将读入值作为函数的返回值返回。第二种格式的 get 函数带一个字符类型的引用参数，它将输入流中的下一个字符(包括空白字符)存储在参数中，它的返回值是当前输入流对象的引用。第三种格式的 get 函数有 3 个参数：字符数组、数组规模和表示输入结束的结束符(结束符的默认值为'\n')。这个函数或者在读取比指定的数组规模少一个字符后结束，或者在遇到结束符时结束。为使字符数组中的输入字符串能够结束，在输入结束时函数会自动将字符'\0'插入到字符数组中。结束符仍然保留在输入流中。

成员函数 getline 的功能与第三种格式的 get 函数类似。它也有 3 个参数，3 个参数的类型和作用与第三种格式的 get 函数完全相同。这两个函数的唯一区别在于对输入结束符的处理。get 函数将输入结束符留在输入流中，而 getline 函数将输入结束符从输入流中删除。

调用成员函数 read 可实现无格式的输入。read 函数有两个参数：第一个参数是一个指向字符的指针，第二个参数是一个整型值。这个函数把一定量的字节从输入缓冲区读入字符数组，不管这些字节包含的是什么内容。如果还没有读到指定的字符数就遇到了 EOF，则读操作结束。read 函数真正读入的字符数可以由成员函数 gcount 得到。

3. 格式化的输入输出

C++ 提供了多种流操纵符来完成格式化输入输出的问题。流操纵符是以一个流引用作为返回值的函数,因此它可以嵌入到输入输出操作的链中。endl 就是最常用的流操纵符。流操纵符的功能包括设置整型数的基数,设置浮点数的精度,设置和改变域宽,设置域的填充字符等。

流操纵符可以带参数,带参数的流操纵符也称为参数化的流操纵符。使用带参数的流操纵符的程序必须包含头文件 iomanip。

常用的流操纵符如表 14-2 所示,这些名字都被定义在名字空间 std 中。

表 14-2　其他常用的流操纵符

流 操 纵 符	描　　述
dec	以十进制输入输出整数,也可以表示成 setbase(10)。一旦指定后一直有效,直到被修改
oct	以八进制输入输出整数,也可以表示成 setbase(8)。一旦指定后一直有效,直到被修改
hex	以十六进制输入输出整数,也可以表示成 setbase(16)。一旦指定后一直有效,直到被修改
setprecision	指定浮点数的精度,它带有一个参数,就是输出的位数。一旦指定后一直有效,直到被修改
setw	指定输入输出占用的字符数,它带有一个参数,就是占用的字符数。只对下一个输入输出有效
left	输出左对齐,必要时在右边填充字符
right	输出右对齐,必要时在左边填充字符
showbase	指明在数字的前面输出基数,以 0 开头表示八进制,0x 或 0X 表示十六进制,使用流操纵符 noshowbase 复位该选项
uppercase	指明当显示十六进制数时使用大写字母,或者在用科学记数法输出时使用大写字母 E,使用流操纵符 nouppercase 复位该选项
showpos	在正数前显示加号(+),使用流操纵符 noshowpos 复位该选项
scientific	以科学记数法输出浮点数
fixed	以定点小数形式输出浮点数
setfill	设置填充字符,它有一个字符型的参数

程序员还可以定义自己的流操纵符。定义流操纵符就是写一个特定原型的函数。最常见的定义格式如下:

```
ostream & 操纵符名(ostream &obj)
{
    需要执行的操作
}
```

14.1.2　基于文件的输入输出

文件是驻留在外存储器上、具有一个标识名的一组信息集合,用来永久保存数据。与文件相关的概念有数据项(字段)、记录、文件和数据库。数据项是数据的基本单位,表示一个有意义的信息。例如,一个整型数、一个实型数或一个字符串。若干个相关的数据项组成一个记录,每个记录可以看成是一个对象。记录的集合称为文件。因此,一个文件可以看成是一个存储在外存储器上的对象数组。一组相关的文件构成了一个数据库。

C++ 的文件没有记录的概念,它只是把文件看成是字节序列,即由一个一个的字节顺序组成。每一个文件以 EOF 结束。这种文件称为流式文件。可以将 C++ 的文件看成一个字符串。只不过这个字符串不是存放在内存中,而是存放在外存中。不是用'\0'结束,而是用 EOF 结束。

根据程序对字节序列的解释,C++ 的文件又分为 ASCII 文件和二进制文件。ASCII 文件也称为文本文件。ASCII 文件是将字节序列中的每字节解释成一个字符的 ASCII 值。二进制文件是指将每字节仅看成是一个二进制位串,由操作文件的程序解释这些二进制位串的含义。二进制文件通常用于将数据在内存中的映像原式原样写入文件。ASCII 文件可以直接显示在显示器上,而直接显示二进制文件通常是没有意义的。

C++ 把文件看成是一个数据流。要访问一个文件,必须先创建一个文件流对象,将文件与文件流对象相关联。关联文件与文件流对象称为打开文件。一旦文件被打开就可以通过文件流对象访问文件。

当应用程序从文件中读取数据时,将文件与一个输入文件流对象(ifstream)相关联。当应用程序将数据写入一个文件时,将文件与一个输出文件流对象(ofstream)相关联。如果既要输入又要输出,与输入输出文件流对象(fstream)相关联。这 3 个文件流类型定义在头文件 fstream 中。如果一个程序对文件进行操作,必须在程序头上包含这个头文件。

打开文件有两种方法。一种是用文件流类中的成员函数 open,另一种是用构造函数打开。无论是用成员函数 open 还是通过构造函数,都需要指定打开文件的文件名和文件打开模式,因此,这两个函数都有两个形式参数:第一个形式参数是一个字符串,指出要打开的文件名;第二个参数是文件打开模式,指出要对该文件做什么操作。文件打开模式及其含义如表 14-3 所示。

表 14-3 文件打开模式及其含义

文件打开模式	含 义
in	打开文件,对文件执行读操作
out	打开文件,对文件执行写操作
app	打开文件,在文件尾后面添加
ate	打开文件后,立即将文件定位在文件尾
trunc	打开文件时,清空文件
binary	以二进制模式进行输入输出操作,默认为 ASCII 文件

out、trunc 和 app 模式只能用于与 ofstream 类和 fstream 类的对象相关联的文件。in 模式只能用于与 ifstream 类和 fstream 类的对象相关联的文件。所有的文件都可以用

ate 和 binary 模式打开。ate 只在打开时有效,文件打开后将读写位置定位在文件尾。以 binary 模式打开的流则将文件以字节序列的形式处理,不解释流中字节的含义。

每个文件流类都有默认的文件打开方式,ifstream 流对象默认以 in 模式打开,该模式只允许对文件执行读操作;与 ofstream 流关联的文件则以 out 模式打开,使文件可写。以 out 模式打开文件时,如果文件不存在,会自动创建一个空文件,否则将被打开的文件清空,丢弃该文件原有的所有数据。如果 ofstream 类的对象需要保存原文件中的数据,可以指定 app 模式打开,这样,写入文件的数据将被添加到原文件数据的后面。对于 fstream 类的对象,默认的打开方式是 in|out,表示同时以 in 和 out 的方式打开,使文件既可读也可写。当同时以 in 和 out 方式打开时,文件不会被清空。

当文件访问结束时,应该断开文件与文件流对象的关联。断开关联可以用成员函数 close。如果不再访问文件流对象 file1,可以调用

```
file1.close();
```

关闭文件。如果是输出文件流对象,关闭时 C++ 会将该对象对应的缓冲区中的内容全部写入文件。关闭文件后,文件流对象和该文件不再有关。此时可以将此文件流对象与其他文件相关联,访问其他文件。

ASCII 文件读写与控制台读写类似,可以用流提取运算符">>"从文件读数据,也可以用流插入运算符"<<"将数据写入文件,还可以用数据流类的其他成员函数读写文件,如 get 函数、put 函数等。二进制文件的读写通常用 read 和 write 函数。

在读文件操作中,经常需要判断文件是否结束(文件中的数据是否读完)。如果使用">>"或 get 函数读文件时,可以通过检查">>"的返回值是否为 false 或 get 函数读入的字符是否为 EOF 来判断。如果是用 read 等函数读文件,可以通过基类 ios 的成员函数 eof 来实现。eof 函数不需要参数,返回一个整型值。当读操作遇到文件结束时,该函数返回 true;否则返回 false。

在文件读写时,C++ 为每个文件流对象都保存一个下一次读写的位置,这个位置称为文件定位指针。文件定位指针是一个 long 类型的数据,表示当前读写的是文件的第几字节。ifstream 和 ofstream 分别提供了成员函数 tellg 和 tellp 返回文件定位指针的当前位置。g 表示 get,p 表示 put。tellg 返回读文件定位指针,tellp 返回写文件定位指针。

在程序执行过程中,有一部分数据可能需要访问多遍,这只需要将文件定位指针重新设回要读写的位置即可。ifstream 和 ofstream 都提供了成员函数来重新设置文件定位指针。在 ifstream 中,这个函数为 seekg,在 ofstream 中,这个函数为 seekp。seekg 设置读文件的位置,seekp 设置写文件的位置。seekg 和 seekp 都有两个参数:第一个参数为 long 类型的整型数,表示偏移量;第二个参数指定指针移动的参考点,ios::beg(默认)相对于流的开头,ios::cur 相对于文件定位指针的当前位置,ios::end 相对于流结尾。例如,in.seekg(0)表示将读文件指针定位到输入流 in 的开始处,in.seekg(10, ios::cur)表示定位到输入流 in 当前位置后面的第 10 字节。

14.2   习题解答

14.2.1   简答题

1. 什么是打开文件？什么是关闭文件？为什么需要打开和关闭文件？

【解】打开文件是将一个文件流对象与一个文件关联起来。打开文件后,程序可以通过文件流对象对文件进行读写。关闭文件是切断文件流对象与文件的关系,表示不再需要访问此文件了。

2. 为什么要检查文件打开是否成功？如何检查？

【解】文件打开不一定都能成功。当打开一个输入文件时,如果该文件不存在,则文件打开失败。当打开一个输出文件时,如程序对文件所在的目录没有写的权限时,文件打开也会失败。一旦文件打开失败,程序中的后续操作将无法进行。因此,执行文件打开后必须检查打开是否成功。当文件打开失败时,文件流对象会包含值 0。所以检查文件打开是否成功,只需要检查文件流对象的值是否为 0。

3. ASCII 文件和二进制文件有什么不同？

【解】ASCII 文件和二进制文件是对文件内容的两种不同的解释方法。ASCII 文件将存储在文件中的每字节解释成一个 ASCII 字符,二进制文件将文件内容解释成一个二进制的位串,由读文件的程序解释文件中的位串的含义。二进制文件一般存放的是某些信息在内存的映像。当要将一个整型数 12345 存入 ASCII 文件,C++ 将 12345 转换成 5 个字符'1'、'2'、'3'、'4'和'5'存入文件。如果将整型数 12345 存入二进制文件,是将整型数 12345 的内存映像,在 VS 中为 00000000000000000011000000111001,写入文件。

4. 既然程序执行结束时系统会关闭所有打开的文件,为什么程序中还需要用 close 关闭文件？

【解】在有些大系统中,某些文件会被反复地打开或同时打开。如果某次打开后没有关闭可能会使某些文件操作的结果不正确。

5. C++ 有哪 4 个预定义的流？

【解】C++ 预定义了 4 个流对象：cin、cout、cerr 和 clog,分别对应于标准输入流、标准输出流、无缓冲的标准错误流以及有缓冲的标准错误流。cin 是 istream 类的对象,与标准输入设备(通常是键盘)相关联。cout 是 ostream 类的对象,与标准的输出设备(通常是显示器)相关联。cerr 是 ostream 类的对象,与标准的错误设备相关联。cerr 是无缓冲的输出,这意味着每个针对 cerr 的流插入必须立刻送到显示器。clog 是 ostream 类的对象,与标准的错误设备相关联。clog 是有缓冲的输出。

6. 什么时候用输入方式打开文件？什么时候应该用输出方式打开文件？什么时候该用 app 方式打开文件？

【解】当程序需要从文件读取信息时,需要将文件以输入方式打开。如果需要把程序中的某些信息写到文件中去,需要以输出方式打开文件。当以输出方式打开某个文件时,文件中原有的内容会被清除。如果需要保留文件中原有的内容,将新加入的内容添加在原内容后面,可以用 app 方式打开。

7. 哪些流操纵符只对下一次输入输出有效?哪些流操纵符一直有效直到被改变?

【解】常用的流操纵符中,setw 和 setFill 只对下一次输入输出有效。设置整型数的基数和设置浮点数的精度一直有效,直到被改变为止。

8. 各编写一条语句完成下列功能。

(1) 使用流操纵符输出整数 100 的八进制、十进制和十六进制的表示。

(2) 以科学记数法显示实型数 123.456。

(3) 将整型数 a 输出到一个宽度为 6 的区域,空余部分用'$'填空。

(4) 输出 char ∗ 类型的变量 ptr 中保存的地址。

【解】

(1) 输出整数的八进制、十进制和十六进制的表示可以用流操纵符 dec、oct 和 hex。具体到输出整数 100,可用下列语句:

```
cout <<oct <<100 <<'\t' <<dec <<100 <<'\t' <<hex <<100 <<endl;
```

(2) 用科学记数法输出实型数可用流操纵符 scientific,具体语句如下:

```
cout <<scientific <<123.456 <<endl;
```

(3) 设置域宽是用带参数的流操纵符 setw,设置填充字符是用带参数的流操纵符 setfill,具体语句如下:

```
cout <<setw(6) <<setfill('$') <<a <<endl;
```

(4) 输出指针变量是输出该指针中保存的地址,但有一个例外。指向字符的指针被看成是一个字符串,直接输出该指针变量是输出该指针指向的字符串。输出指向字符的指针变量中保存的地址时,必须将该指针强制转换成 void ∗ 类型的指针。

```
cout <<(void *)ptr <<endl;
```

14.2.2　程序设计题

1. 编写一个文件复制程序 copyfile,当在命令行界面中输入

```
copyfile src_name  obj_name
```

则将名为 src_name 的文件复制到名为 obj_name 的文件中。

【解】源文件名和目标文件名都是 main 函数的参数。源文件名存放在 argv[1]中,目标文件名存放在 argv[2]中。程序首先定义输入流对象 in 与 argv[1]相关联,定义输出流对象 out 与 argv[2]相关联。然后,从输入流对象 in 中逐个读入每字节,写入输出流对象 out。完整的程序如代码清单 14-1。

代码清单 14-1　文件复制

```
#include <iostream>
```

```
#include <fstream>
using namespace std;

int main(int argc, char * argv[])
{
    ifstream in(argv[1]);
    ofstream out(argv[2]);

    if (in ==0) {                           //检查源文件打开是否成功
        cout <<"输入文件打开失败" <<endl;
        return 1;
    }

    if (out ==0) {                          //检查目标文件打开是否成功
        cout <<"输出文件打开失败" <<endl;
        return 1;
    }

    char ch;

    while ((ch =in.get()) !=EOF)            //复制文件
        out.put(ch);
    in.close();
    out.close();

    return 0;
}
```

2. 编写一个文件追加程序 addfile，当在命令行界面中输入

```
addfile src_name   obj_name
```

则将名为 src_name 的文件追加到名为 obj_name 文件的后面。

【解】源文件名和目标文件名都是 main 函数的参数。源文件名存放在 argv[1]中，目标文件名存放在 argv[2]中。程序首先定义输入流对象 in 与 argv[1]相关联，定义输出流对象 out 与 argv[2]相关联，但输出流对象 out 的打开方式是 app。然后，从输入流对象 in 中逐个读入每字节，写入输出流对象 out。完整的程序如代码清单 14-2。

代码清单 14-2　文件追加

```
#include <iostream>
#include <fstream>
using namespace std;

int main(int argc, char * argv[])
{
```

```
    ifstream in(argv[1]);
    ofstream out(argv[2], ofstream::app);

    if (in ==0) {
        cout <<"输入文件打开失败" <<endl;
        return 1;
    }

    if (out ==0) {
        cout <<"输出文件打开失败" <<endl;
        return 1;
    }

    char ch;

    while ((ch =in.get()) !=EOF) out.put(ch);
    in.close();
    out.close();

    return 0;
}
```

3. 修改主教材中的例 14.3,使之能实现图书预约功能。

【解】主教材的例 14.2 实现了一个图书馆的书目管理系统,提供的功能有初始化系统、添加书、借书、还书和显示书目库信息。为了支持这些功能,程序定义了一个 Book 类,用于保存和处理一本图书信息。每本图书保存的信息有书号、书名和借阅者的图书证号,提供的功能有构造、借书、还书和显示书目信息。

为了支持图书预约功能,在 Book 类增加了一个数据成员 ordered,用于保存预约者的读者号,无人预约时,该数据成员值为 0。Book 类还增加了一个公有成员函数 order 实现图书的预约功能。修改后的 Book 类的定义与实现如代码清单 14-3。

代码清单 14-3　Book 类的定义与实现

```
class Book {
    int no;
    char name[20];
    int borrowed;
    int ordered;
public:
    Book(const char * s ="", int total_no =0) ;
    void borrow(int readerNo);
    void order(int readerNo);                    //实现图书预约
    void Return();
    void display() const;
};
```

```cpp
Book:: Book(const char * s ="", int total_no =0)
{
    no =no_total;
    borrowed =0;
    ordered =0;
    strcpy(name,s);
}


void Book::borrow(int readerNo)
{
    if (ordered !=0 && ordered !=readerNo) {          //本书已被预约
        cerr <<"本书已被预约\n";
        return;
    }
    if (borrowed !=0)
        cerr <<"本书已被借,不能重复借\n";
    else {
        borrowed =readerNo;
        ordered =0;
    }
}


void Book::order(int readerNo)
{
    if (borrowed ==0) {
        cout <<"本书在书库,可以直接借" <<endl;
        return ;
    }
    if (ordered !=0)
        cerr <<"本书已被预约,不能重复\n";
    else
        ordered =readerNo;
}


void Book::Return()
{
    if (borrowed ==0)
        cerr <<"本书没有被借,不能还\n";
    else
        borrowed =0;
    if (ordered !=0)
        cout <<"通知" <<ordered <<"来借书" <<endl;
}
```

```
void Book::display() const
{
    cout <<setw(10) <<no <<setw(20) <<name <<setw(10) <<borrowed
        <<setw(10) <<ordered <<endl;
}
```

Book 类新增了一个成员函数 order 实现图书的预约功能。order 函数首先检查借书标记 borrowed。如果借书标记为 0,表示本书在库,不用预约,可以直接借阅,于是输出信息通知用户直接借阅,否则处理预约。如果预约标记 ordered 非 0,表示已有人预约了本书,输出信息通知用户不能预约,否则将用户的读者号存入 ordered,完成预约。

由于增加了预约功能,借书和还书功能略有改变。在借书过程中需要检查本书是否被预约。如已被预约,则只能被预约者借阅,其他读者不能借阅。在还书过程中,完成还书后还需检查本书是否有人预约。如有人预约,则通知预约者来借书。

增加了预约功能后,图书馆系统的主菜单中要增加一个图书预约的项目,并且新增一个处理图书预约的函数 orderBook。当用户选择了图书预约时,调用 orderBook 函数完成预约工作。其他函数的实现与主教材中完全相同。orderBook 函数的实现如代码清单 14-4。

代码清单 14-4　图书预约的实现

```
void orderBook()
{
    int bookNo, readerNo;
    fstream iofile("book");                         //以读写方式打开文件
    Book bk;

    cout <<"请输入书号和读者号:";
    cin >>bookNo >>readerNo;

    iofile.seekg((bookNo -1) * sizeof(Book) +sizeof(int));
                                                    //按照馆藏号定位到所读记录
    iofile.read( reinterpret_cast<char * >(&bk), sizeof(Book) );
                                                    //读一条记录,存入对象 bk

    bk.order(readerNo);                             //调用成员函数修改预约标记字段

    iofile.seekp((bookNo -1) * sizeof(Book) +sizeof(int));
                                                    //按照馆藏号定位到所写记录
    iofile.write(reinterpret_cast<const char * >(&bk), sizeof(Book));
                                                    //更新记录

    iofile.close();
}
```

orderBook 函数以输入输出的方式打开书目文件 book，然后请求输入读者号和所预约的书号。根据书号从文件中读入该书目信息，对该书调用 order 函数进行预约。将预约后的图书信息重新写入文件。

4. 编写一个程序，打印数字 1～100 的平方和平方根。要求用格式化的输出，每个数字的域宽为 10，实数保留 5 位精度右对齐显示。

【解】输出数字 1～100 的平方和平方根很容易，本题主要实现格式化功能。设置数字的域宽为 10，可以用带参数的流操纵符 setw。设置浮点数精度可用带参数的流操纵符 setprecision。题目要求数字右对齐，C++ 格式化输出默认数字就右对齐，所以不需要做任何额外工作。完整的程序如代码清单 14-5。由于本程序用到了带参数的流操纵符，必须包含头文件 iomanip。

代码清单 14-5　显示数字 1～100 的平方和平方根

```
#include <iostream>
#include <iomanip>
#include <cmath>
using namespace std;

int main()
{
    cout <<"n " <<"n * n" <<" sqrt(n) " <<endl;
    for (int n =1; n <=100; ++n)
        cout <<setw(10) <<n <<setw(10) <<n * n <<setw(10) <<setprecision(5)
<<sqrt(n) <<endl;
    return 0;
}
```

5. 编写一个程序，打印所有英文字母（包括大小写）的 ASCII 值。要求对于每个字符，程序都要输出它对应的 ASCII 值的十进制、八进制和十六进制表示。

【解】输出字符的 ASCII 值，可以将该字符强制转换成整型输出。以十进制、八进制和十六进制输出整型数可以用流操纵符 dec、oct 和 hex。为了使输出对齐，程序用 setw 设置了每列输出的宽度。完整程序如代码清单 14-6。

代码清单 14-6　输出英文字母对应的 ASCII 值的十进制、八进制和十六进制表示

```
#include <iostream>
#include <iomanip>
using namespace std;

int main()
{
    char ch;

    cout <<" 字母    八进制    十进制    十六进制\n";
    for (ch ='a'; ch <='z'; ++ch)              //输出小写字母对应的 ASCII 值
```

```
        cout <<setw(5) <<ch <<setw(8) <<oct <<int(ch)
            <<setw(10) <<dec <<int(ch) <<setw(10) <<hex <<int(ch) <<endl;
    for (ch ='A'; ch <='Z'; ++ch)                //输出大写字母对应的 ASCII 值
        cout <<setw(5) <<ch <<setw(8) <<oct <<int(ch) <<setw(10) <<dec
            <<int(ch) <<setw(10) <<hex <<int(ch) <<endl;

    return 0;
}
```

6. 利用第 10 章的程序设计题的第 4 题中定义的 savingAccount 类,设计一个银行系统,要求该系统为用户提供开户、销户、存款、取款和查询余额的功能。账户信息存放在一个文件中。账号由系统自动生成。已销户的账号不能重复利用。

【解】第 10 章的程序设计题的第 4 题定义的 savingAccount 类的定义如代码清单 14-7。

代码清单 14-7 savingAccount 类的定义及实现

```
class savingAccount {
private:
    int no;                              //负数表示已销户
    double balance;
    static double rate;
    static int totalNo;

public:
    savingAccount(int n =0, double deposit =0) : no(n), balance(deposit) { }
    void updateMonthly() {balance +=balance * rate; }
    void remove() { if (no >0) no =-no; cout <<"该账户已被删除" <<endl; }
    void deposit(double d) { balance +=d; }
    void withdraw(double d) { if (d >balance) cout <<"超过存款金额,无法操作";
else balance -=d; }
    void print() const {cout <<no <<"\t" <<balance <<endl;  }
    bool legalAccount() { return no >0 && no <=totalNo; }
    static void setRate(double newRate){ rate =newRate; }
    static void setTotal(int total) { totalNo =total; }
    static double getRate(){ return rate; }
    static int getTotal(){ return totalNo; }
};

int savingAccount::totalNo =0;
double savingAccount::rate =0;
```

银行系统中的账户信息需要永久保存,程序定义了文件 account 保存账户信息。account 文件由两部分组成。第一部分是两个静态数据成员的值:账户总数和利率。第二部分是一个个账户信息,即一个个 savingAccount 类的对象。系统初始化时创建

account 文件,将账户总数(初始时为 0)和利率写入文件。

银行系统的功能有开户、销户、存款、取款和查询余额,每个功能被设计成一个函数,如代码清单 14-8。每次启动银行系统时,首先以输入方式打开文件 account,读入账户总数和利率,存入 savingAccount 类的静态数据成员 totalNo 和 rate,关闭文件。然后显示功能菜单,根据用户的选择调用相应的函数,直到用户选择退出。最后将静态数据成员 totalNo 和 rate 的值重新写回文件。

代码清单 14-8 银行系统的实现

```cpp
#include "savingAccount.h"
#include <iostream>
#include <fstream>
using namespace std;

void updateMonthly();                  //每月更新账户余额
void addAccount();                     //添加账户
void deleteAccount();                  //删除账户
void deposit();                        //存款
void withdraw();                       //取款
void query();                          //查询
void modifyRate();                     //修改利率
void initialize();                     //系统初始化

int main()
{
    ifstream account("account");
    int selector, total;
    double rate;

    if (!account)
        cout <<"请先执行初始化操作" <<endl;
    else {
        account.read(reinterpret_cast<char * >(&total), sizeof(int));
        account.read(reinterpret_cast<char * >(&rate), sizeof(double));
        savingAccount::setTotal(total);
        savingAccount::setRate(rate);
    }

    account.close();

    while (true) {
        cout <<"0 ——退出 \n";
        cout <<"1 ——初始化 \n";
        cout <<"2 ——月更新 \n";
```

```
        cout <<"3 ——开户\n";
        cout <<"4 ——销户\n";
        cout <<"5 ——存款\n";
        cout <<"6 ——取款\n";
        cout <<"7 ——查询余额\n";
        cout <<"8 ——修改利率\n";
        cout <<"请选择(0~8):"; cin >>selector;
        if (selector ==0) break;
        switch (selector)     {
            case 1: initialize(); break;
            case 2: updateMonthly(); break;
            case 3: addAccount(); break;
            case 4: deleteAccount();break;
            case 5: deposit(); break;
            case 6: withdraw(); break;
            case 7: query(); break;
            case 8: modifyRate();
        }
    }

    fstream accountw("account");
    total =savingAccount::getTotal();
    rate =savingAccount::getRate();

    accountw.seekp(0);
    accountw.write(reinterpret_cast<char * >(&total), sizeof(int));
    accountw.write(reinterpret_cast<char * >(&rate), sizeof(double));

    account.close();

    return 0;
}
```

系统初始化时需要生成文件 account，这通过以输出方式打开 account 文件实现。然后将账户总数（目前为 0）和利率（目前未知，暂设为 0）写入文件。系统初始化函数的实现如代码清单 14-9。

代码清单 14-9 系统初始化

```
void initialize()
{
    ofstream account("account");
    int total =0;
    double rate =0;
```

```
        account.write(reinterpret_cast<char * >(&total), sizeof(int));
        account.write(reinterpret_cast<char * >(&rate), sizeof(double));
        savingAccount::setTotal(0);
        savingAccount::setRate(0);

        account.close();
    }
```

月更新函数为每个账户加上本月的利息。函数首先以输入输出方式打开文件 account，逐个读入记录，如果该记录是一个有效记录，即没有销户，则调用对象的 updateMonthly 函数更新账户余额，将记录重新写回文件。具体实现如代码清单 14-10。

代码清单 14-10　月更新

```
void updateMonthly()
{
    savingAccount obj;
    int len = sizeof(int) + sizeof(double), n = savingAccount::getTotal();

    fstream account("account");
    if (!account) {
        cout << "文件打开错,无法继续操作" << endl;
        return;
    }

    for (int i = 1; i <= n; ++i) {
        account.seekg((i - 1) * sizeof(obj) + len);
        account.read(reinterpret_cast<char * >(&obj), sizeof(obj));
        if (obj.legalAccount())  obj.updateMonthly();
        account.seekp((i - 1) * sizeof(obj) + len);
        account.write(reinterpret_cast<char * >(&obj), sizeof(obj));
    }
    account.close();
}
```

添加账户功能向系统中添加一个新的账户。新的账户信息要写入文件，所以以 App 方式打开文件。然后输入账户的存款金额，按照存款金额和账户总数生成一个新的账户对象，显示对象信息以供检查，将对象信息写入文件。更新静态成员 totalNo。具体实现如代码清单 14-11。

代码清单 14-11　添加账户

```
void addAccount()
{
    savingAccount * op;
    ofstream account("account", ofstream::app);
    int totalNo = savingAccount::getTotal();
```

```
    double deposit;

    if (!account) {
        cout <<"文件打开错,无法继续操作" <<endl;
        return;
    }

    cout <<"请输入存款金额:";
    cin >>deposit;
    op =new savingAccount(++totalNo, deposit);
    op->print();
    account.write(reinterpret_cast<char * >(op), sizeof(* op));
    savingAccount::setTotal(totalNo);

    account.close();
}
```

由于每个账户在 account 文件中是按账号的递增次序存放。账号为 k 的账户的存放位置在"$(k-1) * \text{sizeof}(\text{savingAccount}) + \text{sizeof}(\text{int}) + \text{sizeof}(\text{double})$"。$\text{sizeof}(\text{int})$ 和 $\text{sizeof}(\text{double})$ 是存放账户总数和利率占用的空间。如果将一个账户从文件中删去将会使某些账户无法找到存储地址。因此,删除账户时程序采用伪删除的方法,即并不将账户真正从文件中删去,而只是做一个表示删除的标记,将账号设为负数,由成员函数 remove 完成。

deleteAccount 函数首先以输入输出方式打开文件,然后输入被删除的账号,检查账号是否在合法的范围之中。如果是合法范围中的账号,从文件中读入记录,进一步检查该账户是否已被销户。如果没有,对该账户对象调用 remove 函数销户,将记录写回文件。具体实现如代码清单 14-12。

代码清单 14-12　删除账户

```
void deleteAccount()
{
    savingAccount obj;
    fstream account("account");
    int no, len =sizeof(int) +sizeof(double);

    if (!account) {
        cout <<"文件打开错,无法继续操作" <<endl;
        return;
    }

    cout <<"请输入被删除的账号:";
    cin >>no;
    if (no <1 || no >savingAccount::getTotal()) {
```

```
            cout <<"非法账号" <<endl;
            return ;
        }
        account.seekg((no -1) * sizeof(obj) +len);
        account.read(reinterpret_cast<char * >(&obj), sizeof(obj));
        if (obj.legalAccount()) obj.remove(); else cout <<"该账户已被删除" <<endl;
        account.seekp((no -1) * sizeof(obj) +len);
        account.write(reinterpret_cast<char * >(&obj), sizeof(obj));
        account.close();
    }
```

存取款函数和查询函数的实现基本类似。先以输入输出方式打开文件。然后输入账号,如果是存取款还要输入存取款金额。检查账号是否在合法的范围内,根据账号读入记录。检查该账户是否已被销户。如果是存款调用对象的 deposit 函数,更改账户余额,写回文件。如果是取款调用对象的 withdraw 函数,更改账户余额,写回文件。如果是查询,调用对象的 print 函数显示对象信息。这 3 个函数的实现如代码清单 14-13。

代码清单 14-13　存取款和查询函数

```
void deposit()                                        //存款函数
{
    savingAccount obj;
    fstream account("account");
    int no, len =sizeof(int) +sizeof(double);
    double d;

    if (!account) {
        cout <<"文件打开错,无法继续操作" <<endl;
        return;
    }

    cout <<"请输入存款账号和金额:";
    cin >>no >>d;
    if (no <1 || no >savingAccount::getTotal()) {
        cout <<"非法账号" <<endl;
        return ;
    }

    account.seekg((no -1) * sizeof(obj) +len);
    account.read(reinterpret_cast<char * >(&obj), sizeof(obj));
    if (obj.legalAccount()) { obj.deposit(d); obj.print(); }
    else cout <<"该账户已被删除" <<endl;

    account.seekp((no -1) * sizeof(obj) +len);
    account.write(reinterpret_cast<char * >(&obj), sizeof(obj));
```

```
        account.close();
    }

void withdraw()                                          //取款函数
{
    savingAccount obj;
    fstream account("account");
    int no, len = sizeof(int) + sizeof(double);
    double d;

    if (!account) {
        cout << "文件打开错,无法继续操作" << endl;
        return;
    }

    cout << "请输入取款账号和金额:";
    cin >> no >> d;
    if (no < 1 || no > savingAccount::getTotal()) {
        cout << "非法账号" << endl;
        return ;
    }

    account.seekg((no - 1) * sizeof(obj) + len);
    account.read(reinterpret_cast<char * >(&obj), sizeof(obj));
    if (obj.legalAccount()) {
        obj.withdraw(d);
        obj.print();
    }
    else cout << "该账户已被删除" << endl;
    account.seekp((no - 1) * sizeof(obj) + len);
    account.write(reinterpret_cast<char * >(&obj), sizeof(obj));
    account.close();
}

void query()                                             //查询函数
{
    savingAccount obj;
    int no, len = sizeof(int) + sizeof(double);
    fstream account("account");

    if (!account) {
        cout << "文件打开错,无法继续操作" << endl;
        return;
    }
```

```
        cout <<"请输入查询账号:";
        cin >>no;
        if (no <1 ‖ no >savingAccount::getTotal()) {
            cout <<"非法账号" <<endl;
            return ;
        }

        account.seekg((no -1) * sizeof(obj) +len);
        account.read(reinterpret_cast<char * >(&obj), sizeof(obj));
        if (obj.legalAccount())  obj.print(); else cout <<"该账户已被删除" <<endl;
        account.close();
}
```

利率被保存在 savingAccount 类的静态数据成员 rate 中,静态成员函数 setRate 可以设置 rate 的值。修改利率函数首先输入新的利率,调用 setRate 函数设置新的利率。具体实现如代码清单 14-14。

代码清单 14-14   修改利率

```
void modifyRate()
{
    double rate;

    cout <<"请输入新的利率:";
    cin >>rate;
    savingAccount::setRate(rate);
}
```

7. 文件 a 和文件 b 都是二进制文件,其中包含的都是一组按递增次序排列的整型数。编一个程序将文件 a、b 的内容归并到文件 c。在文件 c 中,数据仍按递增次序排列。

【解】首先以输入方式打开文件 a 和文件 b,以输出方式打开文件 c,读入文件 a 和文件 b 中的第一个整型数。归并过程可以分为两个阶段:第一个阶段是文件 a 和文件 b 都没有读完,第二个阶段是文件 a 读完或文件 b 读完。由于文件 a 和文件 b 都是递增排列,两个文件中最小的整型数一定是两个文件的第一个整型数中的某一个。因此,程序的第一个阶段反复执行下列工作:比较两个文件的第一个整型数,将小的写入文件 c,并读入该文件的下一个整型数,直到某个文件结束。第二个阶段将尚未读完的文件中的剩余整型数复制到文件 c。

本程序需要注意的是所处理的文件是二进制文件,不能用"＞＞"和"＜＜"输入输出,要用 read 和 write 函数。

代码清单 14-15   归并两个有序文件

```
int main()
{
    ifstream fa("a", ifstream::binary), fb("b", ifstream::binary);
```

```
ofstream fc("c", ofstream::binary);
int a, b;

fa.read(reinterpret_cast<char * >(&a), sizeof(int));
fb.read(reinterpret_cast<char * >(&b), sizeof(int));

while (!fa.eof() && !fb.eof()) {              //第一个阶段:文件 a、b 都有数据
    if (a <b) {
        fc.write(reinterpret_cast<char * >(&a), sizeof(int));
        fa.read(reinterpret_cast<char * >(&a), sizeof(int));
    }
    else {
        fc.write(reinterpret_cast<char * >(&b), sizeof(int));
        fb.read(reinterpret_cast<char * >(&b), sizeof(int));
    }
}

while (!fa.eof()) {                           //文件 b 结束
    fc.write(reinterpret_cast<char * >(&a), sizeof(int));
    fa.read(reinterpret_cast<char * >(&a), sizeof(int));
}
while (!fb.eof()) {                           //文件 a 结束
    fc.write(reinterpret_cast<char * >(&b), sizeof(int));
    fb.read(reinterpret_cast<char * >(&b), sizeof(int));
}

fa.close();
fb.close();
fc.close();

return 0;
}
```

8. 假设文件 txt 中包含一篇英文文章。编写一个程序统计文件 txt 中有多少行、多少个单词、多少个字符。假定文章中的标点符号只可能出现逗号或句号。

【解】行和行之间是以'\n'分隔,统计行数只需统计'\n'的个数。但要注意最后一行可能没有换行符。当读到一个标点符号、空格符或换行符时,如果前一个字符不是标点符号、空格符或换行符,表示一个单词结束,可以以此来统计单词数。字符数统计最方便,每读入一个字符,字符数加 1。但要注意,换行符不是可显示字符,应该扣除。根据这些原则设计的程序如代码清单 14-16。

代码清单 14-16　统计文章的行数、单词数、字符数

```
# include <iostream>
# include <fstream>
```

```cpp
using namespace std;

int main()
{
    ifstream in("txt.txt");
    char ch, prev = ' ';                    //ch 为当前读入的字符,prev 为 ch 的前一个字符
    int line = 0, word = 0, cha = 0;        //分别表示行数、单词数和字符数

    if (!in) { cout << "文件打开错" << endl; return 1; }
    while ((ch = in.get()) != EOF) {    //逐个读入字符,直到文件结束
        ++cha;
        switch (ch) {
            case '\n': ++line;   --cha;
            case ' ': case ',': case '.':
                if (prev != '\n' && prev != ',' && prev != '.' && prev != ' ') ++word;
        }
        prev = ch;
    }

    if (prev != '\n') ++line;               //最后一行无换行符
    if (prev != '\n' && prev != ',' && prev != '.' && prev != ' ') ++word;

    cout << "共" << line << " 行," << word << "个字," << cha << "个字符" << endl;

    in.close();
    return 0;
}
```

9. 编写一个程序输入 10 个字符串(不包含空格),将其中最长的字符串的长度作为输出域宽,按右对齐输出这组字符串。

【解】假设输入的字符串最长不能超过 80 个字符,程序定义了一个 10 行、81 列的二维字符数组存放输入的字符串。首先,用一个重复 10 次的 for 循环输入 10 个字符串。每输入 1 个字符串都会计算它的长度,从中选出最长的长度 max。然后,利用 C++ 的格式化输出设置域宽、设置右对齐,逐个输出字符串。具体实现如代码清单 14-17。

代码清单 14-17　格式化输出字符串

```cpp
#include <iostream>
#include <iomanip>
#include <cstring>
using namespace std;

int main()
{
    char txt[10][81];
```

```
    int max =0;

    for (int i =0; i <10; ++i) {          //输入 10 个字符串,并记录最长的字符串的长度
        cout <<"请输入一个字符串,长度不超过 80 个字符:";
        cin.get(txt[i], 81);
        if (strlen(txt[i]) >max) max =strlen(txt[i]);
    }

    for (i =0; i <10; ++i)                 //格式化输出 10 个字符串
        cout <<setw(max) <<right <<txt[i] <<endl;

    return 0;
}
```

10. 编写一个程序,用 sizeof 操作来获取计算机上各种数据类型所占空间的大小,将结果写入文件 size. data。直接显示该文件就能看到结果。例如,显示该文件的结果可能为

```
char        1
int         4
long int    8
⋮
```

【解】需要直接显示内容的文件必须被设置成 ASCII 文件。程序首先以输出方式打开文件 size. data。为了使文件中的信息能够对齐,程序利用了 C++ 的格式化输出设置了两列信息的输出宽度,并设置类型名是左对齐。具体实现如代码清单 14-18。

代码清单 14-18　将各内置类型占用的内存字节数存入文件

```cpp
#include <iostream>
#include <iomanip>
#include <fstream>
using namespace std;

int main()
{
    ofstream out("size.data");

    out <<setw(10) <<left <<"int" <<setw(5) <<sizeof(int) <<endl;
    out <<setw(10) <<left <<"short" <<setw(5) <<sizeof(short) <<endl;
    out <<setw(10) <<left <<"long" <<setw(5) <<sizeof(long) <<endl;
    out <<setw(10) <<left <<"float" <<setw(5) <<sizeof(float) <<endl;
    out <<setw(10) <<left <<"double" <<setw(5) <<sizeof(double) <<endl;
    out <<setw(10) <<left <<"char" <<setw(5) <<sizeof(char) <<endl;
    out <<setw(10) <<left <<"bool" <<setw(5) <<sizeof(bool) <<endl;
    out <<setw(10) <<left <<"pointer" <<setw(5) <<sizeof(void *) <<endl;
```

```
        out.close();

        return 0;
    }
```

11. 编写一个程序，读入一个由英文单词组成的文件，统计每个单词在文件中的出现频率，并按字母顺序输出这些单词及出现的频率。假设单词与单词之间是用空格分开的。

【解】统计单词出现的频率必须将出现的单词及出现的频率存放起来，因此需要定义一个保存这些信息的数组 result，数组元素由两个部分组成：单词和出现的频率。代码清单 14-19 中的结构体类型 word 是数组元素的类型。由于事先并不知道文件中有多少不同的单词，无法确定数组的规模，程序先定义了一个规模为 10 的动态数组，随着发现的单词数量的增加，再动态扩大数组规模。程序中定义了函数 doubleSpace 实现扩大数组规模。

程序首先以输入方式打开文件，然后反复调用函数 getWord 从文件中读入一个单词，直到文件结束。对每一个读入的单词，在数组 result 中查找该单词是否出现。为了加快查找速度，把数组 result 中的单词按升序排列。如果单词在 result 中存在，将该单词的出现频率加 1。如果不存在，将该单词加入 result。完整的实现过程如代码清单 14-19。

代码清单 14-19　统计文件中的单词出现的频率

```cpp
#include <iostream>
#include <iomanip>
#include <fstream>
using namespace std;

struct word {
char data[20];
int count;
};

void getWord(ifstream &fp, char ch[]);        //从文件中读入一个单词
void doubleSpace(word * & list, int &size);   //扩大数组空间

int main()
{
    ifstream in("txt.txt");
    char ch[20];                              //保存读入的单词,假设词长不超过 20
    int size =10, len =0, i, j;               //len 为不同单词数,size 为数组规模
    word * result =new word[10];

    if (!in) { cout <<"文件打开错" <<endl; return 1; }
    while (true) {                            //读文件直到结束
        getWord(in, ch);                      //读入一个单词 ch
```

```
        if (ch[0] =='\0') break;
        for (i =0; i <len; ++i)                //在 result 中顺序查找单词 ch 是否出现
            if (strcmp(result[i].data, ch) >=0) break;
        if (i <len && strcmp(result[i].data, ch) ==0) {    //单词在 result 中出现
            result[i].count +=1;
            continue;
        }

        //将单词加入 result
        if (size ==len) doubleSpace(result, size);
        for (j =len++; j >i; --j) result[j] =result[j-1];
        strcpy(result[i].data, ch);
        result[i].count =1;
    }

    for (i =0; i <len; ++i)                //输出统计结果
        cout <<setw(20) <<left <<result[i].data <<setw(5) <<result[i].count
<<endl;

    in.close();

    return 0;
}
```

函数 getWord 从文件 fp 中读入一个单词,存入字符数组 ch。函数反复从文件中读入字符。如果读入的字符不是空格符或换行符,则必定是单词的一部分,将此字符存入数组 ch;如果读入的是空格符或换行符,则表示单词结束,即成功读入了一个单词,函数结束。

函数 doubleSpace 将数组 list 的空间扩大 1 倍。函数的第一个参数是数组的起始地址,第二个参数是数组的规模。注意两个参数都是引用传递。因为该函数会改变数组的规模,也会改变数组的起始地址。函数的过程很简单。先将数组的起始地址存放在一个局部变量 tmp 中,为 list 重新申请一个规模为原来 2 倍大小的空间,将数组 tmp 的内容复制到 list 中,释放 tmp 的空间。

这两个函数的实现如代码清单 14-20。

代码清单 14-20　函数 getWord 和 doubleSpace 的实现

```
void getWord(ifstream &fp, char ch[])
{
    int wLen =0;

    while ((ch[wLen] =fp.get() ) !=EOF) {
        if (ch[wLen] !=' ' && ch[wLen] !='\n') { ++wLen;    continue; }
        if (wLen !=0) break;                //跳过单词前的空格
```

```
    }
    ch[wLen] = '\0';
}


void doubleSpace(word * & list, int &size)
{
    word * tmp = list;

    list = new word[2 * size];
    for (int j = 0; j < size; ++j) list[j] = tmp[j];
    size *= 2;
    delete [] tmp;
}
```

12. 在图书馆系统中,为了方便读者迅速找到所需要的图书通常会建立一些称为倒排文件的辅助文件。例如,读者希望查找某个作者编写的图书,可以建立一个作者的倒排文件;读者希望查找书名中包含某个单词的书,可以建立一个书名中的关键词的倒排文件。如果在主教材介绍的图书馆系统中建立一个书名的关键词倒排文件,它的记录格式可以是

关键词	一组包含此关键词的图书编号

例如:

```
Computer    5   7   8   12   30
```

表示书目文件中编号为 5、7、8、12、30 的图书的书名中包含单词 computer。当读者要查找某一方面的图书时,先在倒排文件中查到这些书的编号,再到书目文件中查看书的详细信息。

在图书馆系统中增加两个功能:为书目文件创建一个倒排文件,查找包含某个关键词的图书。

倒排文件必须按关键词排序。假设图书馆中的图书都是英文的。

【解】假设书目文件中保存了图书馆中每本书的书名,书名信息按编号次序存放在书目文件中。

首先设计倒排文件的格式。倒排文件中每个记录由两部分组成:关键词和出现该关键词的图书的序号。关键词可以规定一个最大长度,如 15 个字符。难点在于第二部分,每个关键词可能出现在多本书中,无法给出一个上限。对于可变长的信息,最好的保存方法是用链表或块状链表。本题假设用普通链表。于是可以用两个文件实现倒排文件。一个存储关键词,另一个存储链表。图书馆系统文件设计如图 14-2 所示。

关键词文件中的链表起始地址记录了出现该关键词的第一本书在地址文件中的位置。系统初始化时,设置关键词文件中的关键词总数为 0,地址文件中的已用地址数为 0。

生成倒排文件的过程如以下伪代码:

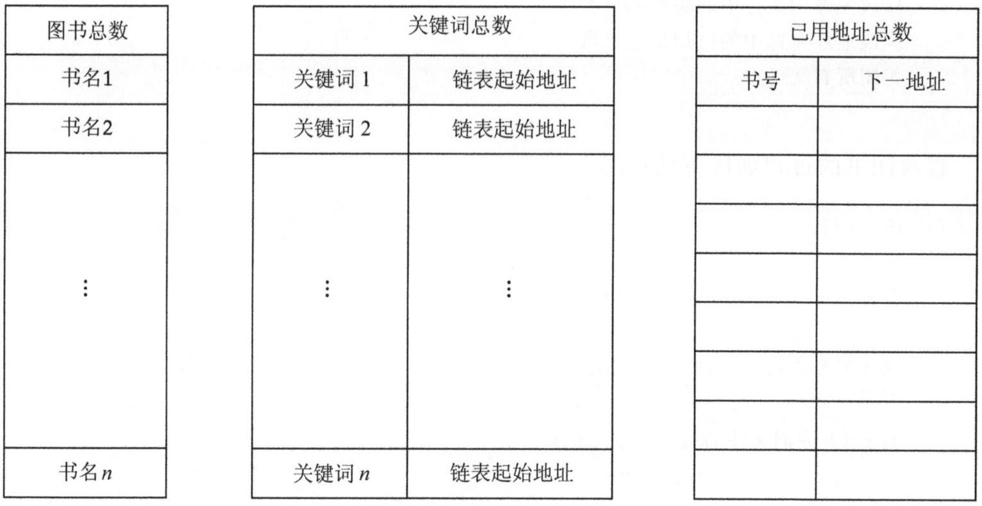

图书总数
书名1
书名2
⋮
书名 *n*

(a) 书目文件

关键词总数	
关键词 1	链表起始地址
关键词 2	链表起始地址
⋮	⋮
关键词 *n*	链表起始地址

(b) 关键词文件

已用地址总数	
书号	下一地址

(c) 地址文件

图 14-2　图书馆系统文件设计

```
createInvertFile()
{
    打开书目文件、关键词文件、地址文件
    从关键词文件读入关键词总数并存入 noOfKeyword
    从地址文件读入已用地址总数并存入 noOfAddr

    输入需要倒排的书号范围 start 和 end

    for (i =start; i <=end; ++i) {
        读入第 i 本书的书名
        for(书名中的每个单词 keyword) {
            在关键词文件中查找 keyword
            if(找到){
                在地址文件中添加一条记录,书号字段值为 i,下一地址为链表的起始地址
                关键词文件中的链表起始地址修改为新添加地址记录的位置
                ++noOfAddr
            }
            else {
                在关键词文件中添加一条记录,在地址文件中也添加一条记录
                地址文件记录的书号字段值为 i,下一地址为 0
                关键词文件记录的关键词字段值为 keyword,链表起始地址为对应地址记录的位置
                ++noOfAddr
                ++noOfKeyword
            }
        }
    }
}
```

```
        修改关键词文件中的关键词总数
        修改地址文件中的已用地址总数
        关闭所有文件
    }
```

查找图书的过程如以下伪代码:

```
findBook()
{
    打开书目文件、关键词文件、地址文件

    输入需要查找的关键词 keyword

    for (关键词文件的每一记录 rec) {
        if(rec.keyword ==keyword) {
            start =链表的起始地址
            while(start!=0) {
                读入地址记录 rec
                从书目文件读入 rec.书号对应的书名,并显示
                start =rec.下一地址
            }
            break
        }
    }
    关闭所有文件
}
```

由于本书篇幅有限,这两个函数的具体实现请读者自己完成。

13. 书名中通常包含一些冠词、介词。这些单词对书目查询没有意义。在第 12 题创建的倒排文件的功能中,增加过滤冠词、介词的功能,即书名中的冠词、介词不在倒排文件中建立倒排项。

【解】冠词、介词这类词通常被称为禁用词。可以在生成倒排的程序中设置一个禁用词表,用一个字符串数组存放。在处理每本书的倒排时,对抽取出的每个关键词先检查在禁用词表中是否存在。仅当不存在时,才将关键词加入倒排文件。

14. 编写一个程序输入任意多个实型数存入文件。最后,将这批数据的均值和方差也存入文件。

【解】设记录输入的数据的文件名为 file。程序首先以输出方式打开文件 file。然后从键盘接收用户输入的一个个实型数,将它们存入文件,并同时记录输入的数据个数 count,计算输入数据的和 sum,直到用户输入 EOF。输入结束后,计算 sum/count 就得到了均值 avg。

计算方差时必须重新访问输入的数据。为此,先将文件 file 关闭,再重新以输入方式打开。逐个读入文件中的实数 num,计算 $(num-avg)^2$ 的和 sum。计算 sum/count 得到方差。

最后，关闭文件后再重新以 App 方式打开文件 file，将均值和方差写入文件。完整的程序如代码清单 14-21。

代码清单 14-21　统计均值和方差

```cpp
#include <iostream>
#include <fstream>
using namespace std;

int main()
{
    ofstream out("file");

    int count = 0;
    double sum = 0, avg, num;

    if (!out) {
        cout <<"文件打开错！" <<endl;
        return 1;
    }

    while (cin >>num) {                      //输入数据存入文件，并计算总和
        ++count;
        sum +=num;
        out.write(reinterpret_cast<char * >(&num), sizeof(double));
    }

    avg = sum / count;                       //计算均值
    out.close();

    ifstream in("file");
    if (!in) {
        cout <<"文件打开错！" <<endl;
        return 1;
    }

    sum = 0;
    while (true) {                           //计算方差
        in.read(reinterpret_cast<char * >(&num), sizeof(double));
        if (in.eof()) break;
        sum += (num - avg) * (num - avg);
    }
    sum /= count;
    in.close();
```

```
        out.open("file", ios::app);
        if (!out) {
            cout <<"文件打开错！" <<endl;
            return 1;
        }

        //将均值和方差写入文件
        out.write(reinterpret_cast<char * >(&avg), sizeof(double));
        out.write(reinterpret_cast<char * >(&sum), sizeof(double));
        out.close();

        return 0;
    }
```

第 15 章

异 常 处 理

15.1 知识点回顾

在大型程序中,程序通常被分成很多函数或用到很多程序员自定义的类。写函数的程序员可以检测到函数运行时的错误,但通常却不知道应该如何处理这些错误。例如,把一个除法程序写成一个函数,当在函数中遇到了除数为 0 的情况,函数该如何处理呢? 是退出整个程序,还是忽略这次除法让程序继续运行? 函数本身很难决定,这取决于函数被用在什么场合。C++ 异常处理的基本想法就是"踢皮球",矛盾上交,让一个函数在发现自己无法处理的错误时抛出一个异常,希望它的(直接或间接)调用者能够处理这个问题。

15.1.1 异常抛出

异常处理机制必须具备异常抛出、异常捕获和异常处理的功能。

C++ 的异常抛出是用 throw 语句。该语句的一般形式如下:

```
throw <操作数>;
```

异常抛出时,用 throw 后面的操作数初始化该类型的一个临时对象,跳出当前程序块。如果异常由某个函数抛出,它的处理类似于 return 的处理,即用 throw 后面的操作数初始化该类型的一个临时副本,传回调用该函数的程序。当前函数终止,函数中定义的局部变量被析构。

15.1.2 异常检测和处理

一旦函数抛出了异常,控制权就回到了调用该函数的函数。调用该函数的函数必须能捕获和处理这个异常。

如果某段程序可能会抛出异常,必须通知系统启动异常处理机制。这是通过 try 语句块实现的。C++ 中,异常捕获的格式如下:

```
try{
    可能抛出异常的代码;
}
catch(类型 1  参数 1){ 处理该异常的代码 }
```

```
        catch(类型 2　参数 2){ 处理该异常的代码 }
        ⋮
```

try 语句块中包含了可能抛出异常的代码。一旦抛出了异常，则退出 try 语句块，即跳过 try 语句块后面的语句，进入 try 后面的异常捕获和处理。如果 try 语句块没有抛出异常，执行完 try 语句块的最后一个语句后，跳过所有的 catch 处理器，执行所有 catch 后的语句。

一个 catch 语句块就是一个异常处理器，它的形式如下：

```
catch (捕获的异常类型　参数) {
    异常处理代码;
}
```

catch 处理器定义了自己处理的异常范围。异常范围是按类型区分的。catch 在括号中指定所要捕获的异常类型以及参数。参数是所要捕获的异常类型的一个对象，即 try 语句块中的某个语句抛出的对象。catch 处理器中的参数名可选。如果给出了参数名，则可以在异常处理代码中引用这个异常对象。如果没有指定参数名，只指定匹配抛出对象的类型，则信息不从抛出点传递到处理器中，只是把控制从抛出点转到处理器中。许多异常都可以这样处理。

如果 try 语句块中的某个语句抛出了异常，则跳出 try 语句块，开始异常捕获。先将抛出的异常类型与第一个异常处理器捕获的类型相比较，如果可以匹配，则执行异常处理代码，然后转到所有 catch 后的语句继续执行。如果不匹配，则与下一异常处理器比较，直到找到一个匹配的异常处理器。如果找遍了所有的异常处理器，都不匹配，则函数执行结束，并将该异常抛给调用它的函数，由调用它的函数来处理该异常。

15.1.3　异常规格声明

当一个程序用到某一函数时，先要声明该函数。函数声明的形式如下：

```
返回类型　函数名(形式参数表);
```

当这样声明一个函数时，表示这个函数可能抛出任何异常。通常程序员希望在调用函数时，知道该函数会抛出什么样的异常，这样可以对每个抛出的异常做相应的处理。C++允许在函数原型声明中指出函数可能抛出的异常。例如：

```
void f() throw(toobig, toosmall, divzero);
```

表示函数 *f* 会抛出 3 个异常类 toobig、toosmall 和 divzero 的对象。

15.2　习题解答

15.2.1　简答题

1. 采用异常处理机制有什么优点？

【解】异常处理机制将异常检测和异常处理分开，由工具程序负责异常检测，而由使用工具的程序进行异常处理,更适合大型程序设计的需要。采用异常处理机制可以将异常集中在一起处理,使程序的主线条更加清晰,更能突出程序解决问题的思想。

2. 是不是每个函数都需要抛出异常?

【解】不是。如果函数对每个遇到的异常都知道该如何处理,就不必抛出异常了。

3. 如何让函数的使用者知道函数会抛出哪些异常?

【解】可以在函数原型声明时明确指出该函数可能抛出哪几类异常,函数的使用者就可以做出相应的处理。

4. 抛出一个异常一定会使程序终止吗?

【解】不一定。如果函数 A 抛出一个异常,当调用函数 A 的函数 B 对此异常有相应的异常处理,程序会正常执行。如果函数 B 没有对此异常进行处理,则函数 B 会将此异常抛给调用函数 B 的函数 C。如果函数 C 也没有处理,则继续上抛,最后抛给 main 函数。如果 main 函数也没有处理,此时程序会异常终止。

5. 在哪种情况下,异常捕获时可以不指定异常类的对象名?

【解】如果异常处理时不需要用到抛出的异常对象的值,异常捕获时可以不指定异常类的对象名。

6. 为什么 catch(…)必须作为最后一个异常捕获器?放在前面会出现什么问题?

【解】catch(…)表示捕获任意类的异常。如果将 catch(…)作为第一个异常处理器,则跳出 try 语句块后抛出的任何异常就会被 catch(…)捕获,其他异常处理器都无效了。所以,在使用中一般将 catch(…)作为最后一个异常处理器。当抛出的不是前面指定的异常时,都将进入 catch(…)的处理过程,使所有异常都有一个统一的出口。

7. 是不是处理了异常规格说明中指定的所有异常,程序就是安全的,不会异常终止?

【解】不一定。函数 A 的异常规格中指定的异常一般是函数 A 明确可以检测到的异常。但函数 A 也可能调用了一些其他函数,如函数 B。如果函数 B 没有明确指出会抛出异常,但事实上却抛出了一些异常,函数 A 将不知道如何处理,只能将此异常抛给调用函数 A 的函数。此时抛出的异常就不是函数 A 在函数规格说明中指定的异常,调用函数 A 的函数也没有对此异常做出处理,此时可能会导致程序异常终止。

8. 写出下面程序执行的结果

```
class up  {
    public:   up() {cout <<"It is up" <<endl; }
};
class down  {
    public:   down() { cout <<"It is down" <<endl;}
};
int f(int i) throw(up, down)
{
    switch(i) {
        case 1: throw up();
        case 2: throw down();
        default: return i;
```

```
        }
    }
    int main()
    {
        for (int i =1; i <=3; i++)
        try {
            cout <<f(i) <<endl;
        }  catch (up) { cout <<"up catched" <<endl;}
            catch (down) {cout << "down catched" <<endl;}

        return 0;
    }
```

【解】在第一个循环周期中,$i=1$,$f(i)$构建一个异常类 up 的对象(此时会调用 up 类的构造函数)并抛出该对象。该异常被第一个异常捕获器捕获,输出 up catched。第二个循环周期中,$i=2$,$f(i)$构建一个异常类 down 的对象并抛出该对象。该异常被第二个异常捕获器捕获,输出 down catched。第三个循环周期中,$i=3$,$f(i)$返回 i,于是 main 函数输出 3,程序执行结束。程序的执行结果如下。

```
It is up
up catched
It is down
down catched
3
```

15.2.2　程序设计题

1. 修改主教材第 11 章中的 IntArray 类,使之在下标越界时抛出一个异常。

【解】在 DoubleArray 类中有 3 个地方需要检查下标范围。两个下标运算符重载函数和函数调用运算符重载函数。修改 DoubleArray 类中的 3 个重载函数,使得在检测到下标越界时抛出一个异常类 indexOverflow 的对象。修改后的函数及异常类的定义如代码清单 15-1。

代码清单 15-1　修改后的函数及异常类的定义

```
class indexOverflow {};                               //异常类的定义

double & DoubleArray::operator[](int index)
{
    if (index <low ‖ index >high)
        throw indexOverflow();
    return storage[index -low];
}

const double & DoubleArray::operator[](int index) const
```

```
{
    if (index <low ‖ index >high)
        throw indexOverflow();
    return storage[index -low];
}

DoubleArray DoubleArray::operator()(int start, int end, int lh)
{
    if (start >end ‖ start <low ‖ end >high )          //判断范围是否正确
        throw indexOverflow();

    DoubleArray tmp(lh, lh +end -start);               //为取出的数组准备空间
    for (int i =0; i <end -start +1; ++i)
        tmp.storage[i] =storage[start +i -low];

    return tmp;
}
```

2. 写一个安全的整型类，要求可以处理整型数的所有操作，且当整型数操作结果溢出时，抛出一个异常。

【解】可能使整型数操作出现溢出的运算有＋、－、＊、／。其他运算，如比较或输入输出都不会引起整型数溢出。因此，安全的整型类必须对＋、－、＊、／运算中的溢出进行处理，于是重载了＋、－、＊、／运算。其他运算和普通整型数运算完全相同，不需另外处理。于是在安全的整型类 integer 中设计了一个到 int 的类型转换函数，这样就不用重载其他的运算符了。当遇到其他运算时，自动转换成 int 型进行运算。

安全的整型类 integer 只需要一个 int 类型的数据成员 data，除了上述函数外，还需要一个构造函数。完整的类定义如代码清单 15-2。

代码清单 15-2   安全的整型类

```
#include <iostream.h>

const int MAX =2147483647;                              //VS 中的整型数范围
const int MIN =-2147483648;

class overflow {};                                      //异常类定义

class integer {
    friend integer operator+ (integer d1, integer d2);
    friend integer operator- (integer d1, integer d2);
    friend integer operator * (integer d1, integer d2);
    friend integer operator/(integer d1, integer d2);

    int data;
```

```cpp
public:
    integer(int d) : data(d) {}
    operator int() const { return data; }
};
```

加法、减法、乘法运算基本过程都一样。首先检查两个运算数运算的结果是否溢出，即运算结果小于 MIN 或大于 MAX。如果溢出，抛出异常，否则返回运算的结果。对于加法运算，溢出有两种可能：一种是两个运算数都是负数，加的结果可能小于最小整型数；另一种是两个运算数都是正数，加到结果可能大于最大的整型数。对于减法，溢出也有两种可能：一种是被减数是正数，减数是负数，相减的结果可能大于最大的整型数；另一种是被减数是负数，减数是正数，相减的结果可能小于最小的整型数。对于乘法，也同样可以分几种情况来讨论。

除法最简单，两数相除，结果的绝对值总会变小。只要除数不为 0，就不会溢出。这 4个重载函数的实现如代码清单 15-3。

代码清单 15-3　十、一、*、/运算符重载的实现

```cpp
integer operator+(integer d1, integer d2)
{
    if ((d1.data <0 && d2.data <MIN -d1.data) ‖ (d1.data >0 && d2.data >MAX -d1.data))
        throw overflow();
    return d1.data +d2.data;
}

integer operator-(integer d1, integer d2)
{
    if ((d1.data <0 && d2.data >d1.data -MIN) ‖ (d1.data >0 && d2.data <d1.data -MAX))
        throw overflow();
    return d1.data -d2.data;
}

integer operator * (integer d1, integer d2)
{
    if ((d1.data >0 && (d2.data <MIN / d1.data ‖ d2.data >MAX / d1.data))
        ‖ (d1.data <0 && (d2.data >MIN / d1.data ‖ d2.data <MAX / d1.data)))
        throw overflow();
    return d1.data * d2.data;
}

integer operator/(integer d1, integer d2)
{
    if (d2.data ==0) throw overflow();
    return d1.data / d2.data;
}
```

3. 修改主教材第 11 章程序设计题中实现的 String 类的取子串函数，当出现所取的子串范围不合法时抛出一个异常。

【解】该函数的实现如代码清单 15-4。

代码清单 15-4　会抛出异常的取子串函数

```
Class indexExcept {};
String String::operator()(int start, int end)
{
    if (start >end ‖ start <0 ‖ end >=len) throw indexExcept();

    String tmp;

    delete tmp.data;
    tmp.len =end -start +1;
    tmp.data =new char[len +1];
    for (int i =0; i <=end -start; ++i)
        tmp.data[i] =data[i +start];
    tmp.data[i] ='\0';
    return tmp;
}
```

4. 修改主教材第 13 章中的栈类，在出栈时发现栈为空时抛出一个异常。

【解】修改后的栈类的定义及实现如代码清单 15-5。

代码清单 15-5　会抛出异常的栈类

```
class empty {};
template <class elemType>
class Stack:public linkList<elemType>{
public:
    void push(const elemType &data)
    {
        Node <elemType> * p =new Node<elemType> (data);
        p->next =head->next;
        head->next =p;
    }
    void pop(elemType &data)              //栈为空时抛出异常,出栈的值在 data 中
    {
        Node <elemType> * p =head->next;

        if ( p ==NULL) throw empty();
        head->next =p->next;
        data =p->data;
        delete p;
    }
};
```

第
16
章

容器和迭代器

16.1 知识点回顾

16.1.1 容器

　　容器是特定类型的对象的集合,是为了保存一组类型相同并且有某种关系的对象而设计的类。容器一般需要提供插入对象、删除对象、查找某一对象以及按对象之间的某种关系访问容器中的所有对象等功能。

　　一旦定义了一个保存对象的容器,程序可以使用容器提供的插入操作将对象放入容器,用删除操作将对象从容器中删除,而不必关心容器中的对象是如何保存的,对象之间的关系又是如何保存的,插入是如何实现的,删除又是如何实现的。这将会给需要处理一组同类对象的用户带来极大便利。

　　容器只关心对象之间的关系,而并不关心对象本身的类型。容器可以存放各种同类型的对象。如可以存放一组整型对象,也可以存放一组实型对象,也可以存放一组用户自定义类型的对象。不管容器存放的是什么类型的对象,它们的操作都是类似的。因此,容器通常都被设计成一个类模板。

16.1.2 迭代器

　　容器的一个操作是访问容器中的某一元素,因此必须有一种手段可以表示其中的某一元素。表示某一元素通常可以用指针实现,用指针指向一个被访问的元素。但由于容器可以用多种方法实现。数组是容器的一种实现方法,链表也是容器的一种实现方法。如果用一个数组保存对象,则可用数组的下标标识正在访问的元素,也可以用指向数组元素的指针来表示。当用链表保存对象时,可以用一个指向某一结点的指针来标识链表中的某个元素。但容器是抽象的,它保存对象的方法对用户是保密的,用户无法知道该如何标识容器中的某一对象。为此通常在设计容器时,为每种容器定义一个相应的表示其中对象位置的类型,称为迭代器。迭代器对象相当于指向容器中对象的指针。有了迭代器,可以进一步隐藏数据的存储方式。

16.2 习题解答

16.2.1 简答题

1. 什么是容器？什么是迭代器？

【解】容器是存储和处理一组同类数据的对象。迭代器可以看成是一个指针,指向容器中的某一具体元素。通过迭代器可间接访问容器中的某一元素。

2. 为什么通常都将迭代器类设计成容器类的公有内嵌类？这样设计有什么好处？

【解】为了访问容器中的某一具体元素,容器类一般都有一个对应的迭代器类。如果程序用到多种容器,则对应也会用到多个迭代器类。如果将迭代器类设计成独立的一个类,则各个迭代器类必须有不一样的名字,因为全局的名字不可以重复,这样使用类的程序员必须记住多个容器类的名字和多个迭代器类的名字。但如果将迭代器类设计成容器类的公有内嵌类,这些迭代器类可以有同样的名字,使用类的程序员只要记一个类名即可。由于将迭代器类设置成容器类的公有内嵌类,使用类的程序员可以通过"容器类名::迭代器类名"定义相应容器的迭代器对象。

3. linkList 类中的结点类为什么用 struct 定义？这种定义方式是否安全？

【解】用 struct 定义类时,所有没有指定访问特性的成员都是公有的,全局函数和其他类的成员函数可以直接访问这些成员,这似乎不太安全。但注意结点类是被定义成 LinkList 类的私有内嵌类,只有 LinkList 类的成员函数才能"看见"并访问结点类,所以结点类是安全的。

16.2.2 程序设计题

1. 在主教材中的 linkList 类中增加一个删除容器中一部分对象的成员函数 erase,要求该函数有两个迭代器对象的参数 itr1 和 itr2,删除(itr1,itr2]的所有对象。

【解】linkList 类用单链表保存一组数据元素,linkList 类对应的迭代器有一个指向单链表结点的数据成员 current。删除(itr1,itr2]的所有对象就是删除单链表中 itr1. current 以后到 itr2. current 的结点,这可以通过一个 while 循环完成,每个循环周期删除一个结点。具体实现如代码清单 16-1。

代码清单 16-1 删除容器中某一迭代器范围之间的所有对象

```
template <class elemType>
void linkList<elemType>::erase(Itr &p1, Itr &p2)
{
    Node * p =p1.current->next;                    //被删除的第一个结点

    while (p !=p2.current) {
        p1.current->next =p->next;
        delete p;
        p =p1.current->next;
```

```
        }
        p1.current->next =p2.current =p->next;              //删除 itr2 指向的元素
        delete p;
    }
```

2. 为主教材中的 linkList 类重载"=="运算符。

【解】linkList 类是用带头结点的单链表保存一组数据元素。两个 linkList 类的对象相等就是两个链表的结点数相同,且对应位置上的结点值相等。根据这个思想实现的"=="运算符重载函数如代码清单 16-2,并在 linkList 类中声明"operator=="是友元。

代码清单 16-2   linkList 类的"=="运算符重载函数

```
template <class elemType>
bool operator== (const linkList< elemType> &obj1, const linkList< elemType>
&obj2)
{
    linkList<elemType>::Node * p1 =obj1.head->next, * p2 =obj2.head->next;

    while (p1 !=NULL && p2 !=NULL) {                         //比较对应结点的值
        if (p1->data !=p2->data) return false;
        p1 =p1->next;
        p2 =p2->next;
    }
    if (p1 ==NULL && p2 ==NULL) return true;                 //结点数相同
    else return false;
}
```

3. 为主教材中的 seqList 类重载赋值运算符,使之实现两个容器的赋值。

【解】seqList 类使用数组保存容器中的元素。赋值运算就是使赋值运算符左边对象与赋值运算符右边对象完全相同。

函数首先检查赋值运算符左右是否为同一对象。如果是同一对象,则不需赋值,直接返回。否则释放左边对象的数组空间,重新申请一块和右边对象的数组一样大的一块空间,并将右边对象的数组值复制到左边对象的数组中。具体实现如代码清单 16-3。

代码清单 16-3   seqList 类的赋值运算符重载函数

```
template <class T>
seqList<T>&seqList<T>::operator=(const seqList<T> &right)
{
    if (this ==&right) return * this;
    delete [] storage;
    size =right.size;
    current_size =right.current_size;
    storage =new T[size];
    for (int i =0; i <current_size; ++i) storage[i] =right.storage[i];
    return * this;
```

```
}
```

4. 为主教材中的 linkList 类和 seqList 类增加一个查找功能,查找某一元素在容器中是否存在。如果存在,返回指向该元素的迭代器对象。如果不存在,抛出一个异常。

【解】linkList 类中的 find 函数的实现如代码清单 16-4。find 函数的参数是被查找的元素值,返回的是指向容器中存储该元素位置的迭代器。linkList 类是用带头结点的单链表存储容器中的数据,所以 find 函数从头结点后的结点开始逐个与被查找元素相比较,直到找到一个相同的元素或到达链表尾。如果找到,根据该结点的地址构造一个迭代器类对象,并返回该对象。否则抛出一个异常,表示未找到。

代码清单 16-4　linkList 类中的 find 函数的实现

```
Itr find(const elemType &x)
{
    Node   * q =head->next;

    while (q !=NULL && q->data !=x)
        q =q->next;
    if ( q ==NULL) throw notFound();
    return q;
}
```

seqList 类中的 find 函数的实现如代码清单 16-5。find 函数的参数是被查找的元素值,返回的是指向容器中存储该元素位置的迭代器。seqList 类是用数组存储容器中的数据,所以 find 函数从数组的第一个元素开始逐个与被查找元素相比较,直到找到一个相同的元素或查到了数组的最后一个元素。如果找到,根据该结点的地址构造一个迭代器类对象,并返回该对象。否则抛出一个异常,表示未找到。

代码清单 16-5　seqList 类中的 find 函数的实现

```
Itr find(const T &x)
{
    for (int i =0; i <current_size; ++i)
        if (storage[i] ==x) return &storage[i];
    throw notFound();
}
```

参 考 文 献

[1] ECKEL B. Thinking in C++ [M]. 北京：机械工业出版社,2002.

[2] LIPPMAN S B, LAJOIE J, MOO B E. C++ Primer(中文版)[M]. 王刚,等译.5 版.北京：电子工业出版社,2013.

[3] DEITEL P, DEITEL H. C++大学教程 [M]. 张引,等译.9 版. 北京：电子工业出版社,2007.

[4] 陈家骏. 程序设计教程[M]. 北京：机械工业出版社,2004.

[5] 吴文虎. 程序设计基础[M]. 2 版. 北京：清华大学出版社,2004.

[6] 谭浩强. C程序设计[M]. 2 版. 北京：清华大学出版社,2000.

[7] 翁惠玉,俞勇. C++程序设计：思想与方法(慕课版)[M]. 3 版. 北京：人民邮电出版社,2016.

[8] 翁惠玉. 第一行代码 C 语言(视频讲解版)[M].北京：人民邮电出版社,2018.

[9] PRATA S. C Primer Plus(中文版) [M]. 姜佑,译.6 版. 北京：人民邮电出版社,2016.

图 书 资 源 支 持

感谢您一直以来对清华版图书的支持和爱护。为了配合本书的使用,本书提供配套的资源,有需求的读者请扫描下方的"书圈"微信公众号二维码,在图书专区下载,也可以拨打电话或发送电子邮件咨询。

如果您在使用本书的过程中遇到了什么问题,或者有相关图书出版计划,也请您发邮件告诉我们,以便我们更好地为您服务。

我们的联系方式:

地　　址:北京市海淀区双清路学研大厦 A 座 701

邮　　编:100084

电　　话:010-62770175-4608

资源下载:http://www.tup.com.cn

客服邮箱:tupjsj@vip.163.com

QQ:2301891038(请写明您的单位和姓名)

用微信扫一扫右边的二维码,即可关注清华大学出版社公众号"书圈"。

资源下载、样书申请

书圈

扫一扫,获取最新目录